矿区环境遥感监测与应用

刘 英 岳 辉 编著

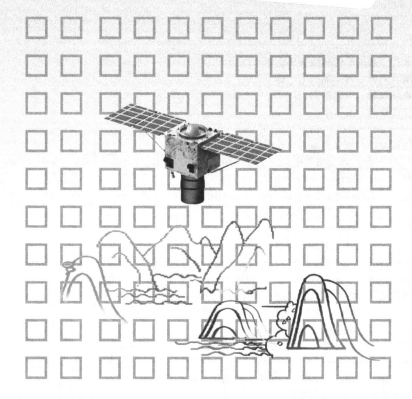

西安交通大学出版社
XI'AN JIAOTONG UNIVERSITY PRESS

国 家 一 级 出 版 社
全国百佳图书出版单位

图书在版编目(CIP)数据

矿区环境遥感监测与应用 / 刘英,岳辉编著. — 西
安:西安交通大学出版社,2021.1(2023.2 重印)
ISBN 978 - 7 - 5605 - 7257 - 4

Ⅰ.①矿… Ⅱ.①刘… ②岳… Ⅲ.①矿区-环境遥
感-环境监测 Ⅳ.①X322

中国版本图书馆 CIP 数据核字(2020)第 224000 号

书 名	矿区环境遥感监测与应用	
编 著	刘 英 岳 辉	
责任编辑	王建洪	
责任校对	祝翠华	

出版发行　西安交通大学出版社
　　　　　(西安市兴庆南路 1 号　邮政编码 710048)
网　　址　http://www.xjtupress.com
电　　话　(029)82668357　82667874(市场营销中心)
　　　　　(029)82668315(总编办)
传　　真　(029)82668280
印　　刷　西安五星印刷有限公司

开　　本　787mm×1092mm　1/16　印张　16.75　字数　419 千字
版次印次　2021 年 1 月第 1 版　2023 年 2 月第 2 次印刷
书　　号　ISBN 978 - 7 - 5605 - 7257 - 4
定　　价　80.00 元
审 图 号　陕 S(2020)046 号

前　言

　　矿产资源是我国能源的重要组成部分,其中煤炭资源在我国能源消费结构中占有重要地位。矿产资源的开发是一个上下联动的过程,涉及大气圈、水圈、生物圈、岩石圈,会对生态环境产生深远的影响。矿区地表环境及时、合理、动态有效的评价为建设和谐、绿色矿区提供了基础资料,而遥感技术的蓬勃发展为找矿、监测矿区环境的变化及评价采矿活动产生的影响提供了有利的技术支持。

　　本书结合编者的科研项目及前人相关工作,以矿区为研究对象并结合专题的形式,在阐述矿区遥感监测研究进展的基础上,论述了将多时相、多源、多尺度、多分辨率、多光谱遥感数据用于西北干旱半干旱矿区关键环境要素监测的原理和方法,分析了矿区植被、土壤湿度、地表温度、土壤侵蚀、生态环境质量、地表沉陷等的时空演变过程、规律及地下采矿扰动活动的影响,对煤炭开采产生的环境问题做出了客观、及时、准确的判断与分析,为西北干旱半干旱矿区煤炭资源后续开发及可持续发展提供了可靠的决策支持。

　　本书包括 10 章内容,第 1 章为绪论,主要介绍了遥感和矿产资源的概念、分类和特性,矿产资源开发对环境的影响,国内外矿区环境遥感监测与应用的研究现状和进展,以及常见的遥感数据。第 2～10 章按照基础知识、遥感监测方法及典型应用的逻辑展开。第 2 章为矿区土地利用/地表覆盖变化遥感监测与应用,第 3 章为矿区植被遥感监测与应用,第 4 章为矿区水体遥感监测与应用,第 5 章为矿区地表温度遥感反演与应用,第 6 章为矿区土壤湿度遥感监测与应用,第 7 章为矿区土壤侵蚀遥感监测与应用,第 8 章为矿区地质灾害遥感监测与应用,第 9 章为矿区土地复垦,第 10 章为矿区生态环境质量评价。

　　本书由西安科技大学测绘科学与技术学院的刘英、岳辉老师设计大纲并主持撰写,刘英编写第 1、3、6、8、10 章内容,岳辉编写第 2、4、5、7、9 章内容。刘英老师的研究生钱嘉鑫、朱蓉、魏佳莉、党超亚、何雪参与了遥感数据下载、处理、分析等过程及本书文字编辑工作。本书在编写过程中,参考了有关文献中的内容,在此对相关作者表示感谢。本书的撰写得到了中南大学吴立新教授、东北大学刘善军教授、马保东副教授、西安科技大学姚顽强教授、汤伏全教授、侯恩科教授,以及西安科技大学测绘科学与技术学院有关领导、老师的关心与大力支持,在此表示衷心的感谢。

　　本书得到了陕西省自然科学基础研究计划(2020JM－514)、国家自然科学基金青年项目(41401496)、西安科技大学校级研究生教材建设立项项目及西安科技大学测绘科学与技术学院测绘科学与技术博士点学科的共同资助,在此表示诚挚的感谢。

　　本书可作为高等院校遥感科学与技术、测绘工程、自然地理与资源环境等专业本科生的教材,也可作为相关专业的研究生的教学参考书,同时也可为从事遥感应用研究的专业人员和测绘、地理信息科学、地理学等相关专业的科研人员提供参考。由于作者水平有限,书中不当之处,恳请广大读者批评指正。

编者

2020 年 7 月

目　录

第1章　绪论 ……………………………………………………………………………（1）

1.1　矿区环境遥感的概述 ………………………………………………………（1）

1.2　矿产资源开发对环境的影响 ………………………………………………（3）

1.3　矿区环境遥感监测与应用的研究现状 ……………………………………（6）

1.4　常见遥感数据介绍 …………………………………………………………（16）

1.5　本章小结 ……………………………………………………………………（23）

第2章　矿区土地利用/地面覆盖变化遥感监测与应用 …………………………（31）

2.1　LUCC 基础知识 ……………………………………………………………（31）

2.2　LUCC 监测方法 ……………………………………………………………（35）

2.3　LUCC 模型 …………………………………………………………………（41）

2.4　LUCC 遥感监测应用 ………………………………………………………（47）

2.5　本章小结 ……………………………………………………………………（55）

第3章　矿区植被遥感监测与应用 ………………………………………………（57）

3.1　植被遥感监测基础知识 ……………………………………………………（57）

3.2　植被遥感监测的主要方法 …………………………………………………（60）

3.3　植被遥感监测应用 …………………………………………………………（67）

3.4　植被 NPP 反演的应用 ……………………………………………………（80）

3.5　本章小结 ……………………………………………………………………（88）

第4章　矿区水体遥感监测与应用 ………………………………………………（93）

4.1　水体遥感监测基础知识 ……………………………………………………（93）

4.2　水体遥感监测的主要方法 …………………………………………………（94）

4.3　水体遥感监测应用 …………………………………………………………（98）

4.4　本章小结 ……………………………………………………………………（114）

第5章　矿区地表温度遥感反演与应用 …………………………………………（116）

5.1　地表温度反演的基础知识 …………………………………………………（116）

5.2　地表温度反演的主要方法 …………………………………………………（119）

5.3　地表温度反演的应用 ………………………………………………………（129）

5.4　本章小结 ……………………………………………………………………（144）

第6章　矿区土壤湿度遥感监测与应用 …………………………………………（149）

6.1　土壤湿度遥感监测基础知识 ………………………………………………（149）

6.2　土壤湿度遥感监测的主要方法 ……………………………………………（151）

6.3　神东矿区土壤湿度遥感监测 ………………………………………………（154）

6.4　本章小结 ……………………………………………………………………（166）

第7章　矿区土壤侵蚀遥感监测与应用 ·· (168)

　7.1　土壤侵蚀基础知识 ··· (168)

　7.2　矿区土壤侵蚀监测 ··· (174)

　7.3　神东矿区土壤侵蚀时空特征及驱动力分析 ···················· (182)

　7.4　本章小结 ··· (196)

第8章　矿区地质灾害遥感监测与应用 ·· (201)

　8.1　矿区地质灾害基础知识 ·· (201)

　8.2　地质灾害遥感监测的主要方法 ····································· (203)

　8.3　地质灾害遥感监测应用 ·· (210)

　8.4　本章小结 ··· (219)

第9章　矿区土地复垦 ·· (221)

　9.1　土地复垦基础知识 ··· (221)

　9.2　土地复垦研究进展 ··· (229)

　9.3　矿山土地复垦工作及遥感应用 ····································· (232)

　9.4　本章小结 ··· (242)

第10章　矿区生态环境质量评价 ·· (247)

　10.1　生态环境质量评价基础知识 ······································ (247)

　10.2　生态环境质量评价的主要方法 ···································· (250)

　10.3　生态环境质量评价与遥感监测 ···································· (256)

　10.4　本章小结 ·· (261)

第1章 绪论

本章主要介绍遥感和矿产资源的概念、分类和特性,矿产资源开发对环境的影响,国内外矿区环境遥感监测与应用的研究现状和进展,以及常见的遥感数据。

1.1 矿区环境遥感的概述

1.1.1 遥感和矿产资源的概念

1. 遥感的概念

遥感(remote sensing)即"遥远的感知",指远距离不接触"物体"而获得它的信息。遥感是通过传感器探测及接收来自目标物体的信息(如电场、磁场、电磁波、地震波、力、声波等),并通过对信息的分析来获得有关地物目标、地区、现象信息的一门科学和技术。遥感的主要特点包括:感测范围大,具有综合、宏观的特点;信息量大,具有手段多、技术先进的特点;获取信息快,更新周期短,具有动态监测的特点;具有用途广、效益高的特点。

2. 矿产资源的概念

矿产资源简称矿产,指由地质作用形成,并具有利用价值的固、液、气的天然矿物和矿石资源。它们是地球演化过程中,由成矿作用使地球中分散的化学元素富集形成的。《全国非油气矿产资源开发利用统计年报(2018)》数据显示,2018 年,我国共有非油气矿山 58185 个,其中:大型矿山 4077 个,中型矿山 6405 个,小型矿山 34435 个,小矿 13268 个,开采的矿种达 193 种。虽然我国近年来非油气矿山数量在减少,但是开采总量在增加。我国矿产资源成矿时空跨度大,矿种齐全,并拥有一批储量大、远景好的矿种,且有几十种重要矿产探明储量名列世界前茅。我国已成为世界第三矿业大国。以煤炭资源开采为例,"十一五"期间,全国煤炭采选业投资完成 1.25 万亿元,是"十五"期间投资总额的 5.5 倍;产能建设亦大幅增加,2019 年全国原煤产量完成 38.5 亿吨,同比增长 4.0%;重点建设神东、晋北、晋东、蒙东(东北)、云贵、河南、鲁西、晋中、两淮、黄陇(华亭)、冀中、宁东、陕北 13 个大型亿吨级煤炭基地。矿山是具有工业开采价值的矿产资源的赋存地,是矿业开发活动集中的区域。

地理矿情监测是综合利用遥感等现代测绘技术,从地理的角度去监测、分析、研究和描述矿情,即以矿区表层自然、生物和人文现象的空间变化以及它们之间的相互关系、特征等为基本内容,对构成矿山物质基础的各种条件因素做出宏观性、整体性、综合性的调查、分析和描述。

1.1.2 遥感和矿产资源的分类

1. 遥感的分类

根据遥感分类标志的不同,遥感有多种分类。例如,根据遥感工作平台,遥感可分为地面遥感(近地遥感)、航空遥感、航天遥感。依据探测电磁波工作的波段,遥感可分为可见光遥感、红外遥感及微波遥感等。按应用领域,遥感可分为环境遥感、农业遥感、林业遥感、地质遥感、海洋遥感及大气遥感等。根据信息记录方式,遥感可分为成像遥感和非成像遥感。成像遥感将探测到的目标电磁波辐射转换成图像的遥感资料,如航空相片、卫星影像等;非成像遥感将接收到的目标电磁波辐射数据输出或记录在磁带上而不能生成图像。根据传感器工作原理,遥感可分为主动式遥感和被动式遥感。主动式遥感的传感器从遥感平台上主动发射电磁波,然后接收目标物反射或辐射回来的电磁波,如微波遥感中的侧视雷达;被动式遥感的传感器不能向目标物发射电磁波,仅接收目标地物反射或辐射外部能源的电磁波,如对太阳辐射的反射。具体见图 1.1。根据波段宽度及波谱的连续性,遥感可分为高光谱遥感和常规遥感。高光谱遥感是利用很多狭窄电磁波波段(波段宽度一般小于 10 nm)产生光谱连续的图像数据;常规遥感又称宽波段遥感,波段宽度通常大于10 nm,且波段在波谱上不连续。

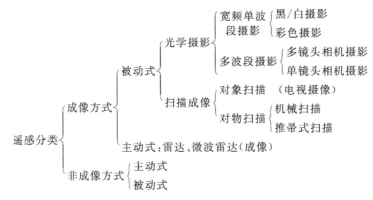

图 1.1　遥感按信息记录方式和传感器工作方式的分类

2. 矿产资源的分类

根据 1994 年国务院第 152 号令发布的《中华人民共和国矿产资源法实施细则》的附件"矿产资源分类细目",我国矿产资源分为能源矿产、金属矿产、非金属矿产和水气矿产。

能源矿产包括煤、石油、天然气、油页岩、铀、钍,按赋存状态分为固态和液态 2 个矿组、11个矿种。

金属矿产指冶金工业所需的主要金属原料,主要有铁、锰、铬、钒、铜、铅、锌、汞、金、银等。

非金属矿产可按相关产业部门分为化学工业、冶金辅助原料、建筑材料和其他非金属等 4个矿组、92 个矿种,主要包括硫铁矿、磷、钠盐、明矾石、芒硝、天然碱、重晶石、云母、石英、石墨、石膏、金刚石、滑石等。

水气矿产类可分为液态、气态 2 个矿组、6 个矿种,如地下水和矿水,硫化氢、氮气和氦气等。

1.1.3　矿产资源的特性

矿产资源作为自然资源的一部分,具有不同于其他自然资源的特点,即不可再生性、综合性、分布不均衡性以及隐蔽性及成分复杂。只有正确认识矿产资源的特殊性,才能更有效、更合理地开发利用矿产资源。

1. 不可再生性

矿产资源是有限的,一旦被开采之后,在人类历史相对短暂的时期内,绝大多数不可再自然生长出来,所以我们必须采取有效保护措施,有计划、合理地开采利用矿产资源,以发挥其最大经济效益。

2. 综合性

有些矿产是由两种或两种以上都达到各自单独的品种要求和储量要求的元素或矿种组成,称为共生矿产。例如,四川攀枝花铁矿包括钒、钛、钴、镓、锰等 13 种主要矿产。若以某一种矿产为主,另外有若干种相对含量较少的矿种或元素组合在一起,称为伴生矿产。例如甘肃铜镍矿,伴生有金、银、钴、硒、硫、镉、镓、锗等元素。因此,在许多复合矿石中,共生或伴生组分常具有重要经济价值,矿产资源赋存的这一特征,决定了在开发矿产资源中要综合开发,使伴生或共生有用组分得到充分利用。

3. 分布不均衡性

地球地质条件及其构造的变化决定了世界各地矿产资源分布不均衡。世界上任何国家或地区,从矿产资源整体来说,都有它短缺和不足之处。

4. 隐蔽性及成分复杂

矿产资源很少 100% 出露地表,特别是那些从未出露的盲矿体,更是全隐蔽性的。矿产资源的隐蔽性使其完全不同于土地和森林等其他自然资源。矿产资源是需要投入大量物化劳动,特别是创造性思维劳动才能予以发现的,而且能否作为劳动对象参与矿业生产过程,还必须通过矿山建设可行性研究和生产勘探。

另外,矿产资源伴生成分复杂。从整体上看,我国陆域地壳活动强烈,地层发育齐全,沉积类型多样,构造复杂,赋矿地质环境、成矿种类和矿化力度自成体系,这决定了我国矿产资源类型复杂。我国矿产资源的特点为:①矿产资源总量丰富,但人均拥有量较少;②矿产资源品种齐全,但某些重要矿产特别是大宗矿产相对不足或缺少;③矿床数量多,但大型、特大型矿床较少;④矿产地分布广泛,但不均衡;⑤贫矿多,富矿少,难采、难选、难治("三难")矿多,易采、易选、易治("三易")矿少;⑥共生矿床、伴生矿床多,单一矿床较少;等等。

1.2　矿产资源开发对环境的影响

矿业活动诱发的环境问题与矿产种类、开发方式、地质背景以及企业的规模、性质有关。不同矿山由于开采矿种不同,会产生不同的矿山环境问题。中国采煤以井工开采为主,如山西、山东、徐州及东北地区,但也有露天开采。井工开采指利用井筒和地下巷道系统开采煤炭或其矿产品的开采方法,其生产过程是地下作业,自然条件比较复杂,存在瓦斯、煤尘、顶板、火、水五大灾害。而且,矿井涌水会诱发排水、供水及生态环境三者之间的矛盾,采矿诱发地面塌陷对地面建筑物、土地和生态环境产生严重影响。另外,固体废弃物占地及不合理堆放会引起滑坡和泥石流。露天开采,又称为露天采矿,是一个移走矿体上的覆盖物,得到所需矿物的过程,即从敞露地表的采矿场采出有用矿物的过程。露天开采作业主要包括穿孔、爆破、采装、运输和排土等流程。同样,露天开采也会对环境造成影响,主要包括:破坏和占用大量土地;露天开采、运输及废石堆放会产生大气污染,甚至直接破坏生态环境和自然景观;采场和排土场风、水复合侵蚀造成边坡稳定问题;排土场煤矸石酸性渗流会污染地下水等。

煤炭资源开发对生态环境四大圈都会造成影响,对于大气圈的影响主要包括粉尘、煤矸石自燃产生的有毒气体、甲烷逸散和煤烟型大气污染等;对于水圈的影响包括疏干排水导致地表水和地下水污染及区域地下水位下降;对于生物圈的影响包括表土层被剥离挖损、土地荒漠化、植被破坏及地面塌陷;对于岩石圈的影响包括突水、瓦斯突出或爆炸等地下地质灾害,以及地裂缝、滑坡和泥石流等地面地质灾害。

1.2.1　对大气环境的影响

矿产资源开发对环境特别是大气环境的影响是复杂和长期的,其破坏方式或是间接或是直接,或是化学或是物理,或是短期或是长期。例如,矿产资源开发产生的粉尘、有害气体改变了矿区大气的成分和性质,甚至形成酸雨,导致大气环境质量明显下降;有害气体和酸雨沉降,污染地表水、土壤,进而对农作物和植被产生影响。矿产资源开发对大气环境的影响主要包括以下几个方面。

1. 粉尘

露天开采和井工开采以及之后的装载和运输过程中,会产生大量煤尘和粉尘,污染大气环境。

2. 煤矸石自燃产生有毒气体

我国煤矸石山大约有 130 座会自燃,约占矸石山总数的 13%。煤矸石山自燃会产生 CO、CO_2、NO_x、H_2S 等有毒害气体,同时伴有大量烟尘,给矿区环境造成严重污染。

3. 二氧化硫和酸雨

我国燃煤产生的二氧化硫(SO_2)是导致西南、华南、华中地区酸雨的直接原因,其危害包括:酸雨进入土壤危害农作物和森林生态系统;酸雨进入地表引起水体酸化,破坏水生生态系统;酸雨会导致建筑物中某些金属和非金属材料部件缓慢腐蚀。

4. 煤层瓦斯气

煤炭井工开采所散发出来的甲烷,称为煤层瓦斯气,其会污染大气、污染土壤和存在安全隐患等。

1.2.2　对水环境的影响

1. 废水排放污染

矿山废水污染主要来自矿山建设和生产过程中排放的矿井水、选矿废水、尾矿水及废石堆放场淋溶水等。

矿山开采会破坏地下水原始赋存状态并产生裂隙,或激活了导水断层,促进了各含水层之间的水力联系,大气降水和地表水可通过渗透补给,使各种水沿着原来和新形成的裂隙、断层渗入井下采掘空间形成矿井水。矿井水具有高悬浮物、高矿化度、呈酸性以及含氟、重金属和放射性元素等特点。

选矿废水的来源:碎矿过程中湿法除尘排水,碎矿及筛分车间、胶带机走廊和矿石转运站的地面冲洗水。选矿废水含大量悬浮物,通常沉淀后澄清水回用于选矿,沉淀物根据其成分进入选矿系统后排入尾矿系统。选矿废水具有水量大、悬浮物含量高、有害物质种类多等特点,主要有害物质为重金属和选矿药剂。选矿废水对环境的影响:悬浮固体淤塞河道;有毒药剂使水体及周围空气变臭;排入河流中使鱼虾等水生生物死亡;有毒金属造成水体污染,在鱼和农作物中富集,然后对人体产生危害。

废石堆放场淋溶水的来源主要包括露天矿、排矿堆、尾矿及矸石堆等经雨水淋滤、渗透后,所形成的含有高浓度硫酸和硫酸盐以及重金属等有毒元素的淋溶水。废石堆放场淋溶水若不及时处理,会对地表水、地下水、土壤和农作物造成污染,有害元素成分挥发也会污染空气。

2. 疏干排水引起的水文地质环境问题

露天采矿和井巷开采均会使地下水赋存状态发生变化,改变地下水径流和排泄条件,造成地下水资源浪费、地下水水位下降和水文环境恶化。例如,山西省煤炭资源的开采造成 18 个县缺水,26 万人吃水困难,30 多万亩①水浇地变旱地;焦作九里山矿多年排水使地下水位下降最深达 90 m。矿井突水事故是常见的地质灾害。沿海地区矿井,疏干排水使海水入侵,破坏淡水资源,影响植物生长。某些矿山由于排水,疏干了附近的地表水,浅层地下水长期得不到补充恢复,影响植物生长;有的矿区甚至形成土地石化和沙化,生态环境遭到破坏。

1.2.3 对土地资源的影响

采矿对土地资源的影响主要是指占用土地和破坏土地,如为采矿服务的交通设施和采矿生产过程中因堆放大量废弃物占用土地,因矿山开采产生地面开裂、变形及地表大面积塌陷等。

1. 露天开采对土地资源的破坏及其他影响

露天开采对表层土直接剥离挖损造成土地资源的破坏。据资料记载,我国 1949—1989 年采煤量800 Mt,破坏土地面积 1.76×10⁴ ha;1991—2000 年采煤量 100 Mt,破坏土地面积 2.2×10⁴ ha。露天煤矿大多位于我国人口密度较稀疏的西部和北部,属于干旱或半干旱环境脆弱区,如霍林河矿区、伊敏河矿区位于草原风沙区,平朔矿区、准格尔矿区位于水土流失严重区,神府东胜矿区位于毛乌素沙漠和西北黄土高原过渡地带沙化区,矿区开发加剧了区域的水土流失和土地沙漠化。

2. 井下开采引起崩塌、滑坡、地面开裂与沉陷等土地破坏

矿山井下开采时,由于采空和顶板岩石冒落,会使地面发生大面积塌陷,致使大量良田废弃,村庄搬迁。我国 96% 的煤炭来自地下开采,因而采煤沉陷是我国煤矿区土地最主要的破坏形式。据统计测算,截至 2016 年底,我国采煤沉陷土地总面积约 20600 km²,每年新增沉陷面积约 466 km²。

3. 煤矸石和粉煤灰的堆放侵占大量土地

煤炭的开采和分选加工产生大量煤矸石,坑口发电厂又产生了大量粉煤灰,这些固体废弃物占用农田,污染矿区环境,破坏生态平衡。据统计,我国现有煤矿矸石山 1000 余座,总堆积量达 30×10⁸ t,并且每年排放 1.5×10⁸～2.0×10⁸ t,占地面积超过 55 km²,而综合利用率只有 20%～40%。

1.2.4 对地貌景观以及植被的影响

矿产资源的开发对地貌景观的破坏形式有:工业广场井架高耸、管线密布;排矸(矸石山、

---

① 1 亩＝666.67 平方米。

矸石堆)无观赏价值且污染大气、土壤和水体环境;地表下沉引起地表积水或地貌改变;建筑物倒塌、裂缝;地表水污染等。露天开采将矿区地貌破坏得面目全非,原有生态环境很难恢复。

据统计,我国约有 106 万亩森林因为采矿被破坏,根据相关调查发现,矿产资源开发大省同样也是矿山开发占用林地面积大省。此外,26.3 万亩草地面积因为矿山开发而被破坏,导致草地退化日益严重,草地退化率也呈逐年上升趋势,草地损毁面积平均每年以 6.7×10^5 ha 的速度递增。

1.2.5　噪声污染

矿山采矿机械振动(包括凿岩机、钻机、风机、空压机和电机等)、爆破、机械维修、选矿作业以及矿区运输系统均会产生噪声污染。矿山噪声声源数量多、分布广,许多设备和作业区噪声超过 90 dB 国家标准,对矿山工厂和附近居民造成危害;同时,超过 140 dB 的噪声会引起耳聋,诱发疾病,并能破坏仪器正常工作。另外,噪声对栖息于该地区的动物亦构成生存威胁。

1.2.6　引发地质灾害

采矿过程中,在一定的地质、地形及气象条件下,矿山及其相邻地带会发生山体崩塌、滑坡、泥石流、尾矿库溃坝等地质灾害,存在相当大的安全隐患。

综上所述,矿山开发对矿山水环境、大气环境、土壤环境、声环境和生态环境的影响严重。研究各种污染产生的原因,提出经济、实用、高效的污染防治措施,是保障矿产资源可持续发展和生态平衡的重要任务。

1.3　矿区环境遥感监测与应用的研究现状

矿区采矿活动,导致其面临严重的地表沉陷、土地破坏、植被退化、水质污染、大气污染、土壤侵蚀、植被生产力降低和地质灾害等问题。矿区生态扰动监测是指运用各种检测技术,判断和评价矿产资源开发对生态环境产生的影响、危害及其规律。矿区生态扰动监测分为宏观和微观监测,空天地监测,干扰性生态监测、污染性生态监测和治理性生态监测等类型,具有综合性、空间性、动态性、后效性、不确定性等特征(汪云甲,2017)。近年来,卫星遥感技术因其具有大范围、长时间序列、多信息、多平台、周期短、廉价等优点(李德仁,2008),被广泛应用于对矿区环境的监测。从 20 世纪 90 年代开始,美国及欧洲一些国家利用先进的光学、红外、微波、高光谱等对地观测技术和数据,针对矿区各类生态环境及灾害要素,如开采沉陷、水污染、植被变化、土壤湿度、大气粉尘等进行了长期有效的动态监测,为矿区环境保护监测目标的定量分析提供了依据。

1.3.1　国外矿区地表环境遥感监测研究进展

国外一些矿业发达国家早在 20 世纪六七十年代就利用遥感技术对矿区环境进行了监测,矿区土地利用/土地覆盖变化、矿产资源开发对矿区水资源的影响、矿区植被变化、矿区重金属污染、矿区土地复垦、矿区地表形变等方面是遥感监测矿区环境变化的主要内容。1969 年,美国对煤矸石堆和煤矿区土地复垦效果进行了遥感动态监测(冯彦平,2010)。Mamula 等(1978)、Garge 等(1988)、Legg(1989)和 Fathore(1992)利用遥感技术对矿区采前、采中和采后土地利用/土地覆盖分布进行了动态监测(Venkataraman et al.,1997)。Rathore(1993)指出遥感数据在评估采矿对环境影响、监测复垦活动及地下煤火方面起到了重要作用。Majumder (1994)利用遥感和其他数据评估了印度 Singrauli 中心煤田的采矿活动和工业化进程对环境的影响,指出 100 年间 Singrauli 中心煤田的地貌发生了很大改变,并提出了改善环境、减少对环境破坏的措施。Jhanwar(1996)利用 1984—1991 年遥感数据和 1971 年地形数据对 Bijolia 矿区土地利用情况进行了变化监测后得出,20 年间矿区增大了 35.3 倍,森林覆盖率下降了 46.3%,农用地减少了 12%,废弃地增加了 67.4%,且采矿活动带来了水位下降、员工被疾病困扰等问题。Venkataraman(1997)基于遥感数据和先验知识,结合 Leopold 矩阵法、因子聚类分析法对印度 Goa 地区铁矿露天开挖对环境的影响进行了研究,指出随着采矿力度的加大,矿区植被和土地呈退化趋势,采矿活动对矿区的土壤、地形、地下水及植被产生了负面影响。Schmidt(1998)基于德国东部露天开挖褐煤区 1989—1994 年 Landsat-TM 和 ERS-1 数据,对矿区废弃物、水体边界变化、基于最大似然分类法的土地利用变化、复垦过程及植被覆盖变化等情况进行了定量分析。Fischer(1999)利用高光谱数据 HyMAP 和高分辨率 HRSC-A 数据对矿区地表形变进行了监测,指出机载高分辨率扫描仪数据能产生高分辨率数据,因而可以适时监测地表形变和土地覆盖变化。

进入 21 世纪,国外矿业发达国家对矿区地表环境的遥感监测研究发展迅速。Wegmuller (2000)利用 SAR 干涉仪和 ERS 数据监测了德国 Ruhrgebiet 地区采矿引起的地表形变状况,指出 ERS 数据适于估计地形相位,在森林和农业用地不能识别地表形变的速率。Spreckels (2001)指出,航空影像、机载雷达或者激光数据结合 DInSAR 技术、DEM 及数字地形模型,可以精确监测由采矿等活动引起的大区域塌陷等地表形变活动。Raimumdo(2002)基于巴西亚马孙流域罗赖马州 1987—1999 年间的 TM 影像数据监测了淘金者造成矿区土地退化的动态变化过程,利用分类后比较法对区域土地覆盖进行了分类,指出研究区土地退化面积是不断增加的,当某一区域被淘金者废弃后,区域外围植被生长速度要比区域内部植被生长速度快,根据植被再生速率,到 2019 年退化区域才能完全被植被覆盖。Strozzi(2003)利用 JERS-L 波段数据监测 Bologna、Mexico City 和 Ruhrgebiet 地区的地表形变,指出与 ERS-C 波段 SAR 数据相比,JERS-L 波段数据可以获取植被覆盖区域的地表形变信息。Ellis(2003)为了验证高光谱遥感在 St. Austell China clay 区的适用性,利用高光谱数据 HyMAP 对英国 Cornwall 高岭土矿的矿物组成、分布及其产生的废弃物进行了识别,并绘制了矿物分布图。

Rasim(2005)利用两景 Landsat 数据和由 NOAA/AVHRR NDVI 计算的 Key Resources Indicator(KPI)对加拿大阿尔塔 Oil Sands 矿区的土地覆盖状况进行了评估,指出该区域天然植被遭到了破坏且 NDVI 可以用来作为区域植被生物量的指示器。Gangopadhyay(2006)指出,利用遥感识别煤火技术始于 20 世纪 60 年代,其利用 TM 热红外波段数据,结合由 NDVI 计算的发射率数据,对印度 Raniganj 矿区的地表温度进行反演,并对地表温度进行了密度分割,找出了矿区煤火分布区域。Kuenzer(2007)对中国北部干旱矿区的地下煤火进行了实地调查,指出地下煤火对环境产生了影响,如大气污染、地表沉陷、土地退化甚至对水资源和人类健康带来威胁。

Philip(2009)利用 1976、1987、1999 及 2006 年美国东部阿巴拉契亚山脉 Landsat 影像,绘制了西弗吉尼亚州、马里兰、宾夕法尼亚州阿巴拉契亚山脉的八大分水岭矿地区的露天开采和矿区复垦范围变化图,指出 1976—2006 年,矿区露天开采范围在减少而矿区复垦面积在增大,并表明大雨条件下开采和复垦区因具有较低的水分渗透能力,可能会诱发洪水灾害。Charou

(2010)以希腊 Lake Vegoritis、Amynteon 和 Lavrio 矿区为例,利用 Landsat 5 图像、Landsat 7 图像、SPOT 全色图像和 ASTER 数据评估了采矿活动对土地利用和水资源的影响,指出高分辨率遥感数据和 GIS 技术相结合可以监测矿区环境长期变化、土地复垦和修复等活动。

Zipper(2011)指出阿巴拉契亚地区的采矿活动破坏了地表森林覆盖,复垦专家提出的 Forestry Reclamation Approac(FRA)对该地区森林重建具有重要的意义,重建后的森林植被可以提供生态系统服务,如木材生产、吸收大气中的 CO_2、为野生动提供栖息地、水源饱和等。

1.3.2　国内矿区地表环境遥感监测研究进展

我国在矿区地表环境遥感监测方面的研究起步较晚。在 20 世纪 90 年代中期之前,研究重点主要在矿区土地复垦方面。金天(1983)在简要介绍我国露天煤矿土地复用状况的基础上,提出了制定复垦法律、改进土地复用工程设计等解决我国露天矿土地复用问题的途径;刘贺方等(1987)在指出露天矿排土场对环境造成了破坏的同时,提出了排土场复田及再利用的观点;李秋荣(1989)提出将土地复用纳入开采工艺等排土场土地复用措施中;林家聪等(1990)指出土地复垦与矿区勘探、矿井设计、矿井建设、矿井生产、矿井报废等环节密切相关,并提出了土地复垦经济和质量评价的方法;卞正富等(1991)等指出采矿会引起耕地积水、裂缝等问题,在分析产生上述问题原因的基础上,提出了预防这类问题的措施,如降低潜水位、抬田等,并总结出了高潜水位矿区土地复垦问题的特点;卞正富等(1994)提出了针对我国东部平原高潜水位矿区的土地复垦模式,紧接着论述了土地复垦的概念与任务、研究内容与方法及应用前景;卞正富等(1995)还指出在高潜水位矿区,其塌陷地大面积积水问题的解决办法是采用疏排法复垦。

20 世纪 90 年代中后期,研究重点不仅仅集中在土地复垦方面,矿区环境问题与保护逐渐被重视。吴立新等(1996)指出煤炭开采引起山体开裂、滑坡与泥石流、环境污染、水土流失与沙漠化、地热效应等八大环境问题,并提出了煤矿环保要政策化、科学化、综合化、产业化等措施。李强等(1996)指出神东矿区景观生态异质性较小,景观要素的聚集在整个区域内大体相似,提出了调整产业结构、坚持开发与治理并重等景观生态建设措施。韦朝阳等(1997)指出我国煤矿开发存在政策规章不完善、乡镇煤矿开采失控、矿区布局不合理、缺乏合理的生态环境规划等问题,提出经济发展保障生态整治与建设、开展土地复垦与废弃物资源化、推广清洁煤技术等环境保护措施。吴立新等(1998)指出煤炭开发不仅会破坏矿区水资源,还会因为水资源的破坏引发次生灾害,如岩溶塌陷、井泉干涸、土地荒漠化等,并提出了水资源保护的措施。张绍良等(1999)系统论述了土地复垦的概念、研究对象、研究目的和方法、科学定位及其研究理论构架。

进入 21 世纪,遥感和 GIS 技术逐渐被利用到矿区环境动态监测中,研究涉及矿区土地利用/土地覆盖变化、景观格局变化、植被动态变化、水资源保护、环境评价、地表形变、土壤含水量反演、土地复垦等方面。周斌等(2000)介绍了分类后比较法、增强法、数据融合法及光谱波段或组分法等土地覆盖变化探测法,并对这些方法进行了评价,从遥感数据的空间分辨率、辐射分辨率、高光谱遥感及微波遥感等方面展望了数字探测技术的发展。吴立新等(2000)在介绍了数字地球概念、数字地球产生的世界影响、数字中国等内容和现实条件的基础上,讨论了数字矿山的内涵、必要性及其战略意义。白中科等(2001)从资源和生态经济角度出发,论述了土地复垦、生态重建效益的内涵及其影响因素,并以平朔安太堡露天矿区为例分析了该矿区生态系统的"三大效益"。武强等(2002)以西山矿区为例,指出煤炭开采引起了地下水位下降、河川径流量大量渗漏、水源污染等问题。吴立新等(2003)指出我国西北地区存在矿产资源丰富与水资源匮乏的矛盾,提出了矿产资源与水资源协同发展的对策。

陈龙乾等(2004)利用1987、1994和2000年三期TM影像对徐州矿区土地利用进行了分类,指出矿区塌陷地面积不断扩大,复垦速度赶不上塌陷速度,并从规划、管理、资金等方面提出了塌陷地复垦的对策建议。同期,甘甫平等(2004)利用Hyperion高光谱数据,结合矿物识别谱系技术,监测出德兴矿区的污染类型和污染分布,并识别了赤铁矿、针铁矿及矿区植被污染程度,从此D-InSAR技术被逐渐应用到矿区地表沉陷监测方面。吴立新等(2004)在分析D-InSAR技术监测天然气、石油开采塌陷区的基础上,提出了D-InSAR在我国煤矿塌陷区的应用目标和关键技术。

Zhao等(2005)利用多时相Landsat遥感数据,结合GIS技术,监测了唐山煤矿塌陷区的动态变化,指出塌陷区环境得到了改善,自1997年开始实施的生态重建工程是成功的。张杰林等(2005)在论述高光谱遥感技术国内外研究现状的基础上,以大柳塔煤矿为例,研究了矿区污染物煤矸石的光谱特征及受污染植被的光谱特征变异规律,为查明矿区污染源的空间分布状况提供了基础。胡振琪等(2005)利用1987、1996和2003年三期TM影像对霍林河矿区的草地沙化情况进行了监测,表明随着矿区原煤累计产量的增加,草地和沙地破坏的面积在逐年扩大。李成尊等(2005)以山西晋城矿山开采为研究区,以QuickBird为遥感数据源,对煤矿开采引发的地面沉陷、地表裂缝、塌陷坑等地质灾害的影像特征进行了分析,并与实地调查结果进行验证。

卞正富等(2006)以1979年MSS、1987年TM、2000和2001年ETM+影像数据为基础,利用BPNN多层神经网络学习算法对徐州矿区土地利用进行了监督分类,并计算了其景观格局指数,指出煤炭开采造成了土地资源质量下降、塌陷面积增大、耕地减少等问题。陈秋计等(2006)指出DEM可以应用在矿区土地复垦中,利用DEM可以获取坡度、粗糙度等表达地形破坏程度的指标。卢霞等(2006)基于江西某铜矿的ASTER和实测水体光谱曲线数据,结合矿区DEM,采取光谱制图技术,对该矿区的水体污染情况进行了提取。

Wang等(2007)基于1987、1992、1995、1998及2005年TM影像数据,利用像元分解法监测了伊敏河矿区土地退化状况,指出随着人类活动的加剧和气候的干旱,矿区草地退化越来越严重。王广军等(2007)利用1987、1996、2003年三个时相共5景TM数据,利用BP神经网络与决策树相结合的方法,对霍林河煤矿的草地荒漠化状况进行了评估,指出矿业建设用地的增加导致了矿区重度荒漠化草地面积的增加。薛丰昌等(2007)实测了神东矿区不同深度土壤含水率,并利用Voronor插值法计算区域平均含水率,指出在采矿条件下,预采区浅层土壤含水率大于采动区,而采动区大于采空区。

常鲁群等(2008)利用1995、2005年MODIS和TM影像数据,反演了神东矿区土壤含水率,通过建立的DEM模型,得出土壤含水率与高程呈负相关关系。毕如田等(2008)以4期TM影像为数据源,采用监督分类和人工交互的方式,对安太堡露天煤矿土地利用进行了划分,指出在采矿活动的扰动下,15年间矿区原地貌面积加速减少,复垦区和剥离区面积在不断增加,采挖区面积保持在7 km²左右。

吴立新等(2009)利用SPOT-VGT NDVI遥感数据,采用沙化土地分级变化检测与一元线性回归方法,对神东矿区1999—2008年植被覆盖和土地沙化的动态变化进行了分析,揭示了

10 年来神东矿区的植被覆盖和土地沙化变化趋势。同年，卞正富等（2009）利用野外监测和 TM 遥感影像数据，反演了神东矿区土壤含水率，分析了影响土壤含水率的主要因素。杜培军等（2009）利用多时相 CBERS 影像数据，采用支持向量机分类法对徐州市土地利用进行了分类，指出研究区生态环境良好，CBERS 数据可用来分析城市景观格局。同期，雷少刚等（2009）以多时相 MODIS 和 Landsat 数据为基础，分析了采矿活动对神东矿区植被、浅层土壤含水量、地下水产生的影响，指出采矿活动确实对矿区植被和土壤水产生了负面影响，但没有造成矿区植被大面积死亡。

陈启浩等（2010）采用面向像元的分类方法，利用高分辨率影像数据，对广西横县某矿区进行了土地分类，指出该分类法分类精度达到 90% 以上，优于以像元为基础的神经网络分类法。同期，雷少刚等（2010）利用多时相 Landsat 遥感数据，监测了神东矿区植被动态变化情况，分析了气象因子与矿区植被的关系，指出降雨和温度与矿区植被的相关性最高，从矿井大尺度上来讲，矿区植被呈改善趋势，从矿井小尺度上看，由于地表沉陷等因素的影响，矿井采区植被和土壤湿度略小于非采区。张晓克等（2010）以 SPOT 和 ETM＋影像为数据源，采用 NDVI 作为指示因子，监测了潞安矿区植被的动态变化，指出采矿对矿区植被产生了负面影响。

马保东等（2011）基于 MODIS 数据，采用热惯量法，反演了神东矿区土壤湿度，指出热惯量法适用于植被稀疏区域土壤湿度反演，且反演结果与 10 cm 深土壤湿度相关性好。同年，刘英等（2011）利用 MODIS 数据，在三角形 NDVI-T_s 特征空间的基础上，提出了双抛物线形 NDVI-T_s 特征空间，并利用该空间计算的温度植被干旱指数监测了神东矿区土壤湿度状况，表明该方法可以用来监测矿区浅层 0～5 cm 土壤湿度状况。陈绪钰等（2011）基于 4 期 TM/ETM＋数据，利用像元二分法，分析了大峪沟煤矿 21 年间植被覆盖度变化情况，指出由于采矿活动的影响，矿区植被覆盖度总体上呈下降趋势。

吴春华等（2012）以 2000、2005 和 2010 年 TM/ETM＋为数据源，采用支持向量机对徐州西矿区土地利用进行了分类，并计算其景观格局指数，指出耕地是矿区的土地类型，采煤塌陷导致了矿区水体面积的增加。吴立新等（2012）在阐述数字矿山内涵变化的基础上，讨论了矿山物联网、遥控矿山、感知矿山、智能采矿等的概念，并对它们之间的关系进行了矩阵描述。卞正富等（2012）指出采矿和矿物加工过程产生的废弃物的再利用应当纳入环境可持续发展规划中，采矿和矿物加工过程产生的废弃物可为电力公司提供额外的燃料，并可作为建筑原料及地表和地下塌陷区的填充物。

曾远文等（2013）利用 Landsat ETM＋影像反演煤炭开采区表层土壤有机质含量的空间格局，对采样点各波段光谱反射率进行数学变换，挑选出敏感波段，建立了表层土壤有机质含量的光谱预测模型，结果表明有机质含量在 10～15 g/kg 范围的图斑面积最大，约占研究区总面积的 50.44%，表层土壤有机质随开采沉陷坡度的增加呈减少的趋势。王登红等（2013）采用 IKONOS 高分辨率遥感数据运用光谱角分类算法提取了研究区土地荒漠化较为严重的区域，运用 ISODATA 非监督分类算法对稀土矿开采周边的河流污染程度进行了评估。尚慧等（2013）以石嘴山矿区为研究区，利用 20 世纪 70 年代航空遥感图像、2003 年 SPOT 5 卫星图像和 2009 年 RapidEye 卫星图像进行人机交互解译和结果叠加分析发现：1970—2003 年，石嘴山矿区地类变化主要体现为由基础设施建设和水土流失造成的植被覆盖区和耕地向城镇居民点及荒地的转化，而采矿活动则造成煤矸石山、煤堆、水体等地物面积的增大；2003—2009 年，植被覆盖区面积增幅最快，而煤矸石山、煤堆等矿山地物面积明显减小。

李恒凯等(2014)采用 20 年的多时相 TM 遥感数据作为数据源,以定南县岭北稀土矿区作为研究案例,采用分形纹理辅助分类对分类后比较方法进行改进,构建了可分离指数和 J-M 距离两种分形窗口和波段选择模型,并指出,随着稀土开采规模的不断扩大,矿区荒漠化日趋严重,并呈现集中连片的趋势,治理难度加大,原地浸矿工艺的推广和矿区复垦工作的进行,一定程度上减缓了矿区荒漠化趋势,稀土矿点周围植被出现退化现象,可能是稀土开采产生的水土污染对植被生长造成了影响。张寅玲等(2014)以平朔露天矿区已复垦排土场为例,耦合了地形高程、植被指数、地表温度和土壤湿度 4 个评价指标,利用多指标加和的方法集成各评价指标,通过与标准离差法相比,指出多指标加和方法计算得到的 RSREI 更适用于时间维度的动态对比。

张航等(2015)通过结合 Landsat-TM/ETM＋与 HJ-1/CCD 数据,根据矿区植被覆盖度的变化及时监测稀土矿区活动情况,对江西定南地区 20 年来稀土矿区开采变化情况进行监测,并提出保护建议,为实现矿产资源的可持续发展提供了理论依据。李学渊等(2015)以东胜矿区 2007 年 Quick Bird 遥感影像和 2012 年 Worldview 2 影像为数据源,通过提取矿山地质环境现状信息,计算矿山地质环境类型时空数据的变化幅度、变化速度及转移矩阵等,结果表明:随着东胜矿区开采规模持续扩大,不同矿山地质环境类型的面积逐年增加且增幅各异,由"污染"(采坑、排土场及积水区)向"治理"(恢复治理区和工业广场)转移的趋势显著。尽管矿区地质环境已得到足够重视,并呈现西北区域恢复治理优于东南区域的特点,但"治理"力度总体上慢于"污染"程度,仍不利于可持续发展。刘剑锋等(2015)以世界经合组织提出的"压力-状态-响应"(P-S-R)框架理论为指导,基于"高分一号"卫星遥感影像为主的多源、多时相、多分辨率遥感数据源,以井陉矿区为例,进行矿区生态安全评价研究,表明该研究可为维护矿区及其周边生态环境的原生平衡、引导矿区资源的合理开采与利用提供技术支持。

刘英等(2016)利用 1989—2013 年神东矿区多时相 TM/ETM＋/OLI 及 HJ-CCD 影像 band 3、band 4 反射率数据,在土壤湿度监测指数(SMMI)和尺度化归一化植被指数(S-ND-VI)的基础上,构建了尺度化土壤湿度监测指数(S-SMMI),指出神东矿区 25 年来土壤湿度总体呈上升趋势,与矿区植被的改善呈正相关;土壤湿度和 NDVI 的分布均受到了区域地形的影响,低高程区的土壤湿度与 NDVI 对高程变化更为敏感;与土壤湿度为 16％～32％时的 NDVI 变化相比,土壤湿度小于 15％时,NDVI 变化更为敏感;并且,地势低洼处的人类活动对 NDVI 的影响较大。吴志杰等(2016)以福建省永定矿区为研究区,利用遥感生态指数(Remote Sensing Ecology Index,RSEI),基于 Landsat 7 和 Landsat 8 影像数据分析永定矿区 2002—2014 年的生态状况、时空变化特征及其驱动因素,结果表明:RSEI 适用于煤矿区的生态环境监测,自 2002 年到 2014 年 RSEI 均值从 0.705 降至 0.699,虽然 RSEI 均值降幅不大,但 RSEI 变化的空间分异明显,盆地四周生态质量在提高,而煤矿区、石灰石矿区、工业园区和村镇建筑区生态质量在降低;植被覆盖度与 RSEI 之间有较好的对应关系,植被覆盖变化是影响生态质量变化的关键因素。康日斐等(2016)以山东省龙口市矿区为研究区,选取 2007 年 7 月至 10 月的 3 景 L 波段的 ALOS PALSAR 数据,采用"二轨法"D-InSAR 技术提取了研究区的沉降空间分布、地面沉降量、沉降面积、动态下沉曲线以及下沉速率等值线,分析了两个监测时段龙口矿区的塌陷状况及地表形变规律。

张嵩等(2017)以某超贫钒钛磁铁矿为例,基于 Landsat TM/OLI 数据,结合林地与其他地物的光谱、纹理特征差异,利用支持向量机法获取了林地的空间分布信息,统计显示,2015

年矿区林地覆盖面积为 103.26 km²,较 2001 年减少 14.21 km²,超贫钒钛磁铁矿采区和尾矿库迅速扩展是造成林地覆盖减少的主要原因。贺金鑫等(2017)基于大营铀矿区的 Hyperion 卫星高光谱遥感影像数据,以及油气微渗漏理论思想,提出重点提取出含铁离子、碳酸盐、黏土矿物等典型矿化蚀变信息的研究方法,结果表明,所提取出的多数矿化蚀变信息能作为该地区铀矿勘查工作中的重要找矿标志。肖武等(2017)认为无人机遥感技术可用于矿区基础信息普查、地质灾害与污染等敏感风险源信息的获取与监测,矿区土地复垦与生态重建规划与设计、复垦验收与复垦后效果监测与评价等多个方面,将成为未来矿区监测与土地复垦重要的应用技术手段。

郭山川等(2018)以乌海矿区为研究对象,采用 Landsat TM/OLI 影像和 Sentinel-1A 影像,利用 3S 和 InSAR 技术,通过提取植被损伤指数、地表形变指数和土地覆被类型等关键参数,以土地结构损伤函数与土地功能损伤函数为主体构建矿区土地损伤测度模型,指出损伤测度结果有助于矿区环境修复精细化设计,为乌海矿区土地整治与修复提供决策参考。宋婷婷等(2018)以云南旧矿区为典型区,通过野外土壤样品采集、光谱与 Zn 元素测量,提出了乘积变换的波段变换方法以增强 Zn 元素与光谱敏感波段之间的相关性,应用其建立了 Zn 含量最优预测模型,并基于 ASTER 影像开展了污染制图,可以为遥感定量反演重金属含量,以及大规模的环境污染监测提供研究基础与技术支持。熊恬苇等(2018)以江西省赣州市安远、龙南、定南、全南、信丰和寻乌 6 县为研究区,利用 Google Earth 平台的高分辨率影像,目视解译稀土矿分布范围,然后以多时相 Landsat 遥感数据来计算归一化植被指数和植被覆盖度,通过回溯法确定 1990—2015 年稀土矿开采范围的变化及矿区植被恢复状况。

杨宏业等(2019)提出利用超分辨率重建技术提高露天矿区遥感图像的空间分辨率,并针对露天矿区各场景纹理特征明显的特点,采用深度纹理转移的方法进行超分辨率重建,使其空间分辨率满足矿区各场景边界的区分、细小地物的判读和控制点的定位等。王义方等(2019)以济宁典型采煤塌陷地区为研究区域,首先基于 1985—2018 年 Landsat 系列遥感影像,利用动态时间规整算法获取本区域典型扰动轨迹特征,然后利用 Python 决策树分类算法对区域内像元扰动类型和扰动时间进行聚类和识别,从而揭示采矿活动对本区域土地的扰动类型和扰动时间的数量结构、空间分布特征。岳辉等(2019)以神东矿区为研究对象,基于 1989—2016 年的 Landsat 影像,采用遥感生态指数(RSEI)动态监测神东矿区及各个主要矿井生态环境时空动态演变特征,指出神东矿区各矿井的 RSEI 均值总体呈增加趋势,表明矿区生态环境质量逐渐变好。

1.3.3　矿区灾害遥感监测

矿产开采使地表产生移动与形变,这是开采沉陷及其衍生灾害产生的根源。快速获取岩层、地表的移动与变形是进行沉陷灾害评估预测、土地复垦与生态修复的前提。地面沉陷是井工开采导致的主要灾害之一。对于地面沉陷的监测手段较多,在工程尺度上主要有地下水水位动态监测、土体应力应变监测、GPS 点位监测、标记物测量、大地测量法、钻孔伸长计法等,在区域尺度上有雷达遥感监测、全球导航定位系统(GNSS)沉降观测网监测等。

(1)基于遥感的矿区地表形变及沉降监测(吴侃 等,2012;Carnec et al.,2000;Fan et al.,2015;Huang et al.,2016;Du et al.,2017;Yang et al.,2017;范洪冬 等,2016;陈炳乾,2015)。合成孔径雷达测量(Synthetic Aperture Radar,SAR)技术为解决上述问题提供

了新的技术途径,成为近年来的研究热点,德国、澳大利亚、法国、英国、韩国等国外及中国香港学者在实践、理论、算法与应用等方面取得了众多成果。我国于 21 世纪初将 InSAR 技术用于矿区开采沉陷监测,随着 ENVISAT、ALOS、RadarSAT - 2、TerraSAR 等卫星的升空,可用于干涉处理的 SAR 影像数据越来越多,并且影像的分辨率、波长、入射角等也不尽相同,推动了国内的相关研究。实践表明,与传统的开采沉陷监测方法相比,InSAR 技术监测地面沉降具有大面积、大时间跨度、成本低的优势,探测地表形变的精度可达厘米至毫米级。但由于开采地表沉降量大、速度快,且不少矿区地表植被覆盖好,使得 InSAR 技术极易造成失相干,出现了诸多问题。为此,人们逐渐从以往的高相干区域转移到了长时序上个别的高相干区域甚至是某些具有永久散射特性的点集上,通过分析它们的相位变化来提取形变信息,以此对 InSAR 技术进行了拓展,如永久散射体差分干涉测量(PS-InSAR)、人工角反射器差分干涉测量(CR-InSAR)、短基线差分干涉测量(SBAS-InSAR)等,从而提高了形变监测的精度,这些技术在徐州、西山、神东、唐山、皖北等矿区得到了应用,并取得了重要成果。但是,在应用 InSAR 技术的过程中,仍然发现存在诸多问题,如:矿区地表沉降是以非线性形变为主要成分,上述技术的计算模型则是建立在线性模型的基础上;矿区开采导致地表变形大,现有的解译方法并不能得到大变形梯度条件下的地表变形等。

(2)地下煤火及煤矸石山自燃监测(Stracher et al.,2004;Gangopadhyay et al.,2012;蒋卫国 等,2010;Wang et al.,2015;Jiang et al.,2011;夏清 等,2016;Hu et al.,2017;Tian et al.,2013)。地下煤火主要是指煤矿由于自燃或人为因素形成的煤田火和矿井火。遥感监测煤火的研究开始于 1963 年,HRB-Singer 公司在美国宾夕法尼亚州的斯克兰顿用热感相机 RECONOFAX 红外侦查系统,进行探测和定位煤矸石的可行性试验,这是科技人员首次利用热红外遥感技术研究和探测煤火,此后国内外学者对煤火问题展开了一系列研究,形成了大量基于遥感探测煤火的成果,包括煤火温度的定量反演、煤火异常区提取、煤火区特征地物信息提取、煤火动态监测等。利用遥感手段探测煤矿火区的方法与所用的传感器密切关联,低分辨率热红外卫星因其空间分辨率过低而不能满足小区域煤火的监测需求;通过中分辨率卫星的 Landsat 热红外传感器和 ASTER 反演地表温度的算法较为成熟,并且以辐射传导方程法、单窗算法和单通道算法精度最高,应用也最多。在地表温度反演的基础上,许多火区圈定的方法被提出,其中以移动窗口算法和自适应梯度阈值法最为著名。中分辨率的卫星虽能识别火区及其动态变化,但是受太阳热辐射、植被、地形、气象等条件的影响,反演的地表温度精度不高,导致火区的识别精度不能得到根本性的提升。机载热红外数据可以满足火区识别的精度要求,但是仪器昂贵,数据采集成本居高不下,未能得到广泛应用。近年来,测量型无人机的出现为煤火监测提供了新的技术手段,无人机的优势在于采集数据的成本低,测量数据的精度高,且无人机热红外技术获取的地表温度精度更高,更有利于圈定火区,测量型无人机已经开始逐步应用到煤火监测领域。

(3)基于遥感的矿区地裂缝提取技术。矿产资源大面积的开采,造成地下挖空,矿层上部岩层失去支撑、垮落、沉降产生地裂缝(Xu et al.,2016),严重威胁矿区及周边安全。目前,地裂缝调查方法主要包括传统野外勘察和基于遥感技术的地裂缝监测,其中传统野外勘察方法获取精度高,但耗时耗力(Peng et al.,2016),而基于遥感技术的地裂缝监测相对快速和高效。赵炜(2009)根据遥感影像中地裂缝的灰度值和煤矿区位置特征建立相关模型提取地裂缝,指出其准确度高于监督分类结果。王娅娟等(2011)基于 Quick Bird 影像,利用方向性特征增强算子提取采空区地裂缝信息,指出提取结果和实地调查吻合。魏长婧等(2012)和 Wang 等 (2015)分别利用无人机影像及 TM 影像,建立知识模型提取地裂缝。肖春蕾等(2014)基于机 载 LiDAR 激光点云数据,构建数字高程模型提取地裂缝,指出该方法能够确定地裂缝的位 置、长度信息。目前,基于遥感影像的地裂缝提取技术仍然存在知识特征挖掘不准确、适用性 弱、鲁棒性和提取精度低等问题,这主要有两方面的原因:①地裂缝作为一种线状地物,在遥感 影像中与其环境背景反差弱而出现间断现象;②地裂缝易受到植被和地物阴影的遮挡。

1.3.4　离子型稀土矿区遥感监测技术发展

1. 稀土分布

稀土有"工业维生素"之称,广泛应用于器械制造、国防、航天、电子、核工业、新能源等领 域,是非常重要的战略资源。中国是世界上稀土资源最丰富的国家,已探明的稀土储量约 6588 万吨,约占世界稀土资源的 41%。中国稀土资源不但储量巨大,而且矿种和稀土元素齐 全、稀土品位和矿点分布合理。中国已经在 22 个省(区)发现了稀土矿床,在地域分布上表现 为广而相对集中的特点。中国 98% 的稀土资源分布在内蒙古、江西、广东、山东、四川等地,形 成东西南北的分布格局,且有北方轻稀土矿和南方中、重稀土矿的分布特点。其中,南方离子 型稀土矿是一种新型稀土矿床,该稀土矿具有分布地广、储量大、放射性低、开采容易、提取稀 土工艺简单、成本低、产品质量好等特点。离子型稀土矿是一种中稀土矿(钐、铕、钆),又称风 化壳淋积型稀土矿,主要分布在我国江西、广东、湖南、广西、福建等地(池汝安 等,2006;李永 绣 等,2012)。

2. 稀土开采现状

目前,稀土开采采用原地浸矿的方式,这样可以显著降低对环境的影响。一方面,稀土分 布广泛、分散、矿点多,而且在较远山区,致使政府监管难度大且成本高。另一方面,由于经济 利益的诱导,地方自发保护现象盛行,导致打击稀土非法开采很困难(熊云飞,2017)。虽然稀 土开采技术不断改进,且国家加大了监管力度,但是稀土资源非法盗采现象屡禁不止。而且, 无序粗放式开采方式导致了稀土资源的巨大浪费,同时还造成了一系列的诸如大面积土地损 毁、植被破坏、水土流失、地表水和地下水污染等生态环境问题(李永绣 等,2010;郭钟群 等, 2017),甚至造成大规模的山体滑坡、突发性环境污染问题。

3. 稀土矿区遥感监测

遥感技术作为一种新兴的监测手段,可以迅速、动态地提供多时相、大范围的实时信息,具 有常规监测难以比拟的优势(王陶 等,2009;朱俊凤 等,2015)。王瑜玲等(2007)、孙亚平 (2006)、雷国静(2006)等采用 Quick Bird、SPOT、ETM+、TM 等多种数据对江西赣南地区的 稀土矿区的开采现状及动态变化情况进行了调查分析。王陶等(2009)利用多源多时相遥感数 据对稀土矿区环境变化进行监测。李恒凯等(2014)采用 20 年的 TM 遥感数据作为数据源, 以定南县岭北稀土矿区作为研究案例,对稀土矿区的地表环境变化进行长期监测和分析。代 晶晶等(2014)采用 IKONOS 数据,结合矿权数据,对江西赣南稀土矿山进行了疑似违法图斑 的圈定及动态监测。张航等(2015)结合 Landsat-TM/ETM+ 与 HJ-1/CCD 数据,根据矿区 植被覆盖度的变化,对江西定南地区 20 年来稀土矿区开采变化情况进行监测。彭燕等(2016) 采用 SPOT1/2/5、Landsat 7 和 ALOS 等多源遥感数据,对江西赣南稀土矿 2000—2010 年稀土矿开发及其对生态环境的影响进行遥感动态监测。张天雯等(2017)利用 1995 年 TM 影像、2000 年 TM 影像、2006 年 TM 影像和 2013 年 Landsat 8 OLI 影像进行解译分析,以濂江流域稀土矿区为例进行土地利用变化分析。吴亚楠(2017)选取江西定南稀土矿区为研究区,以 2015 年高分一号数据,建立稀土矿山主要地物解译标志,开展稀土矿山占地现状调查,并结合 2011 年的 GeoEye 遥感数据,运用光谱角填图方法提取两期数据的土地荒漠化区域,开展稀土矿山土地荒漠化动态监测示范研究。熊恬苇等(2018)以江西省赣州市安远、龙南、定南、全南、信丰和寻乌 6 县为研究区,利用 Google Earth 平台的高分辨率影像,目视解译稀土矿分布范围,然后以多时相 Landsat 遥感数据来计算归一化植被指数和植被覆盖度,通过回溯法确定 1990—2015 年稀土矿开采范围的变化及矿区植被恢复状况。李恒凯等(2018)以岭北稀土矿区为例,以 1990—2016 年的 HJ - 1B CCD、Landsat 5 和 Landsat 8 遥感数据为数据源,结合回归分析法、遥感时序 NDVI 分析方法,对岭北稀土矿区的稀土开采状况及土地毁损与恢复情况进行分析。朱青等(2019)以江西省寻乌县为研究区,选用 Landsat 8 多光谱影像为数据源,通过对均值纹理、裸土指数(Bare Soil Index,BSI)、归一化植被指数(Normalized Difference Vegetation Index,NDVI)3 种特征信息进行提取,采用基于 CART(Classification And Regression Trees)的分类方法对研究区稀土矿开采信息进行识别。周英杰等(2019)利用 BJ - 2、GF - 2、GF - 1 等多源遥感数据,对南方五省 2016—2017 年在采稀土矿山开发状况和矿山环境进行遥感监测。

1.3.5　国内外研究现状评价

纵观以上研究,国外关于矿区地表环境遥感监测的相关研究开展较早,遥感监测数据多样,技术方法相对领先,研究重点主要集中在矿区土地利用/土地覆盖变化、矿产资源开发对矿区水资源的影响、矿区重金属污染、矿区植被变化、矿区土地复垦和矿区地表形变等方面。国内关于矿区地表环境遥感监测的相关研究开展相对较晚。20 世纪 80 年代 90 至年代中期,国内研究重点主要集中在矿区土地复垦方面;20 世纪年 90 代后期,矿区环境逐渐成为研究的重点;进入 21 世纪,遥感技术在矿区地表环境监测方面的应用蓬勃发展,遥感数据和技术被广泛地应用到矿区土地利用/土地覆盖变化、矿区植被变化、矿区环境监测、矿区重金属污染、矿区地表形变、矿区土地复垦和矿区土壤湿度反演等方面。

总体而言:①国内外从环境污染的角度针对煤粉尘信息的遥感解译研究较少,而且遥感解译易受"同物异谱"现象影响,对煤粉尘污染的空间分布及扩散规律解释力不足,存在研究范围小、可控性低和数据获取成本高等问题;②生态环境的改变是各个生态环境参数改变的综合体现,然而大量研究讨论生态问题时仅考虑植被覆盖度、温度、土壤湿度等,不能全面客观反映矿区生态环境变化,如何全面地获取生态参数存在一定的条件限制;③利用像元二分模型只能提取绿色植被光谱信息,无法提取干枯植被的光谱信息,像元二分模型在矿区的适用性需要进一步研究;④利用 RSEI 多指标评价矿区生态环境应当考虑矿区特有的生态环境因素;⑤采矿引起的地形形变利用合成孔径雷达监测的沉降量有限,而且存在植被遮挡的问题;⑥采矿导致的地表裂缝的遥感监测精度存在较大误差;⑦地下采矿活动对矿区土壤湿度产生的影响关注度不够。

1.4　常见遥感数据介绍

1.4.1　光学遥感数据

1. 低分辨率遥感数据

（1）NOAA 卫星数据。NOAA 卫星是美国国家海洋大气局的第三代实用气象观测卫星。AVHRR（Advanced Very-High-Resolution Radiometer）是 NOAA 系列卫星的主要探测仪器，是一种五光谱通道的扫描辐射仪，星下点地面分辨率可达 1.1 km，影像幅宽约 2800 km，两条轨道可以覆盖我国大部分国土，三条轨道可完全覆盖我国全部国土。

（2）Meteosat 卫星数据。欧洲气象卫星开发组织于 1977 年发射了其第一颗地球同步气象卫星 Meteosat-1，目前在轨业务运行的第二代静止业务气象卫星，共 4 颗，Meteosat-8/9/10 已分别于 2002、2005、2012 年发射，扫描辐射共计有 12 个通道。其空间分辨率为：可见光通道 1 km，红外和水汽通道 3 km。其圆盘图观测时间为 15 分钟，观测数据量化等级为 10 bit。

（3）风云卫星数据。我国早在 20 世纪 70 年代就开始发展气象卫星。风云二号气象卫星（FY-2）是我国自行研制的第一代地球静止轨道气象卫星。风云三号气象卫星中的 FY-3C 于 2013 年 9 月 23 日在太原卫星发射中心用长征四号丙运载火箭发射，属我国第二代极轨气象卫星，目标是实现全球大气和地球物理要素的全天候、多光谱和三维观测，可在台风、暴雨、大雾、沙尘暴、森林草原火灾等监测预警中发挥重要作用，增强了我国防灾减灾和应对气候变化的能力。

2. 中分辨率遥感数据

（1）MODIS 卫星数据。Terra 和 Aqua 卫星是美国分别于 1999 年和 2002 年发射的，两颗卫星上都搭载中分辨率成像光谱仪 MODIS（Moderate-resolution Imaging Spectroradiometer）。MODIS 共有 36 个波段，波长范围为 $0.405\sim14.385\ \mu m$，扫描宽度为 2330 km，只需 2~3 轨即可覆盖中国，两颗卫星相互配合可以获得每天 4 次的高时间分辨率影像。

MODIS 数据主要有 3 个特点：MODIS 数据全世界免费接收；高光谱分辨率，MODIS 共有 36 个光谱波段；高时间分辨率，重复周期短，对同一地区重复覆盖一般为 1~2 天，这是资源卫星（如 SPOT、TM）所无法取代的。鉴于以上特点，MODIS 数据非常适合长期、动态、大范围的环境演变监测研究。

（2）Landsat 卫星数据。Landsat 卫星是美国 NASA 的陆地卫星计划，于 1972 年发射了第一颗卫星 Landsat 1，至今已发射了 8 颗。目前，提供数据最多的是 Landsat 5。Landsat 5 搭载 MSS（Multi Spectral Scanner）四波段光-机扫描仪和 TM（Thematic Mapper）多光谱扫描仪。

2013 年 2 月 11 号，NASA 成功发射了 Landsat 8 卫星，其携带有两个主要载荷：OLI（Operational Land Imager，陆地成像仪）和 TIRS（Thermal Infrared Sensor，热红外传感器）。

（3）环境系列卫星数据。环境与灾害监测预报小卫星星座（简称环境系列卫星，代号 HJ）A、B 星（HJ-1A/1B 星）于 2008 年 9 月 6 日成功发射，HJ-1A 星搭载了 CCD 相机和超光谱成像仪（HSI），HJ-1B 星搭载了 CCD 相机和红外相机（IRS）。HJ-1A/1B 星卫星参数见表 1.1。

表 1.1　HJ-1A/1B 星卫星参数

平台	有效载荷	波段	光谱范围/μm	空间分辨率/m	幅宽/km	重访时间/天	数传数据率/Mbps
HJ-1A 星	CCD 相机	1	0.43~0.52	30	360(单台)，700(二台)	4	120
		2	0.52~0.60	30			
		3	0.63~0.69	30			
		4	0.76~0.90	30			
	高光谱成像仪	—	0.45~0.95 (110~128 个谱段)	100	50	4	
HJ-1B 星	CCD 相机	1	0.43~0.52	30	360(单台)，700(二台)	4	60
		2	0.52~0.60	30			
		3	0.63~0.69	30			
		4	0.76~0.90	30			
	红外多光谱相机	5	0.75~1.10	150(近红外)	720	4	
		6	1.55~1.75				
		7	3.50~3.90				
		8	10.5~12.5	300(10.5~12.5 μm)			

（4）SPOT 卫星数据。为了合理地管理地球资源和环境，开展空间测图研究，1978 年，法国政府批准了一项"地球观测实验卫星"（SPOT）计划。SPOT 卫星图像的空间分辨率可达 10~20 m，超过了 Landsat 系统，加之 SPOT 卫星可以拍摄立体像对，因而在绘制基本地形图和专题图方面应用广泛。

（5）CBERS 卫星数据。1988 年，中国和巴西两国政府联合研制中巴地球资源卫星（CBERS）。1999 年 10 月 14 日，中巴地球资源卫星 01 星（CBERS-01）成功发射，在轨运行 3 年 10 个月；2003 年 10 月 21 日，中巴地球资源卫星 02 星（CBERS-02）发射升空。2007 年 9 月 19 日，中巴地球资源卫星 02B 在中国太原卫星发射中心发射并成功入轨。CBERS-02B 是具有高、中、低三种空间分辨率的对地观测卫星，搭载的 2.36 m 分辨率的 HR 相机，改变了国内高分辨率卫星数据市场长期被国外卫星垄断的局面，在国土资源、城市规划、环境监测、减灾防灾、农业、林业等众多领域发挥了重要作用。

（6）GF-4 卫星数据。高分四号（GF-4）卫星于 2015 年 12 月 29 日在我国西昌卫星发射中心成功发射，是我国第一颗地球同步轨道遥感卫星，搭载了一台可见光 50 m/中波红外 400 m 分辨率、大于 400 km 幅宽的凝视相机，采用面阵凝视方式成像，具备可见光、多光谱和红外成像能力，设计寿命 8 年，通过指向控制，实现对中国及周边地区的观测。

（7）GF-5 卫星数据。北京时间 2018 年 5 月 9 日，中国在太原卫星发射中心用长征四号丙运载火箭发射高分五号（GF-5）卫星。高分五号卫星是高分辨率对地观测系统重大专项 7 颗民用卫星中唯一的 1 颗高光谱卫星，设计为太阳同步轨道，轨道高度约 705 km。

高分五号卫星是生态环境部作为牵头用户的环境卫星，也是国家高分重大科技专项中搭载载荷最多、光谱分辨率最高的卫星。卫星首次搭载了大气痕量气体差分吸收光谱仪、大气主要温室气体监测仪、大气多角度偏振探测仪、大气环境红外甚高分辨率探测仪、可见短波红外高光谱相机、全谱段光谱成像仪共 6 台载荷,可对大气气溶胶、二氧化硫、二氧化氮、二氧化碳、甲烷、水华、水质、核电厂温排水、陆地植被、秸秆焚烧、城市热岛等多个环境要素进行监测。

3. 高分辨率遥感数据

(1)IKONOS 卫星数据。IKONOS 是世界上第一颗提供高分辨率卫星影像的商业遥感卫星。IKONOS 卫星的成功发射实现了提供高清晰度且分辨率达 1 m 的卫星影像的目标,开拓了一个新的更快捷、更经济获得最新基础地理信息的途径。IKONOS 卫星参数见表 1.2。

表 1.2　IKONOS 卫星参数

产品分辨率	全色:1 m;多光谱:4 m
成像波段	全色波段:0.45~0.90 μm
	多光谱波段 1(蓝色):0.45~0.53 μm
	多光谱波段 2(绿色):0.52~0.61 μm
	多光谱波段 3(红色):0.64~0.72 μm
	多光谱波段 4(近红外):0.77~0.88 μm
制图精度	无地面控制点:水平精度 12 m,垂直精度 10 m

(2)GeoEye-1 卫星数据。GeoEye-1 卫星是由美国 GeoEye 公司于 2008 年 9 月发射的一颗商业对地成像卫星,该卫星能提供全色 0.41 m 分辨率和多谱段 1.65 m 分辨率的超高分辨率影像。GeoEye-1 卫星参数见表 1.3。

表 1.3　GeoEye-1 卫星参数

分辨率	星下点全色:0.41 m;侧视 28°全色:0.5 m;星下点多光谱:1.65 m	
波长	全色:450~800 nm	
	多光谱	蓝:450~510 nm
		绿:510 nm~580 nm
		红:655 nm~690 nm
		近红外:780 nm~920 nm
幅宽	单景 225 km²(15 km×15 km)	
重访周期	2~3 天	

(3)资源三号(ZY-3)卫星数据。资源三号(ZY-3)卫星于 2012 年 1 月 9 日成功发射。资源三号卫星是我国首颗民用高分辨率光学传输型立体测图卫星,卫星集测绘和资源调查功能于一体。资源三号上搭载的前、后、正视相机可以获取同一地区 3 个不同观测角度立体像对,能够提供丰富的三维几何信息。ZY-3 卫星参数见表 1.4。

表 1.4 ZY-3 卫星参数

有效载荷	波段号	光谱范围/μm	空间分辨率/m	幅宽/km	侧摆能力	重访时间/天
前视相机		0.50~0.80	3.5	52	±32°	3~5
后视相机		0.50~0.80	3.5	52	±32°	3~5
正视相机		0.50~0.80	2.1	51	±32°	3~5
多光谱相机	1	0.45~0.52	6	51	±32°	5
	2	0.52~0.59				
	3	0.63~0.69				
	4	0.77~0.89				

(4)高分一号(GF-1)卫星数据。高分一号(GF-1)卫星于 2013 年 4 月 26 日在酒泉卫星发射中心由长征二号丁运载火箭成功发射,是高分辨率对地观测系统国家科技重大专项的首发星,配置了 2 台 2 m 空间分辨率全色/8 m 空间分辨率多光谱相机,4 台 16 m 空间分辨率多光谱宽幅相机,设计寿命 5 至 8 年。高分一号卫星具有高、中空间分辨率对地观测和大幅宽成像结合的特点,2 m 空间分辨率全色和 8 m 空间分辨率多光谱图像组合幅宽优于 60 km;16 m 空间分辨率多光谱图像组合幅宽优于 800 km。目前高分卫星系列已经发射到了 GF-12。GF-1 卫星参数见表 1.5。

表 1.5 GF-1 卫星参数

参 数		2 m 分辨率全色/8 m 分辨率多光谱相机		16 m 分辨率多光谱相机
光谱范围	全色	0.45~0.90 μm		
	多光谱	0.45~0.52 μm		0.45~0.52 μm
		0.52~0.59 μm		0.52~0.59 μm
		0.63~0.69 μm		0.63~0.69 μm
		0.77~0.89 μm		0.77~0.89 μm
空间分辨率	全色	2 m		16 m
	多光谱	8 m		
幅宽		60 km(2 台相机组合)		800 km(4 台相机组合)
重访周期(侧摆时)		4 天		
覆盖周期(不侧摆)		41 天		4 天

(5)高分二号(GF-2)卫星数据。高分二号(GF-2)卫星于 2014 年 8 月 19 日在太原卫星发射中心用长征四号乙运载火箭成功发射,标志着中国遥感卫星进入亚米级"高分时代"。GF-2 全色波段空间分辨率可达 0.81 m,多光谱波段空间分辨率为 3.24 m,幅宽 45 km,实现了亚米级空间分辨率、多光谱综合光学遥感数据获取的目标,攻克了长焦距、大口径、轻型相机及卫星系统设计难题,提升了低轨道遥感卫星长寿命可靠性能,对于推动中国卫星工程水平提升、提高中国高分辨率对地观测数据自给率具有重要意义。

(6)高分六号(GF-6)卫星数据。高分六号(GF-6)卫星于 2018 年 6 月 2 日成功发射,主要应用于精准农业观测、林业资源调查等方面,自然资源部为其主用户。GF-6 实现了 8 谱段

CMOS 探测器的国产化研制,国内首次增加了能够有效反映作物特有光谱特性的"红边"波段,大幅提高了农业、林业、草原等资源的监测能力。GF-6 卫星参数见表 1.6。

表 1.6　GF-6 卫星参数

参数		高分相机		宽幅相机	
	全色	$0.45\sim0.90\ \mu m$	全色	—	
	蓝	$0.45\sim0.52\ \mu m$	B1	$0.45\sim0.52\ \mu m$	
	绿	$0.52\sim0.60\ \mu m$	B2	$0.52\sim0.59\ \mu m$	
	红	$0.63\sim0.69\ \mu m$	B3	$0.63\sim0.69\ \mu m$	
光谱范围	近红外	$0.76\sim0.90\ \mu m$	B4	$0.77\sim0.89\ \mu m$	
	—		B5	$0.69\sim0.73\ \mu m$(红边 1)	
	—		B6	$0.73\sim0.77\ \mu m$(红边 2)	
	—		B7	$0.40\sim0.45\ \mu m$	
	—		B8	$0.59\sim0.63\ \mu m$	
空间分辨率	全色	2 m	全色	—	
	多光谱	8 m	多光谱	≤16 m(不侧摆视场中心)	

　　(7)哨兵 2 号(Sentinel-2)卫星数据。哨兵 2 号(Sentinel-2)卫星是高分辨率多光谱成像卫星,携带一枚多光谱成像仪(Multispectral Instrument,MSI),用于陆地监测,可提供植被、土壤和水覆盖、内陆水路及海岸区域等图像,还可用于紧急救援服务。其分为 Sentinel-2A 和 Sentinel-2B 两颗卫星。

　　Sentinel-2 卫星搭载着用于记录多光谱数据的多光谱成像仪,MSI 提供的多光谱数据包含 13 个波段,其空间分辨率为 10/20/60 m,幅宽可达 290 km。Sentinel-2 除了在时间分辨率、空间分辨率和幅宽方面具有明显的优势外,其光谱分辨率更加全面和精细,包括 3 个可见光波段(B2、B3、B4),3 个红边波段(B5、B6、B7),2 个近红外波段(B8 和 B8A),一个海蓝波段(B1),一个水汽波段(B9),一个卷云波段(B10)和两个短波红外波段(B11 和 B12)。开源光学卫星遥感数据中,Sentinel-2 卫星数据是唯一一个具有红边波段的卫星遥感数据,这对监测植被健康信息非常有效。Sentinel-2 卫星数据可用于监测土地环境,可提供陆地植被生长状况、土壤覆盖状况、内河和沿海区域环境等信息,不仅对改善农林业种植、预测粮食产量、保证粮食安全具有重要意义,还可用于监测洪水、火山喷发、山体滑坡等自然灾害,为人道主义救援提供帮助。因此,Sentinel-2 卫星数据在全球环境与安全监测方面具有极大的发展潜力。Sentinel-2卫星参数见表 1.7。

表 1.7　Sentinel - 2 卫星参数

参数	光谱覆盖/μm	中心波长/μm	空间分辨率/m	幅宽/km	重访周期/天
Band2-Blue	0.440~0.538	0.490	10		
Band3-Green	0.537~0.582	0.560			
Band4-Red	0.646~0.684	0.665			
Band8-Near infrared	0.760~0.908	0.842			
Band5-Vegetation red edge1	0.694~0.713	0.705	20	290	5
Band6-Vegetation red edge2	0.731~0.749	0.740			
Band7-Vegetation red edge3	0.769~0.797	0.783			
Band8A-Narrow near-infrared	0.848~0.881	0.865			
Band11-Short wave infrared1	1.539~1.682	1.610			
Band12-Short wave infrared2	2.078~2.320	2.190			
Band1-Coastal aerosol	0.430~0.457	0.443	60		
Band9-Water vapor absorption	0.932~0.958	0.945			
Band10-Cirrus	1.337~1.412	1.375			

1.4.2　雷达遥感数据

（1）COSMO-SkyMed 数据。COSMO-SkyMed 是意大利航天局和意大利国防部共同研发的高分辨率雷达卫星星座的第二颗卫星,该卫星星座共有 4 颗卫星,由 4 颗 X 波段合成孔径雷达(SAR)卫星组成,整个卫星星座的发射任务于 2008 年底前完成。作为全球第一颗分辨率高达 1 m 的雷达卫星,COSMO-SkyMed 雷达卫星扫描带宽为 10 km,具有雷达干涉测量地形的能力,为资源环境监测、灾害监测、海事管理及科学应用等相关领域的探索开辟了更为广阔的道路。COSMO-SkyMed 卫星参数见表 1.8。

表 1.8　COSMO-SkyMed 卫星参数

成像模式		扫描成像(Scansar)		条带成像(Stripmap)		聚束成像(Spotlight)
		Huge Region	Wide Region	HImage	PingPong	
成像范围	距离向	200 km	100 km	40 km	30 km	10 km×10 km
	方位向	—	—	—	—	—
成像分辨率		100 m×100 m	30 m×30 m	3 m×3 m	15 m×15 m	1 m×1 m

（2）ENVISAT ASAR 数据。ENVISAT 卫星是欧洲太空局的对地观测卫星系列之一,于 2002 年发射升空。该卫星载有 10 种探测设备,其中 4 种是 ERS - 1/2 所载设备的改进型,所载最大设备是先进的合成孔径雷达(ASAR),可生成海洋、海岸、极地冰冠和陆地的高质量高分辨率图像,以此来研究海洋的变化。ASAR 工作在 C 波段,波长为 5.6 cm。ENVISAT ASAR 卫星参数见表 1.9。

表 1.9　ENVISAT ASAR 卫星参数

模式	Image	Alternating Polarisation	Wide Swath	Global Monitoring	Wave
成像宽度	最大 100 km	最大 100 km	约 400 km	约 400 km	5 km
极化方式	VV 或 HH	VV / HH 或 VV/VH 或 HH/HV	VV 或 HH	VV 或 HH	VV 或 HH
分辨率	30 m	30 m	150 m	1000 m	10 m

（3）Sentinel-1 数据。Sentinel-1 是欧洲雷达遥感卫星,该卫星是全球环境和安全监视（Global Monitoring for Environment and Security,GMES）系列卫星的第一个组成部分,其确保了欧洲太空局"欧洲遥感卫星"（ERS）、"环境卫星"（ENVISAT）任务的数据连续性,主要提供全天候海洋和陆地高分辨率多用途观测数据。Sentinel-1 基于 C 波段的成像系统采用 4 种成像模式（分辨率最高 5 m、幅宽达到 400 km）来进行观测,具有双极化、短重访周期、快速产品生产的能力,可精确确定卫星位置和姿态角。Sentinel-1 在近极地太阳同步轨道上运行,轨道高度约 700 km。

（4）高分三号（GF-3）数据。高分三号卫星是中国高分专项工程的一颗分辨率为 1 m 的雷达遥感卫星,由中国航天科技集团公司研制。2016 年 8 月 10 日 6 时 55 分,中国在太原卫星发射中心用长征四号丙运载火箭成功将高分三号卫星发射升空,这是中国首颗分辨率达到 1 m 的 C 频段多极化合成孔径雷达（SAR）成像卫星。高分三号是世界上成像模式最多的合成孔径雷达（SAR）卫星,具有 12 种成像模式。它不仅涵盖了传统的条带、扫描成像模式,而且可在聚束、条带、扫描、波浪、全球观测、高低入射角等多种成像模式下实现自由切换,既可以探地,又可以观海,可以达到"一星多用"的效果。GF-3 卫星有效载荷技术指标见表 1.10。

表 1.10　GF-3 卫星有效载荷技术指标

成像模式名称		分辨率/m	幅宽/km	极化方式
滑块聚束（SL）		1	10	单极化
条带成像模式	超精细条带（UFS）	3	30	单极化
	精细条带 1（FSI）	5	50	双极化
	精细条带 2（FSII）	10	100	双极化
	标准条带（SS）	25	130	双极化
	全极化条带 1（QPSI）	8	30	全极化
	全极化条带 2（QPSII）	25	40	全极化
扫描成像模式	窄幅扫描（NSC）	50	300	双极化
	宽幅扫描（WSC）	100	500	双极化
	全球观测成像模式（GLO）	500	650	双极化
波浪成像模式（WAV）		10	5	全极化
扩展入射角（EXT）	低入射角	25	130	双极化
	高入射角	25	80	双极化

1.5 本章小结

本章主要介绍了遥感和矿产资源的概念、分类和特性;介绍了矿产资源开发对环境的影响,包括对大气环境、水环境、土地资源、地貌景观、植被、噪声污染、地质灾害等的影响进行了介绍和概括;对我国矿产资源的分布特点及国内外矿区环境遥感现状进行了详细阐述,包括土地利用、植被、沉陷、水体、大气、生态环境、滑坡、煤火等各个方面;对国内外矿区环境遥感监测与应用的研究现状进行了介绍和概括性评价,指出已取得的成果以及目前面临的问题;最后介绍了国内外常见光学和雷达卫星遥感数据。

本章参考文献

毕如田,白中科,李华,等,2008. 基于 RS 和 GIS 技术的露天矿区土地利用变化分析[J]. 农业工程学报,24(12):201-204.

卞正富,雷少刚,常鲁群,等,2009. 基于遥感影像的荒漠化矿区土壤含水率的影响因素分[J]. 煤炭学报(4):90-95.

卞正富,张国良,1993. 高潜水位矿区土地复垦模式及其决策方法[J]. 煤矿环境保护(5):3-6.

卞正富,张国良,1994. 煤矿区土地复垦工程的理论和方法[J]. 地域研究与开发(1):6-9,63.

卞正富,张国良,1995. 疏排法复垦设计的内容和方法[J]. 煤矿环境保护(5):12-15.

卞正富,张国良,林家聪,1991. 高潜水位矿区土地复垦的工程措施及其选择[J]. 中国矿业大学学报(3):74-81.

卞正富,张燕平,2006. 徐州煤矿区土地利用格局演变分析[J]. 地理学报,61(4):349-358.

曾远文,陈浮,王雨辰,等,2013. 采煤矿区表层土壤有机质含量遥感反演[J]. 水土保持通报(2):175-178,307.

常鲁群,卞正富,2008. 基于 DEM 的矿区表层土壤含水率的变化分析:以神东矿区为例[J]. 金属矿山(11):137-140.

陈炳乾,2015. 面向矿区沉降监测的 InSAR 技术及应用研究[D]. 徐州:中国矿业大学.

陈龙乾,郭达志,胡召玲,等,2004. 徐州矿区土地利用变化遥感监测及塌陷地复垦利用研究[J]. 地理科学进展(2):10-15.

陈启浩,刘志敏,刘修国,等,2010. 面向基元的高空间分辨率矿区遥感影像土地利用分类[J]. 地球科学:中国地质大学学报,35(3):453-458.

陈秋计,胡振琪,刘昌华,等,2006. DEM 在矿区土地复垦中的应用研究[J]. 金属矿山(2):67-68,87.

陈绪钰,2011. 基于多时相遥感数据的矿山生态环境动态变化研究[J]. 金属矿山,40(10):127-130.

池汝安,田君,2006. 风化壳淋积型稀土矿化工冶金[M]. 北京:科学出版社:1-14.

代晶晶,王登红,陈郑辉,等,2013. IKONOS 遥感数据在离子吸附型稀土矿区环境污染调查中的应用研究:以赣南寻乌地区为例[J]. 地球学报(3):354-360.

代晶晶,王瑞江,王登红,等,2014. 基于 IKONOS 数据的赣南离子吸附型稀土矿非法开采监测研究[J]. 地球学报，35(4)：503－509.

丁新启，2002. 矿区土地复垦与生态重建效益演变与配置研究[J]. 露天采煤技术(6)：34－36.

杜培军，袁林山，张华鹏，等，2009. 基于多时相 CBERS 影像分析矿业城市景观格局变化：以徐州市为例[J]. 中国矿业大学学报，38(1)：106－113.

范洪冬，邓喀中，2016. 矿区地表沉降监测的 DInSAR 信息提取方法[M]. 徐州：中国矿业大学出版社.

冯彦平，2010. 矿山开采影响下的环境遥感监测与评价[D]. 青岛：山东科技大学.

甘甫平，刘圣伟，周强，2004. 德兴铜矿矿山污染高光谱遥感直接识别研究[J]. 地球科学(1)：119－126.

郭山川，汤傲，李效顺，等，2018. 融合主被动遥感的乌海矿区土地损伤测度[J]. 生态与农村环境学报，34(8)：678－685.

郭钟群，金解放，秦艳华，等，2017. 南方离子型稀土一维水平入渗规律试验研究[J]. 有色金属科学与工程，8(2)：102－106.

贺金鑫，梁晓军，路来君，等，2017. 内蒙古大营铀矿区高光谱遥感蚀变信息提取[J]. 吉林大学学报(信息科学版)，35(2)：153－157.

胡振琪，杨玲，王广军，2005. 草原露天矿区草地沙化的遥感分析：以霍林河矿区为例[J]. 中国矿业大学学报，34(1)：6－10.

蒋卫国，武建军，顾磊，等，2010. 基于遥感技术的乌达煤田火区变化监测[J]. 煤炭学报，35(6)：964－968.

金天，1983. 我国露天煤矿的占地和土地复用问题[J]. 煤炭工程(7)：12－15.

康日斐，吴泉源，王菲，等，2016. 基于 D－InSAR 技术的龙口矿区地表沉降遥感监测研究[J]. 土壤通报，47(5)：1049－1055.

雷国静，2006. 赣州市龙南地区稀土矿矿山开采现状与动态监测遥感研究[D]. 北京：中国地质大学.

雷少刚，2010. 荒漠矿区关键环境要素的监测与采动影响规律研究[J]. 煤炭学报(9)：1587－1588.

李成尊，聂洪峰，汪劲，等，2005. 矿山地质灾害特征遥感研究[J]. 国土资源遥感(1)：48－51，81.

李恒凯，雷军，吴娇，2018. 基于多源时序 NDVI 的稀土矿区土地毁损与恢复过程分析[J]. 农业工程学报，34(1)：232－240.

李恒凯，吴立新，刘小生，2014. 稀土矿区地表环境变化多时相遥感监测研究：以岭北稀土矿区为例[J]. 中国矿业大学学报，43(6)：1087－1094.

李强，慈龙骏，1996. 神府东胜矿区景观生态异质性分析与景观生态建设[J]. 干旱区资源与环境(2)：62－68.

李秋荣，1989. 合理安排排土场的占地及复用[J]. 露天采矿(3)：23－25.

李学渊，赵博，陈时磊，等，2015. 基于遥感与 GIS 的矿山地质环境时空演变分析：以东胜矿区为例[J]. 国土资源遥感，27(2)：167－173.

李永绣，张玲，周新木，2010. 南方离子型稀土的资源和环境保护性开采模式[J]. 稀土，31(2)：80－85.

李永绣，周新木，刘艳珠，等，2012. 离子吸附型稀土高效提取和分离技术进展[J]. 中国稀

　　土学报，30(3)：258-264.

林家聪，卞正富，1990. 矿山开发与土地复垦[J]. 中国矿业大学学报(2)：95-103.

刘贺方，1987. 露天开采的排土场复田[J]. 露天采矿(1)：14-19.

刘剑锋，张可慧，马文才，2015. 基于高分一号卫星遥感影像的矿区生态安全评价研究：以井陉矿区为例[J]. 地理与地理信息科学，31(5)：121-126.

刘英，吴立新，马保东，等，2011. 神东矿区土壤湿度遥感监测与双抛物线形 NDVI-Ts 特征空间[J]. 科技导报，29(35)：39-44.

刘英，吴立新，岳辉，等，2016. 基于尺度化 SMMI 的神东矿区土壤湿度变化遥感分析[J]. 科技导报，34(3)：78-84.

卢霞，刘少峰，胡振琪，等，2006. 矿区水污染遥感识别研究[J]. 矿业研究与开发，26(4)：89-92.

马保东，吴立新，刘英，等，2011. 基于 MODIS 的神东矿区土壤湿度变化监测[J]. 科技导报，29(35)：45-49.

彭燕，何国金，张兆明，等，2016. 赣南稀土矿开发区生态环境遥感动态监测与评估[J]. 生态学报，36(6)：1676-1685.

尚慧，倪万魁，2013. 石嘴山矿区地表环境动态变化遥感监测[J]. 国土资源遥感，25(2)：113-120.

宋婷婷，付秀丽，陈玉，等，2018. 云南个旧矿区土壤锌污染遥感反演研究[J]. 遥感技术与应用，33(1)：88-95.

孙亚平，2006. 赣州市龙南地区稀土矿矿山环境遥感研究[D]. 北京：中国地质大学.

王广军，付梅臣，张继超，2007. 草原露天矿区草地荒漠化遥感分析与治理对策：以霍林河露天煤矿区为例[J]. 中国矿业大学学报，36(1)：42-48.

王陶，刘衍宏，王平，等，2009. 多源多时相遥感分类技术在赣州稀土矿区环境变化检测中的应用[J]. 中国矿业，18(11)：88-91,109.

王娅娟，孟淑英，李军，等，2011. 地裂缝信息遥感提取方法研究[J]. 神华科技，9(5)：31-33,39.

王义方，李新举，李富强，等，2019. 基于多时相遥感影像的采煤塌陷区典型扰动轨迹识别：以山东省济宁市典型高潜水位矿区为例[J]. 地质学报，93(S1)：301-309.

王瑜玲，2007. 江西定南北部地区稀土矿矿山开发状况与环境效应遥感研究[D]. 北京：中国地质大学.

韦朝阳，张立城，何书金，等，1997. 我国煤矿区生态环境现状及综合整治对策[J]. 地理学报(4)：14-21.

魏长婧，汪云甲，王坚，等，2012. 无人机影像提取矿区地裂缝信息技术研究[J]. 金属矿山，41(10)：90-92,96.

吴春花，杜培军，谭琨，2012. 煤矿区土地覆盖与景观格局变化研究[J]. 煤炭学报，37(6)：1026-1033.

吴侃，汪云甲，王岁权，等，2012. 矿山开采沉陷监测及预测新技术[M]. 北京：中国环境科学出版社.

吴立新，2000. 数字地球、数字中国与数字矿区[J]. 矿山测量(1)：6-9.

吴立新，2003. 西北矿业开发与水资源矛盾分析及其对策[J]. 南水北调与水利科技(1)：35 – 37.

吴立新，高均海，葛大庆，等，2004. 基于 D – InSAR 的煤矿区开采沉陷遥感监测技术分析[J]. 地理与地理信息科学(2)：22 – 25,37.

吴立新，洪开榆，程海丰，等，1998. 论我国煤矿区的水资源状况及其科学保护[J]. 煤矿环境保护(2)：16 – 19.

吴立新，梁跃，1996. 中国煤矿环境挑战及战略对策[J]. 中国煤炭(10)：15 – 17.

吴立新，马保东，刘善军，2009. 基于 SPOT 卫星 NDVI 数据的神东矿区植被覆盖动态变化分析[J]. 煤炭学报(9)：1217 – 1222.

吴立新，汪云甲，丁恩杰，等，2012. 三论数字矿山:借力物联网保障矿山安全与智能采[J]. 煤炭学报，37(3)：357 – 365.

吴亚楠，代晶晶，周萍，2017. 基于高空间分辨率遥感数据的稀土矿山监测研究[J]. 中国稀土学报，35(2)：262 – 271.

吴志杰，王猛猛，陈绍杰，等，2016. 基于遥感生态指数的永定矿区生态变化监测与评价[J]. 生态科学(5)：200 – 207.

武强，董东林，傅耀军，等，2002. 煤矿开采诱发的水环境问题研究[J]. 中国矿业大学学报(1)：22 – 25.

夏清，胡振琪，2016. 多光谱遥感影像煤火监测新方法[J]. 光谱学与光谱分析，36 (8)：2712 – 2720.

肖春蕾，郭兆成，张宗贵，等，2014. 利用机载 Li DAR 数据提取与分析地裂缝[J]. 国土资源遥感(4)：111 – 118.

肖武，胡振琪，张建勇，等，2017. 无人机遥感在矿区监测与土地复垦中的应用前景[J]. 中国矿业，26(6)：71 – 78.

熊恬苇，江丰，齐述华，2018. 赣南 6 县稀土矿区分布及其植被恢复的遥感动态监测[J]. 中国水土保持(1)：40 – 44,69.

熊云飞，2017. 离子型稀土开采高分遥感影像识别方法研究[D]. 赣州:江西理工大学.

薛丰昌，卞正富，2007. 神东矿区采矿对土壤含水率影响分析[J]. 煤炭科学技术(9)：88 – 90.

杨宏业，赵银娣，董霁红，2019. 基于纹理转移的露天矿区遥感图像超分辨率重建[J]. 煤炭学报，44(12)：3781 – 3789.

岳辉，刘英，朱蓉，2019. 基于遥感生态指数的神东矿区生态环境变化监测[J]. 水土保持通报，39(2)：107 – 113,120.

张航，仲波，洪友堂，等，2015. 近 20 多年来赣州地区稀土矿区遥感动态监测[J]. 遥感技术与应用，30(2)：376 – 382.

张杰林，曹代勇，2005. 高光谱遥感技术在煤矿区环境监测中的应用[J]. 自然灾害学报 (4)：162 – 166.

张绍良，张国良，1999. 土地复垦的基础研究[J]. 中国矿业大学学报(4)：89 – 93.

张嵩，马保东，陈玉腾，等，2017. 融合遥感影像光谱和纹理特征的矿区林地信息变化监测[J]. 地理与地理信息科学，33(6)：44 – 49.

张天雯，况润元，杨惠晨，2017. 濂江流域稀土矿区土地利用变化驱动力分析[J]. 江西理工大学学报，38(3)：30 – 37.

张晓克，2010. 矿业扰动区地表覆被时空变化规律研究[D]. 太原:太原理工大学.

张寅玲，白中科，陈晓辉，等，2014. 基于遥感技术的露天矿区土地复垦效益评价[J]. 中国矿业(6)：71-75.

赵炜，2009. 基于 GIS、RS 技术的陕北煤炭开发区地裂缝信息的自动提取[D]. 西安：长安大学.

周斌，2000. 针对土地覆盖变化的多时相遥感探测方法[J]. 矿物学报，20(2)：165-171.

周英杰，刘琼，金涛，等，2019. 南方五省在采稀土矿区遥感监测研究[J]. 矿产勘查，10(2)：383-391.

朱俊凤，王耿明，李文胜，2015. 广东省稀土矿违法开采遥感动态监测研究[J]. 上海国土资源，36(4)：83-88.

朱青，林建平，国佳欣，等，2019. 基于影像特征 CART 决策树的稀土矿区信息提取与动态监测[J]. 金属矿山(5)：161-169.

ALMEIDA-FILHO R，YOSIO E S，2002. Digital processing of a Landsat-TM time series for mapping and monitoring degraded areas caused by independent gold miners，Roraima State，Brazilian Amazon [J]. Remote sensing of Environment，79(1)：42-50.

BIAN Z，MIAO X，LEI S，et al，2012. The challenges of reusing mining and mineral-processing wastes[J]. Science，337(6095)：702-703.

CARNEC C，DELACOURT C，2000. Three years of mining subsidence monitored by SAR interferometry，near Gardanne，France[J]. Journal of Applied Geophysics，43 (1)：43-54.

CHAROU E，STEFOULI M，DIMITRAKOPOULOS D，et al，2010. Using remote sensing to assess impact of mining activities on land and water resources [J]. Mine Water and the Environment，29(1)：45-52.

DU Y N，ZHANG L，FENG G C，et al，2017. On the accuracy of topographic residuals retrieved by MTInSAR[J]. IEEE Transactions on Geoscience and Remote Sensing，55 (2)：1053-1065.

ELLIS R J，SCOTT P W，2004. Evaluation of hyperspectral remote sensing as a means of environmental monitoring in the St. Austell China clay (kaolin) region，Cornwall，UK [J]. Remote Sensing of Environment，93(1-2)：118-130.

FAN H D，GAO X X，YANG J K，et al，2015. Monitoring mining subsidence using a combination of phase-stacking and offset-tracking methods[J]. Remote Sensing，7(7)：9166-9183.

GANGOPADHYAY P K，LAHIRI-DUTT K，SAHA K，2006. Application of remote sensing to identify coalfires in the Raniganj Coalbelt，India [J]. International Journal of Applied Earth Observation & Geoinformation，8(3)：1-195.

GANGOPADHYAY P K，VANDERMEER F，VANDIJK P M，et al，2012. Use of satellite-derived emissivity to detect coalfire-related surface temperature anomalies in Jharia Coalfield，India[J]. International Journal of Remote Sensing，33 (21)：6942-6955.

HU Z Q，XIA Q，2017. An integrated methodology for monitoring spontaneous combustion of coal waste dumps based on surface temperature detection[J]. Applied Thermal Engineering(122)：27-38.

HUANG J L，DEND K Z，FAN H D，et al，2016. An improved pixel-tracking method for monitoring mining subsidence[J]. Remote Sensing Letters, 7(8): 731 – 740.

JHANWAR M L, 1996. Application of remote sensing for environmental monitoring in Bijo-lia Mining Area of Rajasthan [J]. Journal of the Indian Society of Remote Sensing, 24(4): 255 – 264.

JIANG L M, LIN H, MA J W, et al, 2011. Potential of small-baseline SAR interferometry for monitoring land subsidence related to underground coal fires: Wuda (Northern China) case study[J]. Remote Sensing of Environment, 115(2): 257 – 268.

KUENZER C, ZHANG J, TETZLAFF A, et al, 2007. Uncontrolled coal fires and their environmental impacts: investigating two arid mining regions in north-central China [J]. Applied Geography, 27(1): 60 – 62.

LATIFOVIC R, FYTAS K, CHEN J, et al, 2005. Assessing land cover change resulting from large surface mining development [J]. International Journal of Applied Earth Obser-vation & Geoinformation, 7(1): 1 – 48.

LI N, YAN C Z, XIEJ L, 2015. Remote sensing monitoring recent rapid increase of coal mining activity of an important energy base in northern China, a case study of Mu Us Sandy Land [J]. Resources, Conservation and Recycling(94): 129 – 135.

MA X J, LU Z H, CHENGJ L, 2008. Ecological risk assessment of open coal mine area [J]. Environmental Monitoring and Assessment, 147(1 – 3): 471 – 481.

MAJUMDER S, SARKAR K, 1994. Impact of mining and related activities on physical and cultural environment of Singrauli Coalfield — a case study through application of remote sensing techniques [J]. Journal of the Indian Society of Remote Sensing, 22(1): 45 – 56.

MIAO Z, MARRS R, 2000. Ecological restoration and land reclamation in open-cast mines in Shanxi Province, China[J]. Journal of Environmental Management, 59(3): 205 – 215.

PENG J B, QIAO J W, LENG Y Q, et al, 2016. Distribution and mechanism of the ground fissures in Wei River Basin, the origin of the Silk Road[J]. Environmental Earth Sci-ences, 75(8): 718.

PENG Y, ZHANG Z, HE G, et al, 2019. An improved grabcut method based on a visual attention model for rare-earth ore mining area recognition with high-resolution remote sensing images[J]. Remote Sensing, 11(8): 987.

RATHORE C S, WRIGHT R, 1993. Monitoring environmental impacts of surface coal min-ing [J]. International Journal of Remote Sensing, 14(6): 1021 – 1042.

SCHMIDT H, GLAESSER C, 1998. Multitemporal analysis of satellite data and their use in the monitoring of the environmental impacts of open cast lignite mining areas in Eastern Germany [J]. International Journal of Remote Sensing, 19(12): 2245 – 2260.

SHAO G L, ZHENG F B, DANIELS J L, et al, 2010. Spatio-temporal variation of vegeta-tion in an arid and vulnerable coal mining region[J]. Mining Science & Technology(3): 173 – 178.

SONTER L J, MORAN C J, BARRETT D J, et al, 2014. Processes of land use change in mining regions [J]. Journal of Cleaner Production(84): 494 – 501.

STRACHER G B, TAYLOR T P, 2004. Coal fires burning out of control around the world: thermodynamic recipe for environmental catastrophe[J]. International Journal of Coal Geology, 59 (1-2): 7-17.

STROZZI T, WEGMULLER U, WERNER C L, et al, 2003. JERS SAR interferometry for land subsidence monitoring[J]. IEEE Transactions on Geoscience & Remote Sensing, 41 (7): 2-8.

TIAN F, WANG Y J, FENSHOLT R, et al, 2013. Mapping and evaluation of NDVI trends from synthetic time series obtained by blending landsat and MODIS data around a coalfield on the Loess Plateau[J]. Remote Sensing, 5(9): 4255-4279.

TOWNSEND P A, HELMERS D P, KINGDON CC, et al, 2009. Changes in the extent of surface mining and reclamation in the central appalachians detected using a 1976—2006 landsat time series [J]. Remote Sensing of Environment, 113(1), 62-72.

VENKATARAMAN G, KUMAR S P, RATHA D S, et al, 1997. Open cast mine monitoring and environmental impact studies through remote sensing—a case study from Goa, India [J]. Geocarto International, 12(2): 39-53.

WANG H, LI X, LI X, et al, 2007. Monitoring grassland degradation in yiminhe mine of China using TM remotely sensed data[C]// IEEE Xplore: IEEE International Geoscience & Remote Sensing Symposium.

WANG P, LIU S, ZHAO X, et al, 2003. The study on the method of monitoring and analyzing mineral environment with remote sensing images[C]// IEEE Xplore: IEEE International Geoscience & Remote Sensing Symposium.

WANG Y J, TIAN F, HUANG Y, et al, 2015. Monitoring coal fires in Datong coalfield using multi-source remote sensing data[J]. Transactions of Nonferrous Metals Society of China, 25(10): 3421-3428.

XU L Q, LI S Z, CAO X Z, et al, 2016. Holocene intercontinental deformation of the northern North China Plain: evidence of tectonic ground fissures[J]. Journal of Asian Earth Sciences, 119(9): 49-64.

YANG Z F, LI Z W, ZHU JJ, et al, 2017. An extension of the InSAR-based probability integral method and its application for predicting 3D mining-induced displacements under different extraction conditions[J]. IEEE Transactions on Geoscience and Remote Sensing, 55 (7): 3835-3845.

YANG Z, LI Z, ZHU J, et al, 2017. Deriving dynamic subsidence of coal mining areas using InSAR and logistic model [J]. Remote Sensing, 9(2): 125.

YU L, XU Y, XUE Y, et al, 2018. Monitoring surface mining belts using multiple remote sensing datasets: a global perspective[J]. Ore Geology Reviews(101): 675-687.

ZHANG B, WU D, ZHANG L, et al, 2011. Application of hyperspectral remote sensing for environment monitoring in mining areas [J]. Environmental Earth Sciences, 65 (3): 649-658.

ZHAO C, LU Z, ZHANG Q, 2013. Time-series deformation monitoring over mining regions with SAR intensity-based offset measurements [J]. Remote Sensing Letters, 4 (5):436 – 445.

ZIPPER C E, BURGER J A, SKOUSEN J G, et al, 2011. Restoring forests and associated ecosystem services on appalachian coal surface mines [J]. Environmental Management, 47 (5): 751 – 765.

第2章 矿区土地利用/地面覆盖变化遥感监测与应用

全球土地利用和地面覆盖变化(Land Use and Cover Change,LUCC)已经公认为是人类活动影响全球变化的主要因素。土地利用的强度、多样化和科技进步,已经导致了生物地球化学循环、水文过程和景观动态的快速变化,如局地和区域气候变化、土壤退化和生态系统服务变化等。土地本身是人类生存和发展过程中不可代替的,短期内不可再生的宝贵资源,因此,土地利用和地面覆盖变化是关乎人类生存和可持续发展的重大课题,已经成为当今世界各国科学研究的重点和热点。随着地球空间技术和卫星传感器技术的进步,遥感技术以其数据获取和更新速度快、范围广、经济方便、空间信息丰富等优点,成为当今LUCC特别是人类活动较少地区数据获取的主要手段,LUCC也成为遥感应用领域的一个重要方面。

2.1 LUCC 基础知识

2.1.1 LUCC 基本概念

1. 土地利用(Land Use)与地面覆盖(Land Cover)的区别与联系

1)土地利用

土地利用是人类根据土地的特点,按照一定的经济与社会目的,采取一系列生物和技术手段,对土地进行的长期或周期性的经营活动,是一个把土地的生态系统转变为人工生态系统的工程,它包括可控制土地生物物理特点的利用方式和隐含于其中的土地利用目的。这里的生物物理控制指的是人们为了一定目的对植被、土壤、水源等采取的特定处理方式,如杀虫剂和化肥的使用。土地利用变化包括一种利用方式向另一种利用方式的转变及利用范围和强度的改变。

2)地面覆盖

地面覆盖是指地表及近地表的生物物理状态,是自然营造物和人工建筑物所覆盖的地表诸要素的综合体,包括地表植被、土壤、冰川、湖泊、沼泽湿地及各种建筑物(如道路等),具有特定的时间和空间属性,其形态和状态可在多种时空尺度上变化。地面覆盖变化既包括生物多样性、现时的及潜在的初级生产力、土壤质量、径流和沉积速率等方面的变化,也包含两个方面的含义,一是一种地面覆盖类型向另一种类型的转化,二是一种地面覆盖类型内部条件(结构和功能)的变化。

土地利用与土地覆盖(同地面覆盖)具有非常密切的联系,前者是人类基于土地所进行的社会生产实际活动,后者是土地利用结果的外在表现形式,二者的含义相近,只是研究的角度有所不同(左大康,1990)。前者着重于土地的社会经济属性,而后者着重于土地的自然属性。一种土地利用形式往往对应一种地面覆盖类型,如牧地通常与草地相对应;一种地面覆盖类型则可以对应多种土地利用方式,如建筑区可以对应居民地和商业用地两种土地利用形式。土地利用往往表现为功能性的特点,而土地覆盖则主要表现为形态性的特点。从因果关系上看,土地利用是土地覆盖变化的外在驱动力,一般来说,土地覆盖的变化主要是由土地利用产生的(Klepeis et al.,2001)。土地覆盖变化反过来又会影响土地利用的方式。土地利用变化导致土地覆盖状况的变化主要有两种类型:渐变和转换(Turner et al.,1994)。渐变是指同一种土地覆盖类型内部条件的变化,如对森林进行疏伐、农田施肥等;转换则是指一种覆盖类型转变为另一种覆盖类型,如森林变为农田或草地等。此外,维护即让土地覆盖保持一定的状态,也是人类活动影响土地覆盖的一种形式。土地利用与土地覆盖的关系可以用图2.1(陈晓玲 等,2008)加以描述。一方面,土地覆盖1(自然系统)处于土地利用及其驱动力组成的系统关系中。驱动力在不同社会条件下的相互作用产生了不同的土地利用方式,土地利用对土地覆盖的影响则通过土地覆盖的渐变、转换或维护表现出来。土地覆盖变化又通过环境影响反馈回路,从而影响到土地利用变化的驱动力。另一方面,土地覆盖2和土地覆盖3的影响经过累积作用可以达到全球规模,继而加速气候变化。而气候变化的结果又反馈回由土地覆盖构成的自然系统,并且最终通过环境影响回路对驱动力发生作用。由于土地利用与土地覆盖之间存在着密不可分的关系,所以人们常把两者联系在一起,拼写为“Land Use/Cover Change”,简称为 LUCC,并且对于它们所产生的广泛影响给予了越来越多的关注(摆万奇 等,1999)。

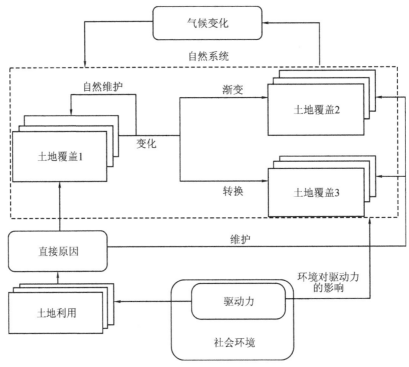

图 2.1　土地利用与土地覆盖之间的关系

　　土地利用的变化通常会引起地面覆盖类型的变化,但是,在土地利用方式不变的情况下,地面覆盖类型也会因自然过程而发生变化,如火山、泥石流爆发等引起的地面覆盖类型的变化。随着科学技术的发展和社会进步,人类活动在全球变化中的影响力不断增强。可以说,地面覆盖变化在很大程度上是土地利用改变的直接响应。因此,认知土地利用变化是了解地面覆盖变化的首要条件。理解它们之间的关系时，我们必须将其和人类活动联系在一起。

就遥感监测来说，土地覆盖几乎完全依赖于卫星提供的光谱信息数据。就传统的航片目视解译技术来说，尽管借助判读技术人员本身所具有的专业知识和识读智能，利用航片上所显现的覆盖物色调、形状、相对位置和其他相片元素可提供一定的土地覆盖和土地利用信息，但航片对土地利用的解译也是有其限制性的，许多反映土地利用的社会、经济属性的特征信息，是无法从空中航摄中获取得到的。因此，遥感监测技术更适合于获取土地覆盖信息，从航空或卫星遥感监测所能获取的只是土地覆盖信息而非土地利用信息，特别是对计算机自动模式识别更是如此。要获得土地利用信息，需要进一步地结合各种形式的地面调查进行综合解译。

2. 土地利用和地面覆盖系统

土地利用、地面覆盖变化和全球环境变化构成了一个复杂的相互作用的系统，人类活动与其中的各个环节密切相关，在这个系统中起着相对重要的作用。由于人类活动是特定的社会经济和环境背景中个体和群体行为的产物，因此，系统中各环节都会受到社会、政治、经济、文化和宗教等因素的影响，再加上各环节在不同时空尺度的不同联系，使得这一系统更为复杂化。

由于土地利用/地面覆盖与社会生态系统之间具有相似性，因此，在分析土地利用和地面覆盖变化时，可以利用那些在研究和模拟生态系统中已经被证明非常有用的理论和方法。其中，关联性是一个很重要的方面，它表示相距一定距离的区域之间是相关的，它是生物物理过程的一个直接结果，它要求在研究某区域土地利用时需要考虑研究区附近乃至更远范围的土地利用状况。另外，社会组织的等级结构使得一些低等级动力的过程受到一些更高等级动力的约束，因而，有必要对土地利用系统进行不同水平上的分析。土地利用和地面覆盖变化是许多过程交互作用的结果，其中的每个过程都在一定时间和空间尺度上发生作用，受到一个或多个驱动因子的影响。因此，还需要在不同尺度上分析土地利用系统。此外，土地利用系统还具有稳定性和恢复能力。

2.1.2　LUCC 计划及研究进展

土地利用/地面覆盖变化已成为研究全球环境变化及其人类驱动力和影响的核心，在全球环境变化和可持续发展中占有重要地位。因此，自 20 世纪 90 年代以来，全球环境变化研究领域逐渐加强了对 LUCC 的研究。"国际地圈生物圈计划（IGBP）"和"国际全球环境变化人文因素计划（IHDP）"自 1990 年起开始积极筹划全球性综合研究计划，于 1992 年正式确立共同的核心计划，并于 1995 年共同拟定并发表了《土地利用/土地覆盖变化科学研究计划》，该计划就 LUCC 的研究目标及其内容做了详细的说明。

1. 研究目标

LUCC 计划的研究目标是，提高对全球土地利用和土地覆盖变化动态过程以及对人类社会经济与环境所产生影响的认识，提高预测土地利用和土地覆盖变化的能力，为全球、国家或地区的可持续发展战略提供决策依据。LUCC 计划的研究目标具体可分为：

①更好地认识全球土地利用和土地覆盖的驱动力；②调查和描述土地利用和土地覆盖动力学中的时空可变性；③确定各种土地利用和可持续性间的关系；④认识 LUCC、生物地球化学和气候之间的相互关系，最终增进对区域模型给出的土地利用与土地覆盖之间关系的理解，

以更好地进行预测。

LUCC 计划中确定了一些关键的科学问题,包括:①过去 300 年间土地覆盖是怎样被人类利用而改变的? ②未来 50～100 年土地利用变化将怎样改变土地覆盖? ③在不同地理和历史背景下,土地利用变化的主要人为原因是什么? ④人类和生物物理动态如何影响土地利用类型的可持续性? ⑤全球环境变化怎样影响土地利用和地面覆盖?

2. 研究范围和主要内容

LUCC 计划确定了 LUCC 研究的范围和主要内容,具体如下。

(1)土地利用/地面覆盖动力机制与联动关系:土地利用、地面覆盖变化与全球环境变化构成了一个复杂的相互作用的系统,土地利用和地面覆盖是其他环境变化的动力因子,全球变化也是土地利用和地面覆盖变化的动力因子。

(2)地面覆盖的变化及其环境影响:地面覆盖变化,地面覆盖对生物化学循环的影响,土地利用/地面覆盖的联系,土地利用/地面覆盖对可持续发展的影响。

(3)建立土地利用/地面覆盖变化模型:可通过土地利用案例研究、地面覆盖变化模式的专题评估和预设的土地利用区域和全球模式等来完成。

(4)土地利用动力机制:这一研究需要有大量在结构、内容上具有可比性的案例,从而积累坚实的经验基础,综合考虑社会经济、自然生物和土地管理三维驱动,建立跨时间、空间尺度的动力机制。

在这些研究内容之中确定了三个研究重点,具体如下。

(1)土地利用变化的机制,即通过区域性个例的比较研究,分析影响土地使用者或管理者改变土地利用和管理方式的自然和社会经济方面的主要驱动因子,建立区域性的土地利用/地面覆盖变化经验模型。

(2)地面覆盖的变化机制,主要通过遥感影像分析,了解过去 20 年内地面覆盖的空间变化过程,并将其与驱动因子联系起来,建立解释地面覆盖时空变化和推断未来 10～20 年的地面覆盖变化的经验诊断模型。

(3)建立区域和全球尺度的模型,建立宏观尺度的、包括与土地利用有关的各经济部门在内的土地利用/地面覆盖变化动态模型,根据驱动因子的变化来推断地面覆盖未来(50～100 年)的变化趋势,为制定相应对策和全球环境变化研究任务提供可靠的科学依据。

3. LUCC 研究进展

1826 年,德国学者杜能建立杜能农业区位论,这是解决农业用地和其他土地利用/地面覆盖类型的最有效空间布置,开创了近代 LUCC 研究的先河。20 世纪上半叶,LUCC 研究呈现出初步繁荣的景象,各学科 LUCC 研究理论和模型趋于系统化、科学化。20 世纪 70 年代,多学科交叉、全球变化研究的兴起和遥感技术的发展将 LUCC 研究推进到一个新阶段。20 世纪 80 年代,人们在洲际范围内利用气象卫星数据进行地面覆盖研究取得了有效成果。进入 90 年代以来,在 IGBP 和 IHDP 等国际组织的推动下,LUCC 研究进入了空前繁荣的阶段,在这一阶段中,遥感、地理信息系统等新技术手段在 LUCC 研究中成为重要角色。1993 年,国际科学联合会与国际社会科学联合会成立了土地利用/地面覆盖变化核心计划委员会,并于 1995 年联合提出 LUCC 研究计划。其后,一些积极参与全球环境变化的国际组织和国家纷纷启动了各自的土地利用/地面覆盖变化研究项目。1994 年,联合国环境署亚太地区环境评价计划于 1994 年启动了"土地覆盖评价和模拟"(LCAM)项目;同年,由欧盟资助开展了"欧洲土地利用预测整合模型"(IMPEL)的研究。1995 年,国际应用系统分析研究所启动了"欧洲和北亚土地利用/地面覆盖变化模拟"的三年期项目。1996 年,美国全球变化研究委员会将 LUCC 与气候变化、臭氧层损耗一起,列为全球变化研究的重点领域,并开始重点研究北美洲土地覆盖变化。进入 21 世纪,LUCC 的动力学机制成为当前研究的焦点,国外学者对此做了大量的研究,形成了丰富的研究成果。2001 年,Gunthe 提出用模型的方法来研究土地利用/覆盖变化机制;Yukio 考虑到人类活动的差异,比较了日本和中国土地利用/覆盖变化方式的不同,同时探讨了造成这种差异的根源。2005 年,在 LUCC 和 GCTE(Global Change and Terrestrial Ecosystems,全球变化与陆地生态系统)两大研究计划的基础上,IGBP/IHDP 联合发起了全球土地计划(Global Land Project,GLP),其核心目标是量测、模拟和理解人类-环境耦合系统。2010 年,我国国务院发布了"全国主体功能区规划",规划将国土空间按开发方式分为优化开发区域、重点开发区域、限制开发区域和禁止开发区域四类主体功能区,各区将依据各类主体功能区定位选择合理的开发和保护方式。2012 年,国际科学理事会和国际社会科学理事会发起了"未来地球(Future Earth)"研究计划,土地利用/覆盖时空过程量测是加深其研究计划动态星球(Dynamic Planet)的理解以及未来可持续目标实现的重要内容。2017 年,汪滨等应用 RS 和 GIS 技术分析了黄土高原典型流域 2000—2014 年土地利用变化的特征并对其合理性进行了评价。2019 年,刘咏梅等利用 MODIS 和 Landsat 数据分析了黄土高原植被覆盖的时空变化情况以及对气候因子的响应。

随着各类 LUCC 项目的开展以及技术的进步,人类对 LUCC 的研究,无论是从手段上还是从认识上都有了长足发展。在早期的研究中,人们通过实地观测获取研究资料,仅仅关注区域尺度上的土地利用/地面覆盖,特别是热带雨林地区的转换;将地面覆盖看作单一的土地和植被类型,其变化是单向连续的;研究中通常从同质空间出发而没有考虑到空间异质性;认为变化的原因在于人口增长和生物-自然变化。而现在的研究从全球和区域多个尺度出发,以卫星遥感影像为主要数据源,获取土地利用/地面覆盖类型和变化信息,并重视对空间异质性的认识。

2.2　LUCC 监测方法

传统的 LUCC 研究由于缺乏一定的技术支持,发展缓慢。20 世纪 70 年代以来,卫星遥感技术的发展为快速、大范围获取土地利用/地面覆盖信息提供了方便,从而为遥感变化监测技术的发展提供了坚实的数据基础。同时,计算机软硬件技术的飞速发展也带动了遥感影像处理技术的进步。遥感技术在获取地面物体信息中具有宏观性、实时性和动态性等特点,现代计算机也具有高容量、高性能、速度快等特点,使得 LUCC 信息获取也从最初的目视解译,发展到现在以计算机解译技术为主要手段和多样的遥感变化监测方法。

LUCC 的一个关键是监测变化,变化监测方法多种多样,归纳起来可以分为以下几种。

(1)根据变化与分类先后顺序的不同,可分为分类前监测(基于像元光谱的直接监测法)和分类后监测(基于分类的监测方法)。

(2)根据变化方法所使用的知识,可分为基于模式识别的变化监测法、基于混合技术的变化监测法和其他变化监测法。

(3)根据变化监测目标的不同,可分为像元级变化监测、特征级变化监测和目标级变化监测。

针对 LUCC 的遥感监测,第一种分类体系得到了国内外较为广泛的认可,本节也采用该体系介绍各种方法。

2.2.1 分类前变化监测

分类前变化监测,即基于像元光谱的直接监测法,就是通过一定的手段,如影像差值法、比值法、主成分分析法和变化矢量分析法等方法,对多时相遥感影像直接进行处理,发现变化区域,提取并识别其变化类型。该方法可以快速发现变化范围,适合于具有多时相数据的情况,但是,该方法易于受到不同成像条件等因素的影响。

土地利用/地面覆盖直接变化监测的一般技术流程如图 2.2 所示。

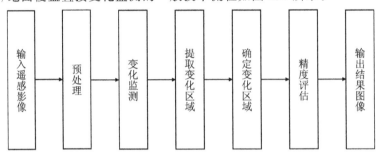

图 2.2　直接变化监测法流程图

1. 影像的预处理

在分类之前需要对遥感影像进行预处理,包括影像增强与滤波、影像裁剪与镶嵌、几何校正、辐射校正等。其中,几何校正和辐射校正对检测结果具有较大影响。

几何校正是土地利用和地面覆盖变化监测前必须完成的工作,因为遥感成像受到飞行器平台、传感器、大气条件、地形等因素影响,使得影像产生几何的线性和非线性畸变,因此,只有准确的空间匹配才能正确反映同一地点的土地利用和地面覆盖变化状况。Townsheng 等(1992)在 Landsat MSS 影像匹配误差对土地利用变化监测精度影响的研究中证明,要得到可靠的土地利用变化结果,需极高的影像配准精度:1 个像元空间匹配误差将导致 50% 的虚假变化;要获得 90% 的监测精度,影像配准误差就必须小于 0.2 个像元或更小。

采用基于灰度比较的变化监测方法时,必须对影像数据进行辐射校正,因为基于影像灰度的变化监测方法的前提就是,相同地物在影像上具有相同的灰度。因此,只有在可靠的辐射校正基础上的监测结果,才可能避免伪变化。辐射校正包括绝对校正和相对校正两种方法,绝对校正是去除大气传输的影响,常用模型有 6S、Modtran、FLAASH 和 ATCOR 等;相对校正是以一幅影像为标准对其他影像进行归一化处理,常用方法有回归和直方图匹配方法等。

2. 影像的变化监测方法

基于像元光谱的直接监测法包括以下几种:影像差值法、影像比值法、相关系数法、变化向量分析法、主成分分析法、内积分析法、M 典型相关法、特征监测法、统计测试法等。根据这些方法的相似性,可以归纳为以下几类。

1)影像差值法与比值法

(1)影像差值法通过计算多时相配准影像的差值,从而产生一个差值影像。参与计算的影像可以是原始灰度影像,也可以是经简单计算的特征影像。根据参与计算影像的不同,可以分为灰度差值、归一化影像差值、纹理差值、影像回归、植被指数差值、反射率差值等方法。灰度差值是对多时相配准影像对应像元的灰度值进行相减;归一化影像差值是对归一化后的影像进行相减生成差值影像;纹理差值则是对影像纹理特征值进行差值运算;植被指数差值是用两波段(通常是红光和近红外光)对应像元的灰度值(几何运算)之比的结果进行差值处理,常用于植被研究;反射率差值是对影像的反射率影像作差值运算;影像回归法中将不同时相的影像看作影像灰度值的线性函数,通过最小二乘法估计出线性函数,然后计算此函数得出的像元估值与真实影像的差值。

(2)影像比值法计算已配准的多时相影像对应像元的灰度值的比值。如果在一个像元上没有发生变化,则比值接近 1,如果在此像元上发生变化,则比值远远大于或远远小于 1(依靠变化的方向)。影像比值法与影像差值法一样,需要对多时相影像进行某种数据标准化或辐射校正。这个方法的关键在于比值影像的统计分布。与影像差值法相比,影像比值法对于影像的乘性噪声不敏感。影像比值法对城区变化监测比较有效。

2)相关系数法与统计测试法

(1)相关系数法计算多时相配准影像中对应像元灰度的相关系数,代表两个时相间影像中对应像元的相关性。一般通过计算两个影像中对应窗口的相关系数来表示窗口中心像元的相关性。相关系数接近 1 表示相关性很高,该像元没有变化;反之,说明该像元发生了变化。相关系数公式为:

$$r_{ij} = \frac{\sum\limits_{m=1}^{n}(X_m - \bar{X})(Y_m - \bar{Y})}{\sqrt{\sum\limits_{m=1}^{n}(X_m - \bar{X})^2}\sqrt{\sum\limits_{m=1}^{n}(Y_m - \bar{Y})^2}} \qquad (2.1)$$

式中,n 为窗口内像元的个数;$\bar{X}$、$\bar{Y}$ 分别为两幅影像相应窗口内像元灰度的平均值。

(2)统计测试法属于整体特征变化监测的范畴。典型的统计测试有:决定两个样本是否来自相同总体的 Kalmogorov-Sminov 测试、两个时期影像数据之间的相关系数和半方差等。

统计测试只能检测影像数据是否发生变化,仅仅表示在检测影像或区域发生了统计学上的显著变化,不能解决变化的位置、变化的性质等问题。统计测试法的优点是它受影像配准误差的影响很小。

3)变化向量分析法与内积分析法

(1)变化向量分析法是用多波段遥感影像数据构建一个向量空间,向量空间的维数就是波段数。这样,影像上的一点就可以用向量空间的一点表示。向量空间上的点的坐标就是对应波段的灰度值。和每一个像元相联系的数据就定义了多维空间上的一个向量。如果一个像元从时间 t_1 到时间 t_2 发生变化,描述变化的向量用时间 t_1 和时间 t_2 的对应向量相减得到,这个变化向量就是多波段变化向量。变化向量既可以由原始数据也可以由变换数据(如主分量变换)计算得到。如果变化向量的幅值超过给定的 y 阈值,则可判断该像元发生了变化,变化向量的方向包含变化类型信息。变化向量分析法已经在森林变化监测和土地利用变化监测中得到了应用。

(2)内积分析法是将像元灰度值看作多光谱的向量,两个向量之间的区别通过两向量间夹角的余弦来表示。如果两个向量彼此一致,内积就等于 1;如果两个不同时期的对应像元发生了改变,内积就会在−1和1之间变动。根据两幅影像生成的内积影像是一幅灰度影像,影像中内积的不同值反映了两幅影像对应位置发生的变化。

设 $\boldsymbol{x}$、$\boldsymbol{y}$ 为两幅不同时相影像对应位置像元的光谱向量,两向量的内积可以表示为

$$<\boldsymbol{x}(t_1),\boldsymbol{x}(t_2)>=\sum_{k=1}^{b}\boldsymbol{x}(t_1)_k\boldsymbol{x}(t_2)_k \tag{2.2}$$

式中,b 为波段数,即向量维数。

表面反射值差异 d 可表示为

$$d=\frac{<\boldsymbol{x}(t_1),\boldsymbol{x}(t_2)>}{\sqrt{<\boldsymbol{x}(t_1),\boldsymbol{x}(t_1)><\boldsymbol{x}(t_2),\boldsymbol{x}(t_2)>}} \tag{2.3}$$

由于 $-1<d<1$,则内积 c 可以表示为

$$c=a_1 d+a_0 \tag{2.4}$$

式中,a_1,a_0 为两个常数,使得内积 c 能取得合适的非负值。

4)主分量分析法与 M 典型相关法

(1)主分量分析法使用主分量变换(离散 K‑L 变换),该变换是一个线性变换,它定义了一个新的正交坐标系统,使各分量在此坐标系统内是不相关的。主分量变换可以从原始数据的协方差矩阵或相关矩阵的特征向量推出,新坐标系统的坐标轴是由这些矩阵的特征向量定义的。每一个特征向量可以看作一个新波段,像元的坐标值可以看作在此"波段"上的亮度值。每一个新"波段"的方差由相应矩阵特征向量的矩阵特征值决定。在没有变化的影像区域具有较高的相关,在变化的影像区域具有较低的相关。由协方差矩阵得到的主分量和由相关矩阵得到的主分量是不同的。由相关矩阵推导的主分量变换对于多时相分析尤其有用,因为标准化能够减小大气条件和太阳角的影响。

(2)M 典型相关法是将两组随机变量之间的复杂相关关系简化,即将两组随机变量之间的相关简化成少数几对典型变量之间的相关,而这少数几对典型变量之间又是互不相关的。此处将区域统计特性、区域纹理特性、区域矩特性进行筛选、重组,然后再进行变化检测。因此,较之主分量分析法,它更适合于遥感影像之间的对比分析。

5)特征监测法

特征监测法属于特征级变化监测,包括边缘特征监测法和点特征监测法。采用边缘特征监测法时,首先提取多时相配准影像的边缘,然后,比较边缘图的差异,标注的差异边缘就是变化目标的轮廓。边缘特征监测法稳健,对光照条件和视角差异不敏感,一般用于监测线性目标的变化。点特征监测法即通过监测影像中特征点的变化来表达影像中的变化信息,特征点一般是影像中具有复杂纹理特性的特殊点,如角点、拐点和交叉点等。点特征监测法主要用于高分辨率遥感影像中点目标的变化监测。

2.2.2 分类后变化监测

分类后变化监测是先对配准后的不同时相的影像分别进行分类处理,然后,通过比较分类结果来获取变化区域和类别。该方法不受大气变化、传感器类型和分辨率等因素的影响,易于操作,但工作量大,精度受各时相分类精度的制约,并且监测结果误差是各时相分类误差的积累。

分类后变化监测一般技术流程如图 2.3 所示。

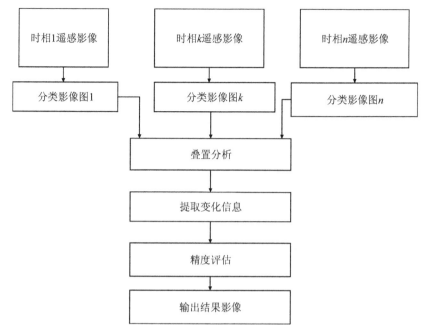

图 2.3 分类后变化监测一般技术流程

分类后变化监测因其方法简单实用而得到广泛应用,如用于监测土地利用变化、湿地和森林变化等。特别是依赖于目视解译时,目视判读分类后再进行比较,成为遥感动态监测的通常做法。

从图 2.3 可以看出,遥感影像的解译分类精度是制约分类后变化监测的主要因素,因此,根据不同的影像选择合适的遥感解译方法以期得到理想的分类结果,成为分类后变化监测的主要任务之一。下面介绍目前采用较多的遥感分类监测方法。

1. 遥感影像解译的分类

根据从遥感影像上获取信息的方式,遥感影像解译可分为目视解译和计算机解译两种。目视解译是专业人员通过直接观察或借助辅助判读仪器在遥感影像上获取特定目标地物信息的过程;计算机解译是以计算机系统为支撑环境,将模式识别技术与人工智能技术相结合,根据遥感影像中目标地物所具有的颜色、形状、纹理与空间位置等各种影像特征,结合专家知识库中目标地物的解译经验和成像规律等知识进行分析和推理,实现对遥感影像的理解,进而完成对遥感影像的解译。这里仅简要介绍计算机自动解译的有关知识。

根据学习与分类先后次序的不同,计算机解译可分为监督分类和非监督分类两种。监督分类是先学习后分类的方法,它的基本思想是:根据已知的样本类别和类别的先验知识,确定判别函数和相应的判别准则。其中,利用一定数量的已知类别函数求解待定参数的过程称之为学习或训练。然后,将未知类别的样本的观测值代入判别函数,再依据判别准则对该样本的所属类别做出判定。非监督分类是一种边学习边分类的方法,在这种分类中,事先对分类过程不施加任何的先验知识,而仅凭遥感影像的地物光谱特征分布规律,即自然聚类的特性,进行"盲目"分类;其分类结果只是对不同类别达到了区分,但不能确定类别的属性;其类别的属性需要通过分类结束后的目视判读或实地调查来确定。

常用的监督分类方法有最大似然法、平行六面体法、最短距离法、马氏距离法、波谱角度制图法和二进制编码法等。常用的非监督分类方法主要包括贝叶斯学习法、最大似然法和聚类分析等。其中，聚类分析法是非监督分类最常用的分类方法，根据采用的数学方法的不同，聚类分析法又可分为混合距离法、迭代自组织数据分析算法和K均值法等。

近年来，随着计算机解译技术的进一步发展，许多新的理论和方法被引入到遥感解译之中，从而发展了多种新的遥感解译方法，如人工神经网络（Arificial Neural Network，ANN）、模糊分类、支撑向量机（Support Vector Machine，SVM）等。

2. 人工神经网络分类

人工神经网络（ANN），是以模拟人体神经系统的结构和功能为基础而建立的一种信息处理系统，具有对信息的分布式存储、并行处理、自组织和自学习等特点，是一种人工智能技术。人工神经网络从1988年开始用于遥感影像分类，到目前在遥感影像分类处理中已经有了较为广泛和深入的应用；从单一的BP（Back Propagation）神经网络发展到模糊神经网络、多层感知机学习向量分层－2网络、Kohonen自组织特征分类器、Hybrid学习向量分层网络等多种分类器。ANN分类器是一种非参数型分类器，有较好的容错性，其分类精度要高于传统的基于统计的分类方法，但是也存在拓扑结构选择缺乏充分理论依据、网络连接权值物理意义不明确、推理过程难以理解等不足。

3. 支持向量机分类

支持向量机（SVM）分类方法采用事先定义的非线性变换函数集，把向量映射到高维特征空间中，按照支撑向量与决策曲面的空隙极大化的原则来产生最优超平面，然后，再将高维特征空间的线性决策边界映射到输入空间的非线性决策边界。SVM方法被认为是高维数据分类中最好的机器学习算法，在小样本的情况下就可以获得较高的准确率。

4. 面向对象的分类

面向对象的分类方法是不同于前面基于像元分类的一种高层次影像分类方法，它首先采用分割算法，将遥感影像分割成许多具有相同特征的"同质均一"对象，然后，根据各对象的光谱特征、形状特征、纹理特征和相邻关系等，选择合适的分类算法如决策支持模糊分类法给出每个对象隶属于某一类的概率，按照最大概率确定分类结果。面向对象的分类方法属于较高层次的影像理解，具有分类精度高、速度快等优点，在高分辨率影像解译上具有广阔的应用前景，但是，在分类尺度和对象特征参数选取等问题上仍存在许多关键问题有待解决。

2.2.3　变化监测方法的选取

以上各种变化监测方法是根据不同的目的发展出来的，因此，选取合适的监测手段也没有一个统一的标准，需要根据实际情况如可获取的数据、监测目的等进行筛选。许多学者也对各类方法进行了比较和总结，其结论也不尽相同，主要原因在于应用的数据、环境和目的的不同。有时候，变化监测不仅仅使用一种方法，而是通过多种方法的结合使用来获取较好的监测结果。总的说来，变化监测方法的选择前提是分析者要对各种方法、数据处理技能、数据特点、研究目的和研究区域等都有深入的理解。

2.3　LUCC 模型

2.3.1　LUCC 建模及其影响因素

LUCC 模型因其研究目的不同而具有不同的形式和结构，一般情况下，土地利用模型由四个主要部分构成：土地利用和地面覆盖的类型、各种类型变化的动因、变化过程和机制、变化造成的影响。

土地利用和地面覆盖变化受到自然、社会、经济等诸多因素的影响，且不同因素对土地利用和地面覆盖变化的作用方式与强度也各有不同。在土地利用和地面覆盖变化建模过程中，综合考虑以上各种因素也非常困难，所以，建模时一般都有所取舍。为了保证 LUCC 模型的有效性和准确性，在建模时，必须辨清如下 6 个建模所必须考虑的问题。

（1）分析尺度：社会学家关注长时间序列微观个体的行为，而地理和生态学者则关注宏观尺度的土地利用变化状态。

（2）跨尺度动态变化：尺度是测量或研究某个目标或过程的时间、空间、定量或解析维度；所有的尺度都包括广度和分辨率，广度指测量维度的大小，而分辨率则是测量的精度。

（3）驱动因子：包括社会经济因素、生物物理因素和土地管理因素。

（4）空间相互作用和邻域效应：土地利用的分布模式具有自相关性，土地利用类型会受到相邻地块土地利用情况的影响。

（5）时态变化（变化轨迹）：土地利用状况在时间维上具有相关性，某时段土地利用状态还与其前一时段的利用状况有关。

（6）集成度：土地系统是一个由多个子系统组合而成的复杂系统，子系统之间的相互作用和集成度是建模需要考虑的因素之一。

值得注意的是，并非所有的 LUCC 模型都要考虑相同的问题。LUCC 模型还受以下因素的影响：建立模型的出发点（目的）、模型运用的理论（方法）、模型的空间尺度和空间聚集水平（又称"空间清晰度"）、土地利用类型、土地利用变化类型、时间维度的处理和所采用的技术等。

2.3.2　几种常见的 LUCC 模型

1. 经验统计模型

1）模型概述

经验统计模型早在 20 世纪 60 年代就应用于土地利用变化分析，模型采用多元分析法，通常为多元线性回归技术，分析每个外在因素对 LUCC 的贡献率，从而找出土地利用和地面覆盖变化的外在原因。该模型一般假设在一定时间内，某种土地利用和地面覆盖类型与一些独立变量之间存在线性回归关系，然后利用统计方法，进行显著性检验。该模型对数据的依赖性较大，适用于数据比较多且准确的区域。在数据量充足的情况下，通常能从复杂的土地利用系统中分离出主要的驱动因子，并建立与 LUCC 的定量关系。

对于多数经验统计模型来说，根据历史数据建立的这种统计上的显著相关关系并不一定能代表其因果关系，并且，建立的模型只适用于该研究区，对短期的土地利用和地面覆盖变化具有较好的描述和预测作用，对长期的变化或该区域以外并不一定适用，因此，不能用于大范围的推断,经常作为综合模型中的一部分出现。

经验统计模型是一种应用比较成熟的模型,从其采用的统计方法出发,经验统计模型主要包括概率统计模型、多元逻辑回归模型、离散选择模型等。其中,应用最为广泛的模型是CLUE 和 CLUE-S 模型。

2)CLUE 和 CLUE-S 模型

Veldkamp 和 Fresco(1996)提出了 CLUE(The Conversion of Land Use and its Effects)模型,Verburg 等(1999)对该模型进行了改进。该模型基于实际的土地利用架构,通过确定并量化农用地的生物物理因子和人类驱动因子(假定是最重要的),从而实现对土地利用变化空间清晰的、多尺度的量化描述。然后,将分析结果纳入土地利用变化(动力学)模型中。CLUE模型既可以追溯过去的土地利用变化,也可以预测不远的将来(约 20 年)不同情景下可能的土地利用变化。与大部分经验模型相比,其优势在于能够模拟多种同时发生的土地利用方式变化。自该模型创建以来,已经在不同国家和区域,如哥斯达黎加、厄瓜多尔、马来西亚、中国、菲律宾西布岛以及印度尼西亚的爪哇岛等得到了较为成功的应用。

CLUE-S(The Conversion of Land Use and its Effects at Small Region Extent)模型包括两个主要模块:非空间需求模块和空间分配模块(见图 2.4)。其中,非空间模块通过对人口、社会经济以及政策法规等土地利用变化驱动因素的分析,计算研究地区中每年对不同土地利用和地面覆盖类型的需求变化;然后,将逐年的需求变化分配到基于栅格系统的空间模块各候选单元中,计算各种发生变化的土地利用和地面覆盖类型面积的转移方向,实现对土地利用时空动态变化的模拟(见图 2.5)。

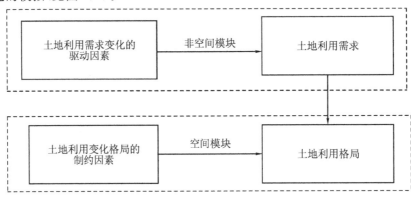

图 2.4　CLUE-S 模型结构示意图

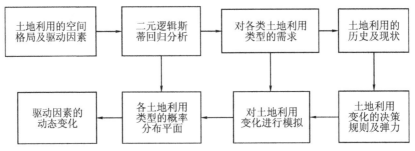

图 2.5　基于栅格地图的土地利用变化分配示意图

对于土地利用需求模块,其需求变化的计算,可以根据研究区实际情况,选择合适的总量需求变化预测方法,如历史外推法、系统动力学仿真、经济学模型等。综合对土地利用的经验分析、空间变异分析以及动态模拟等,实现土地利用需求在空间模块中的分配。其中,通过经验分析将土地利用和地面覆盖变化的空间属性和变化驱动因子分离开来,结合经验分析和空间变异分析,可以揭示土地利用分布与其备选驱动因子以及空间制约因素的关系,生成不同土地利用类型概率分布适宜图,衡量不同土地类型在每一空间单元分布的适合程度。

动态模拟过程就是根据适合的土地利用类型的总概率($\text{TPROP}_{i,s}$)大小对土地利用需求进行空间分配的过程。分配通过多次迭代来实现。

$$\text{TPROP}_{i,s} = P_{i,s} + \text{ELAS}_s + \text{ITER}_s \tag{2.5}$$

式中,$P_{i,s}$ 表示栅格 i 适合土地利用类型 s 的概率;ELAS_s 是根据土地利用和地面覆盖转变规则设置的参数;ITER_s 为土地利用类型 s 的迭代变量。

在模拟土地利用和地面覆盖动态变化之前,需要计算某一土地利用类型出现的概率及其稳定程度。

CLUE-S 模型中,根据土地利用格局和备选驱动因素数据,采用逻辑回归,诊断每一栅格可能出现某一土地利用类型的概率。

$$\ln\left\{\frac{P_i}{1-P_i}\right\} = \beta_0 + \beta_1 X_{1,i} + \beta_2 X_{2,i} + \cdots + \beta_n X_{n,i} \tag{2.6}$$

式中,P_i 表示每个栅格可能出现某一土地利用类型 i 的概率;X 表示各备选驱动因素。逻辑回归可以筛选出对土地利用格局影响较为显著的因素,同时剔除不显著的因素。根据回归结果,可以得到各土地利用类型的空间分布概率适宜图。

在 CLUE-S 模型中,可以根据土地利用系统中不同利用类型变化历史来进行土地规划,通过定义模型参数 ELAS,设置不同土地利用类型的稳定程度。ELAS 的值介于 0(极易变化地类)和 1(不发生变化地类)之间,值越大,表示土地利用越稳定,即转变概率越小。

动态模拟步骤如下:

①确定栅格系统中允许参与变化模拟的栅格。

②计算栅格 i 适合土地利用类型 s 的概率。

③对各类土地利用类型赋予相同迭代变量值,按照每一栅格对不同土地类型分布的总概率从大到小的顺序,对各栅格土地利用变化进行初次分配。

④比较不同土地利用类型初次分配面积和需求面积。若土地利用初次分配的面积大于需求面积,就减小 ITER 的值;反之,增大 ITER 的值。然后,进行土地利用变化的第二次分配。

⑤重复②～④步,直至分配面积等于需求面积。

CLUE-S 模型的检验包括回归分析结果检验和空间模拟效果检验两部分,前者可以利用 ROC 方法检验驱动因子的解释能力,如果驱动因子能够较好地解释土地利用和地面覆盖分布格局,则进入下一步,进行空间分配;否则,需要重新选择驱动因子。后者可以利用 Kappa 系数或多次度检验等方法进行精度检验。

CLUE-S 模型具有以下优点:①在空间上反映土地利用变化的过程和结果,能同时模拟多种土地利用类型之间的竞争关系并进行情景分析。②多种尺度上分析各种因素对土地利用变化的驱动作用,系统地考虑了土地利用系统中的社会经济和生物物理驱动因子;基于经济理论、专家系统等选择驱动因子,具有更高的可信度和更强的解释能力。

CLUE-S 模型缺点在于:①必须根据已有的土地利用历史和模式构建经验关系和决策规则,不能有效地描述土地利用变化的细节,无法在微观水平上解释土地利用变化。②未能实现社会经济因子的空间化。在这两个方面的改进将是模型的发展方向。

2. 最优化模型

1)模型概述

最优化模型(Optimizaion Model)大多起源于冯·杜能和里卡多的地租理论:对于给定属性和位置的地块,通过模拟得到可以获得最高地租的土地利用方式。最优化模型中,是尽量使土地在现有的约束条件下,目标函数值最大,对于土地利用而言,就是在现有条件下,使未来土地利用取得最佳经济、社会生态效益的土地利用结构。这种约束最优化是经济理论的核心。

最优化模型能够对地理空间结构的基础过程提供决策依据,可以考虑各种政策对 LUCC 的影响,其局限性在于不能描述动态过程,在确定目标函数时具有较大的任意性以及人类行为非最优化。

2)土地利用配置模型

土地利用配置模型(Land Use Allocation Model,LUAM)是一个农业线性规划模型,辅助决策者分析农业活动的可能变化、与其相关的环境影响及其在政策或市场条件变化下的影响。模型研究从 1985 年开始得到了英国许多部门和机构的支持。

该模型用于分析各种活动对农业的影响,比如,投入或产出价格变化、津贴水平变化、减少或增加税收、增加配额、采用更有效的耕作方式、闲置土地比例变化、作物类型变化等。其目标是,在土地条件市场机会、政府政策等各种约束条件的限制下,从土地中获得最大的收益。

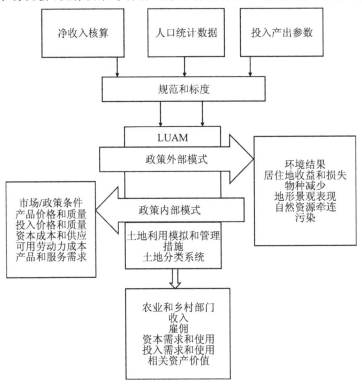

图 2.6 土地利用配置模型示意图

在模型中,将农业生产系统当作具有不同土地类型及相应农业生产活动的单一农场。系统根据陆地生态研究所(Institute of Terrestrial Ecology,ITE)提出的土地分级分类系统,将土地分为 15 大类,每类又包括四种主要类型:可耕地、牧草地、永久草地和粗放草地。ITE 土地分类系统提供了对各种土地类型可用性的上限估计。模型提供了土地类型转化的概率。模型结构如图 2.6 所示。

3. CA 模型

1)模型概述

CA 模型即元胞自动机模型(Cellular Automation Model),最早是由 Ulam 于 20 世纪 40 年代提出的,并于 20 世纪 70 年代由 Tobler 首次正式用于模拟美国底特律地区城市扩展的研究中。CA 模型是一种时间、空间、状态都离散,空间相互作用和时间因果关系皆局部的网格动力学模型。模型将每个格子划分为大小适合的元胞,每个元胞都有一个特定的状态,遵从一个特定的转换规则。元胞状态取决于其初始状态和周围元胞的状态(见图 2.7)。该模型通过简单的局部转换规则来模拟出复杂的空间结构,能够描述局部区域中相互作用的多主体系统的集体行为随时间的演化,也能表现出区域的环境条件、周围的土地利用类型以及土地利用类型之间的相互作用关系,非常适用于地理过程模拟和预测。

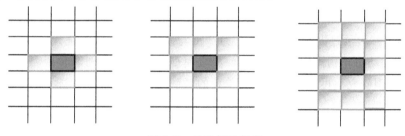

图 2.7 元胞邻域状态

从动力学机制来看,CA 模型是一种由局部到整体的自下而上的模型,它通过空间实体的个体行为共同创造了空间过程,空间过程重塑了空间格局,空间格局又反过来影响空间行为,如此反复,形成城市的动态发展变化。由于 CA 模型着眼于单元的局部相互作用,单元状态变化主要取决于自身和相邻单元的状态组合,尽管它可以在一定程度上反映一个土地利用系统的复杂行为,但是,往往难以有效地反映影响土地利用变化的社会、经济等宏观因素,因此,转化规则与经济因素等社会活动的关联是 CA 模型面临的一个严峻问题。CA 模拟需要以LUCC 的特征和驱动机制的深入研究为前提,需要以高精度的标准化历史数据为基础。不同的空间尺度上,系统单元规律也不尽相同,因此,确定合适的空间分辨率是使用 CA 模型需要考虑的一个问题。另外,CA 模型与经济、人口模型、CIS 空间分析方法的集成也是其发展需要突破的瓶颈。

近年来,元胞自动机模型越来越多地应用于城市增长扩散和土地利用演化的模拟研究之中,并取得了许多有意义的研究成果。下面简要介绍 CA 城市增长模型。

2)CA 城市增长模型

目前,CA 城市增长模型的研究大致可分为两派:一派以 Clarke 为代表,其基本思想是将城市增长视为空闲土地或农用土地向城市用地转换的结果;另一派以 Michael Batty 和 Xie

Yichun 为代表,其基本思想是引入城市发展的生命特征,元胞都有生老病死现象,城市增长被视为是已有土地单元对自身的复制和变异,进而产生新的土地单元。CA 城市增长模型综合利用两派的模型,在城市增长问题上同时考虑两种增长模式,一种来自作为生长点的已有城市化元胞的繁殖,另一种来自环境适宜的非城市元胞的突变,由非城市元胞转变为城市元胞。

CA 城市增长模型由三部分构成:土地利用类型、交通和控制因素。在这三个部分中,土地利用类型是核心,土地利用单元的自身行为除受元胞邻域状态的影响外,其行为规则还受到交通和控制因素的影响。由此可见,CA 城市增长模型的利用,主要考虑元胞邻域增长模式的选择和不同土地利用类型(居民地、商业用地、工业用地、农业用地和其他用地)及道路等行为规则的确定。需要注意的是,增长模式和行为规则的选择与确定要随实际情况的变化而变化。

4. 混合/集成模型

1)模型概述

在发展各种新模型的过程中,人们也不断尝试将已有的各种模型以合适的方式组合应用解决一些特定问题,从而产生了一种新的模型,通常称为集成模型。有些模型由于集成度不够高,所以也通常称作混合模型。White 等(1997)提出了一种将随机的、元胞自动机方法与区域经济动态系统模型结合的土地利用变化模型;Alcamo 等(1998)提出的 IMACE(Integrated Model to Access the Global Environment)是一个描述土地利用变化的全球综合评价模型;Wassenaar 等(1999)通过提取农作物生产力产出与土壤参数之间的统计关系,在区域尺度上应用基于过程的动态作物模型。这些混合/集成模型能够更好地理解和预测复杂的土地利用系统,也使得模型研究不再局限于某一个单独的领域,而是延伸到各个学科。

2)IMAGE 模型

IMAGE 模型是一个描述土地利用和地面覆盖变化的全球综合评价模型,它通过量化社会-生物圈-气候系统中的主要过程和相互作用的相对重要性,从而达到对系统的科学理解并辅助决策的目的。模型可用于评估人类活动对环境的影响(主要是温室效应),研究全球环境变化机制,并试图为构造农业需求、植被情况、土地覆被变化和生物圈-大气圈的温室气体交换等方面的全球变化模型提供一个框架。IMAGE 的总体目标是以一种地理关系明确的形式,把全球能源和农业系统中的人类活动与气候和生物圈的变化联系起来。IMAGE 模型提供了对全球变化系统结果的动力学和长期的视角,提供了认识全球变化影响以及分析全球变化对各种政策的相对效力的定量基础。

IMAGE2.2 框架结构如图 2.8 所示,它包括三个子系统:①能量-工业系统(Energy-Industry System,EIS),计算区域能量消费,运用能量功效改进、燃料替代、旧燃料供应和贸易以及可更新能量技术,在能量使用和工业生产基础上,系统计算温室气体、臭氧和酸化混合物的排放;②地形环境系统(Terrestrial Environment System,TES),在区域消费、食品生产和贸易、动物饲养、草料、草地、木材,以及当地气候和地形特征的基础上,计算土地利用变化、自然生态系统、农业生产系统释放的 CO_2,以及陆地生态系统和大气间的 CO_2 交换;③大气海洋系统(Atmosphere Ocean System,AOS),使用前两个系统中的释放量和其他因素,同时考虑海洋释放 CO_2 和大气化学作用,计算大气组分变化,然后,通过分解由温室气体悬浮物质和海洋热交换造成的辐射变化计算气候属性变化。

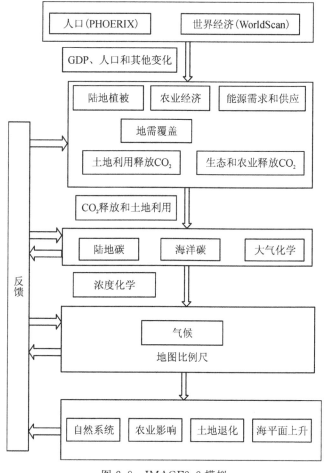

图 2.8　IMAGE2.2 模拟

2.4　LUCC 遥感监测应用

本节对某矿区 2008—2019 年土地利用现状进行分析研究。

2.4.1　研究区概况

本研究区属于陕西省榆林市神木市大保当镇,位于陕北黄土高原北端,地表为风蚀风积沙漠丘陵地貌,本区为典型的中温带半干旱大陆性季风气候,冬季严寒,春季多风,夏季酷热,秋季凉爽,昼夜温差悬殊,四季冷热多变。常年干旱少雨,年蒸发量较大。据榆林市气象站 1994—2014 年气象观测资料,全年无霜期较短,一般 10 月初上冻,次年 4 月初解冻。多年平均气温 8.6 ℃,极端最高气温 38.9 ℃,极端最低气温 -29.0 ℃。多年平均降雨量 434.1 mm,全年降雨量分配很不均匀,多以暴雨的形式集中在 7—9 月份,不同年份降水量变化明显。年平均蒸发量 1712.0 mm。多年平均风速 2.3 m/s,极端最大风速 19.0 m/s,年最多风向西北风,多年最大冻土深度 146 cm,无霜期 150～180 天。研究区位于黄河一级支流秃尾河流域和黄河二级支流榆溪河流域中间地带,煤矿范围内从南向北方向有一条分水岭,分水岭以西为榆溪河的支流五道河流域,分水岭以东为秃尾河支流黑龙沟流域,且流域水系不发育,均为季节性河流。研究区一号井田位于研究区的中南部

（见图 2.9），设计生产能力 15.00 Mt/a。井田长 15.2 km，宽 6.6 km，面积 97.401 km²；地质资源量 2384.31 Mt，设计可采储量 1489.70 Mt，服务年限 73.7 a。

研究区二号矿井位于研究区的中北部（见图 2.9），属于榆神矿区三期规划区，设计生产能力 13.00 Mt/a。划定的井田范围东西长 15.0 km，南北宽 8.4 km，面积 122.47 km²。地质资源量 2447.10 Mt，设计可采储量 1354.28 Mt，服务年限 74.4 a。

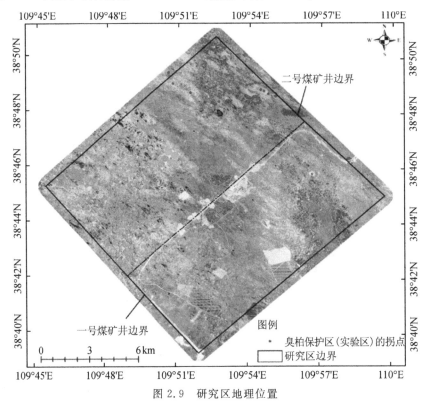

图 2.9　研究区地理位置

矿井地面涉及西南部的红石峡水源地补给区、东北部的臭柏自然保护区和瑶镇水库水源地准保护区，矿井环评暂将各水源地压覆区定为禁采区。

2.4.2　研究所用数据及土地利用解译标志的建立

利用 2007 年 6 月 2 日 1 m 空间分辨率的 K2 卫星遥感影像、2008 年 8 月 27 日 0.8 m 空间分辨率的 IKONOS 卫星遥感影像［见图 2.10(a)］以及 2019 年 7 月 7 日 0.5 m 空间分辨率的 Pleiades 卫星遥感影像［图 2.10(b)］解译研究区土地利用类型。按照《土地利用现状分类》（GB/T 21010—2007）将项目区土地分为林地、耕地、草地、工矿仓储用地、住宅用地、特殊用地、交通运输用地、水域及水利设施用地和其他土地，共计 9 个一级类土地利用类型。其中，林地又分为乔木林地、灌木林地和其他林地，耕地又分为旱地和水浇地，草地又分为天然牧草地、人工牧草地和其他草地，工矿仓储用地又分为工业用地和采矿用地，住宅用地仅包括农村宅基地，水域及水利设施用地仅包括湖泊水面，其他用地仅包括沙地，共计 13 个二级土地利用类型。其中，2008 年的地物类型不包含人工牧草地、水浇地和采矿用地。为了更好地区分不同地物，采用标准假彩色合成影像对研究区地区进行目视解译，遥感影像解译的判读标志如表

2.1 所示。

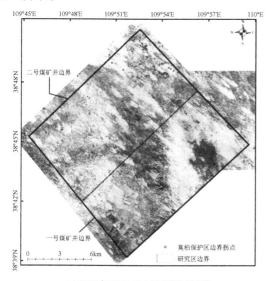 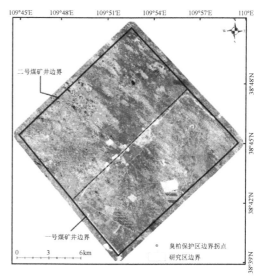

(a) 2008年IKONOS卫星遥感影像　　　　　　　　　(b) 2019年Pleiades卫星遥感影像

图 2.10　2008 年和 2019 年研究区高分辨率卫星遥感影像对比图(真彩色合成)

表 2.1　土地利用类型目视解译遥感判读标志(标准假彩色合成影像)

土地利用类型		2008 年		2019 年	
一级类	二级类	解译标志	特点	解译标志	特点
林地	乔木林地		颜色呈正红色,纹理粗糙,呈明显环状,排列紧凑,郁闭度较高		颜色呈正红色,纹理粗糙,呈明显环状,排列紧凑,郁闭度较高
	灌木林地		颜色呈正红色,纹理粗糙,排列分散,无明显阴影,包括臭柏保护区		颜色呈正红色,纹理粗糙,排列分散,无明显阴影,包括臭柏保护区
	其他林地		颜色呈正红色,纹理粗糙,呈明显环状,排列稀疏,郁闭度较低		颜色呈正红色,纹理粗糙,呈明显环状,排列稀疏,郁闭度较低

土地利用类型		2008 年		2019 年	
一级类	二级类	解译标志	特点	解译标志	特点
草地	天然牧草地		颜色呈墨绿色，无明显形状，连片出现		颜色呈墨绿色，无明显形状，连片出现
	人工牧草地	无	无		颜色呈鲜红色，沿田垄规则分布
	其他草地		颜色呈墨绿色和灰白色，无明显形状，连片出现，郁闭度较低		颜色呈墨绿色和灰白色，无明显形状，连片出现，郁闭度较低
耕地	旱地		颜色呈鲜红色，纹理紧凑呈条带状，形状按着田垄规则分布		颜色呈鲜红色，纹理紧凑呈条带状，形状按着田垄规则分布
	水浇地	无	无		颜色呈鲜红色，纹理紧凑呈块状，形状按着水渠和池塘等规则分布
工矿仓储用地	工业用地		用于工业生产的附属设施用地		用于工业生产的附属设施用地，包括天然气生产基地和光伏发电基地等
	采矿用地	无	无		用于采矿活动的附属设施用地，呈明显的高亮颜色，呈块状连片出现，包括排土场等

续表

土地利用类型		2008 年		2019 年	
一级类	二级类	解译标志	特点	解译标志	特点
住宅用地	农村宅基地		建筑物连片出现,呈明显的高亮颜色,周围有旱地和林地		建筑物连片出现,呈明显的高亮颜色,周围有旱地和林地
特殊用地	—		特殊用途的建筑群,周围一般有林地包围,主要是寺庙等		特殊用途的建筑群,周围一般有林地包围,主要是寺庙等
交通运输用地	—		道路呈条状,主要分布在旱地和草地周围		道路呈条状和网状
水域及水利设施用地	湖泊水面		呈黑色,形状不规则,周围连接着植被		呈黑色,形状不规则,周围连接着植被
其他土地	沙地		颜色呈粉色和白色,纹理光滑,无植被覆盖,连片出现		颜色呈浅黄色和白色,纹理光滑,无植被覆盖,连片呈现

2.4.3　研究区煤矿土地利用现状分析

本部分首先分别对 2008 年和 2019 年的高分辨率遥感影像进行日视解译得到各年份的土地利用分类图(见图 2.11、图 2.12)。其中,2008 年的土地利用类型为乔木林地、灌木林地、其他林地、旱地、天然牧草地、其他草地、工业用地、农村宅基地、特殊用地、交通运输用地、湖泊水面和沙地,共计 12 个地物类型;2019 年在 2008 年的基础上增加了水浇地、人工牧草地和采矿用地 3 个地物类型,共计 15 个地物类型。然后按土地利用分类标准中一级土地利用类型(即

林地、耕地、草地、工矿仓储用地、住宅用地、特殊用地、交通运输用地、水域及水利设施用地和
其他土地)对 2008 年和 2019 年研究区土地利用分类图进行变化监测。

2008 年,研究区的乔木林地主要连片分布在中部及东北部地区;灌木林地主要连片分布
在西部和东部地区;其他林地主要分布在乔木林地附近;旱地主要在农村宅基地的周围,呈块
状,分布在东部、西南部、南部和中西部地区;天然牧草地均匀分布在各个地区;其他草地主要
分布在东部地区;工业用地零星分布在西南部;特殊用地零星分布在东南部地区;交通运输用
地主要分布在西部和南部,作为枢纽连接着农村宅基地;湖泊水面零星分布在南部和西部地
区,其中一个较大的湖泊水面分布在中北部地区;沙地主要分布在中东部地区,贯穿南北,以及
中部、西部地区。

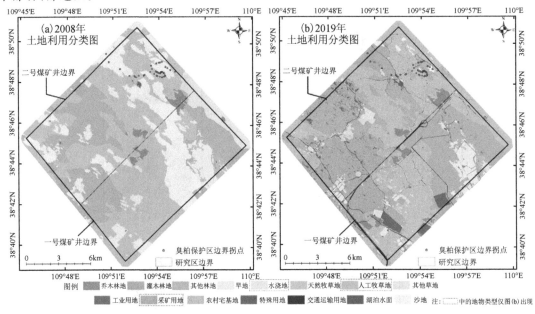

图 2.11　2008 年和 2019 年研究区土地利用分类图

2019 年,研究区的乔木林地在原有的基础上有所扩大,主要连片分布在中部、南部及东北
部地区;灌木林地亦在原有的基础上扩大,主要连片分布在西部、东部和北部地区;其他林地主
要分布在乔木林地附近;旱地在原有的基础上有所扩大,主要在农村宅基地的周围,呈块状,分
布在东部、西南部、南部和中西部地区;新增的水浇地主要分布在中西部和东南部地区;天然牧
草地在原有的基础上有所缩减,主要分布在中部、西北部和南部地区;其他草地主要分布在中
部地区,贯穿南北,以及东部地区和北部臭柏保护区;工业用地零星分布在各个地区;特殊用地
零星分布在东南部地区;湖泊水面在原有的基础上扩大,主要分布在西部、中西部和东部地区;
沙地主要分布在北部地区。

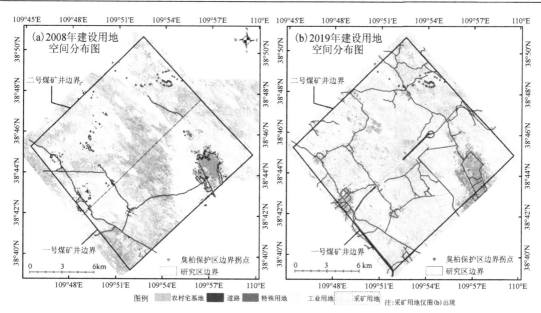

图 2.12 2008 年和 2019 年研究区建设用地空间分布图

表 2.2 2008 年和 2019 年研究区土地利用分类(二级类)面积

地物类型	面积/km²		变化的面积 /km²	增幅/倍数
	2008 年	2019 年		
乔木林地	4.0952	5.9601	1.8649	0.46
灌木林地	52.4983	100.23	47.7317	0.91
其他林地	1.6456	4.5160	2.8704	1.74
旱地	14.9412	12.3424	2.5988	−0.17
水浇地	0	2.1060	2.1060	
天然牧草地	95.3552	75.3772	19.9780	−0.21
人工牧草地	0	0.0349	0.0349	
其他草地	5.3629	0.5776	4.7853	−0.89
工业用地	0.0155	3.3294	3.3139	213.80
采矿用地	0	6.0236	6.0236	
农村宅基地	1.7015	2.1908	0.4893	0.29
特殊用地	0.0064	0.0074	0.0010	0.16
交通运输用地	0.1875	2.1274	1.9399	10.35
湖泊水面	0.2354	3.1110	2.8756	12.22
沙地	41.9501	1.0612	40.8889	−0.97
总计	218.9948	218.9948		

2008 年和 2019 年研究区土地利用分类面积如表 2.2 和表 2.3 所示。由表 2.2 和表 2.3 可知,2008 年研究区主要以天然牧草地、灌木林地、沙地为主,面积分别为 95.3552 km²、

52.4983 km²、41.9501 km²,乔木林地的面积为 4.0952 km²,其他林地的面积为 1.6456 km²,旱地的面积为 14.9412 km²,其他草地的面积为 5.3629 km²,工业用地的面积为 0.0155 km²,农村宅基地的面积为 1.7015 km²,特殊用地的面积为 0.0064 km²,交通运输用地的面积为 0.1875 km²,湖泊水面的面积为 0.2354 km²;2019 年主要以灌木林和天然牧草地为主,面积分别为 100.23 km² 和 75.3772 km²,新增水浇地的面积为 2.106 km²,新增人工牧草地的面积为 0.0349 km²,工业用地的面积为 3.3294 km²,新增采矿用地的面积为 6.0236 km²,特殊用地的面积为 0.0074 km²,交通运输用地的面积为 2.1274 km²,湖泊水面的面积为 3.111 km²,沙地的面积为 1.0612 km²。与 2008 年相比,乔木林地增加了 1.8649 km²,灌木林地增加了 47.7317 km²,其他林地增加了 2.8704 km²,增幅分别为 46%、91% 和 174%;旱地减少了 2.5988 km²,减幅为 17%;天然牧草地减少了 19.978 km²,减幅为 21%;其他草地减少了 4.7853 km²,减幅为 89%;农村宅基地扩大了 0.4893 km²,增幅为 29%;交通运输用地增加了 1.9399 km²,增幅为 10.35;湖泊水面增加了 2.8756 km²,增幅为 12.22 倍;沙地减少了 40.8889 km²,减幅为 97%。总体来看,研究区沙地的面积明显减小,耕地和草地的面积略微减小,林地、工矿仓储用地、交通运输用地和湖泊水面的面积明显扩大。

表 2.3 2008 年和 2019 年研究区土地利用分类(一级类)面积

地物类型	面积/km²		变化的面积 /km²	增幅/倍数
	2008 年	2019 年		
林地	58.2391	110.7061	52.4670	0.90
耕地	14.9412	14.4484	0.4928	0.03
草地	101.7181	75.9897	25.7285	0.25
工矿仓储用地	0.0155	9.3529	9.3374	602.41
住宅用地	1.7015	2.1908	0.4893	0.29
特殊用地	0.0064	0.0074	0.0010	0.16
交通用地	0.1875	2.1274	1.9399	10.35
水域	0.2354	3.1110	2.8756	12.22
其他用地	41.9501	1.0612	40.8889	−0.97

表 2.4 2008 年和 2019 年研究区土地利用分类(一级类)变化监测转移矩阵(面积百分比/%)

2019 年	2008 年								
	林地	耕地	草地	工矿仓储用地	住宅用地	特殊用地	交通运输用地	水域	其他用地
林地	86.94	12.65	28.71	0.00	30.70	1.72	45.75	3.30	67.59
耕地	2.93	67.11	2.14	4.17	13.98	0.00	11.89	1.15	0.46
草地	5.20	12.07	61.77	0.00	10.59	0.00	14.70	2.31	20.19
工矿仓储用地	0.77	1.87	5.19	95.83	0.10	0.00	2.40	0.43	8.02
住宅用地	1.09	1.40	0.21	0.00	42.54	0.00	3.78	0.22	0.24

续表

2019 年	2008 年								
	林地	耕地	草地	工矿仓储用地	住宅用地	特殊用地	交通运输用地	水域	其他用地
特殊用地	0.00	0.00	0.00	0.00	0.00	98.28	0.00	0.00	0.00
交通用地	0.80	1.38	1.12	0.00	1.82	0.00	20.76	0.17	0.58
水域	2.04	3.45	0.82	0.00	0.27	0.00	0.73	92.42	0.84
其他用地	0.22	0.08	0.04	0.00	0.00	0.00	0.00	0.00	2.10

2008 年和 2019 年研究区土地利用分类变化监测转移矩阵见表 2.4,由表 2.4 可知,86.94%的林地没有发生变化,新增的林地主要由 67.59%的其他用地、45.75%的交通运输用地、30.7%的住宅用地以及 28.71%的草地转化而来。67.11%的耕地面积无明显变化,新增的耕地主要由 13.98%的住宅用地和 11.89%的交通运输用地转化而来。61.77%的草地面积无明显变化,新增的草地主要由 20.19%的其他用地、14.7%的交通运输用地、12.07%的耕地和 10.59%的住宅用地转化而来。95.83%的工矿仓储用地没有发生变化,新增的工矿仓储用地主要由 8.02%的其他用地、5.19%的草地、2.4%的交通运输用地和 1.87%的耕地转化而来。42.54%的住宅用地无明显变化,新增的住宅用地主要由 3.78%的交通运输用地和 1.4%的耕地转化而来。98.28%的特殊用地无明显变化。20.76%的交通运输用地无明显变化,新增的交通运输用地主要由 1.82%的住宅用地和 1.38%的耕地转化而来。92.42%的水域无明显变化,新增的水域主要由 3.45%的耕地和 2.04%的林地转化而来。

2.5 本章小结

本章首先介绍了土地利用/地面覆盖变化的基础知识,其次对几种典型的方法、模型进行了介绍,最后以陕北地区的某煤矿区为例,对其 2008—2019 年的土地利用覆盖变化做了分析对比,旨在使读者掌握几种简单的土地利用覆盖变化模型,对研究区近 10 年的地面覆盖类型变化有一个较清晰的认识了解。

本章参考文献

摆万奇,柏书琴,1999. 土地利用和覆盖变化在全球变化研究中的地位与作用[J]. 地域研究与开发,18(3):13-16.

陈晓玲,赵红梅,田礼乔,2008. 环境遥感模型与应用[M].武汉:武汉大学出版社:258.

樊杰,2015. 中国主体功能区划方案[J]. 地理学报,70(2):186-201.

刘咏梅,马黎,黄昌,等,2019. 基于 MODIS-Landsat 时空融合的陕北黄土高原植被覆盖变化研究[J]. 西北大学学报(自然科学版)(1):234-239.

汪滨,张志强,2017. 黄土高原典型流域退耕还林土地利用变化及其合理性评价[J]. 农业工程学报,33(7):235-245.

左大康,1990. 现代地理学词典[M]. 北京:商务印书馆.

ALCAMO J,LEEMANS R,KREILEMAN E,1998. Global change scenarios of the 21st century[J]. Pergamon, 2(1): 296.

AUTHOR L C, MAUSEL P, BRONDiZIO E, et al, 2004. Change detection techniques[J]. International Journal of Remote Sensing, 25(12): 2365 - 2407.

GONG P, HOWARTH P J, 1990. The use of structural information for improving land-cover classification accuracies at the rural-urban fringe[J]. Photogrammetric Engineering & Remote Sensing, 56(1): 67 - 73.

GUTHER F, 2001. Modeling land use and cover changes in Europe and Asia[C]//Proceeding of International Conference on Land Use/Cover Change Dynamics. Beijing: LUCCD: 1 - 2.

KLEPEIS P, TURNER B L, 2001. Integrated land history and global change science: the example of the southem Yucatan Peninsular Region project[J]. Land use policy(18) : 27 - 39.

LIVERMAN D, ROCKSTRöM J, VISBEK M, et al, 2013. Future earth initial design[J]. Paris: International Council for Science.

TAWEESUK S, 2001. Dynamic simulation modeling of the land use economy and environment in Chiang Mai, Thailand using GIS and remote sensing[D]. New York: State University of New York.

TOWNSHEND J R G, JUSTICE C G, 1992. The impact of misregistration on change detection[J]. IEEE Transactions 1060 on Geoscience and Remote Sensing, 30(S): 1054.

TURNER B L, MEYER W B, SKOLE D L, 1994. Global land-use/ land-cover change: towards an integrated program of study[J]. Ambio, 23(1): 91 - 95.

TURNER B L, MOSS R H, SKOLE D L, et al, 1993. Relating land use and global land-cover change: a proposal for an IGBP-HDP core project. a report from the IGBP-HDP working group on land-use/land-cover change[J]. Global Change Report(10): 25 - 36.

VELDKAMP A, 1996. Freco L CLUE-CR: an integrated multiscale model to simulate land use change scenarios in Costa Rica[J]. Ecological Modelling, 91(1): 231 - 248.

WASSENAAR T, LAGACHERIE P, LEGROS JP, et al, 1999. Modelling wheat yield respondes to soil and climate variability at the regional scale[J]. Clim Res(11): 209 - 220.

WHITE R, ENGELEN D, ULJEE L, 1997. The use of constrained cellular automata for high-resolution modelling of urban land-use dynamics[J]. Environment and Planning B, 24(3): 323 - 343.

YUKIO H, 2001. Some thoughts on human aspects of LUCC in Japan and China[C]. Beijing: LUCCD: 17 - 26.

第3章 矿区植被遥感监测与应用

3.1 植被遥感监测基础知识

植被是生长于地球表层的各种植物类型的总称，它是地球表层重要的再生资源。植被遥感研究的主要内容包括：①识别植被类型，调查植被资源；②定量反演叶面积指数、平均叶倾角、植被冠层平均高度等植被几何形态参数；③估算植被叶绿素含量、叶表面水分蒸腾量、光合作用强度、叶表面温度等理化参数。

3.1.1 健康植物的反射光谱特征

由植被反射光谱示意图（见图3.1）可知，植被反射光谱特征为：在可见光的0.55 μm附近有一个反射率为10%～20%的小反射峰，由叶绿素反射引起；在0.45 μm和0.65 μm附近有两个明显的吸收谷，由叶绿素吸收引起；在0.7～0.8 μm处反射率急剧升高，形成一个高反射峰，由叶片细胞结构引起；在1.45 μm、1.95 μm和2.6～2.7 μm处有3个吸收谷，由水分吸收引起（田庆久 等，1998）。

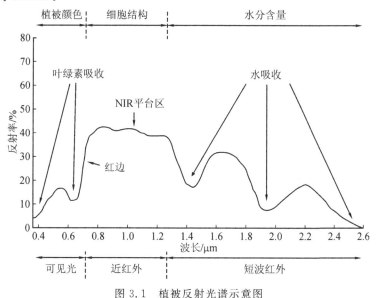

图 3.1 植被反射光谱示意图

3.1.2 植被指数

植被指数是用一种简单而有效的形式来实现对植物状态信息的表达，以定性和定量地评价植被覆盖、生长活力及生物量等（田庆久 等，1998）。

植被指数的类型主要包括以下三种：①基于原始波段的线性组合（如比值植被指数 RVI、

差值植被指数 DVI 等），未考虑土壤背景及大气等影响因素；②基于一定物理基础的植被指数，综合考虑土壤背景、植被盖度、大气与电磁波辐射的相互作用（如 NDVI、SAVI、MSAVI、TSAVI 及 EVI 等）（Huete et al.，1988；Qi et al.，1994；Baret et al.，2002；Baret et al.，1991；Liu et al.，1995），虽然降低了一些对植被探测的不利影响，但其仍存在诸多问题；③高光谱植被指数（如红边位置指数 REP 等）（Clevers et al.，1994），所应用波段的光谱分辨率极高，对植被状态定量探测的精度和准确度比较高。

在多种植被指数中，应用最广的还是 NDVI，其计算公式为

$$NDVI = \frac{\rho_{NIR} - \rho_{red}}{\rho_{NIR} + \rho_{red}} \tag{3.1}$$

式中，ρ_{NIR} 和 ρ_{red} 分别代表地物近红外和红光波段的反射率。

NDVI 被广泛应用于植被遥感中，原因在于：①NDVI 被认为是表征区域或全球植被和环境变化的有效指标，是指示植被生长状况和覆盖度变化的最佳因子；②经过比值处理，可部分消除太阳高度角、地形及云等的影响；③云、水、雪的 NDVI 为负值，岩石、裸土的 NDVI 值近似于 0，植被覆盖区的 NDVI 为正值，且植被覆盖度越大，NDVI 的值也越大。由于 NDVI 对高植被区敏感性较低，因此其适用于覆盖度较低的干旱半干旱区植被长时期变化监测（陈述彭等，1992）。

3.1.3　植被遥感监测的主要数据来源

迄今为止，Landsat（MSS、TM、ETM+、OLI）、NOAA/AVHRR 及 MODIS 等诸多卫星传感器都能提供或通过计算得到 NDVI 数据。

被广泛应用的低空间分辨率、高时间分辨率的卫星数据源主要有 NOAA/AVHRR 和 MODIS 等卫星遥感影像，其中 MODIS 数据的时间序列从 1999 年开始，至今已有 20 多年，已被广泛应用在大区域以及全球尺度的环境变化监测研究中。

MODIS 是搭载在 Terra 和 Aqua 卫星上的中等分辨率成像光谱仪，是当前世界上新一代"图谱合一"的光学遥感仪器，有 36 个光谱波段，光谱范围宽，光谱范围为 0.405~14.385 μm，其最大空间分辨率可达 250 m，扫描宽度为 2330 km，只需 2~3 轨即可覆盖整个中国。另外，其双星组网可以每 12 小时对同一区域进行地表观测。MODIS 数据具有以下特点：①数据免费，为科学研究提供了很好的数据资源；②光谱分辨率高，MODIS 是 NOAA/AVHRR 的延续和改进，其包含后者的全部波段，共有 36 个光谱波段，涉及可见光、中近红外、短波红外、中红外和热红外等波段；③空间分辨率多样，提供 250 m、500 m 和 1000 m 三种空间分辨率数据，这些数据可以同时提供反映陆地表面状况、云边界、云特性、海洋水色、浮游植物、生物地理、化学、大气中水汽、气溶胶、地表温度、云顶温度、大气温度、臭氧和云顶高度等特征的信息；④时间分辨率极高，重复周期短，对同一地区的重复覆盖一般为 1~2 天，这是资源卫星（如 Landsat、SPOT 和 Sentinel 等）所无法替代的。因此，MODIS 数据非常适合于对陆地表面、大气和海洋进行长期、动态、大范围的环境监测。

MODIS 产品主要有陆地标准数据产品、大气标准数据产品和海洋标准数据产品，其中的植被指数产品包含 16 天合成的 250 m、500 m 和 1000 m 分辨率的 NDVI 和 EVI 数据。MODIS 的 NDVI 数据是 NOAA/AVHRR 植被指数的延续。NDVI 是表征植被生长状态最常见的植被指数之一，而 EVI 则通过减弱植被冠层背景信号并削弱大气的影响优化植被信号，从

而加强对植被的监测。本章选用 250 m 分辨率的 MOD13Q1（MODIS/Terra Vegetation Indices 16 - Days L3 Global 250 m SIN Grid V005）、500 m 分辨率的 MOD13A1（MODIS/Terra Vegetation Indices 16 - Days L3 Global 500 m SIN Grid V005）和 1000 m 分辨率的 MOD13A2（MODIS/Terra Vegetation Indices 16 - Days L3 Global 1000 m SIN Grid V005）产品作为矿区长时间地表植被监测的数据源。

目前，应用比较广泛的中高空间分辨率卫星影像主要有 Landsat、SPOT、GF 和 Sentinel - 2 系列等。尤其是 Landsat 数据以其时间序列长、空间分辨率较高等优势被广泛应用，其搭载的 MSS、TM、ETM+ 和 OLI 传感器提供从 1984 年至今的时间序列遥感影像，空间分辨率为 30 m，可提供长时间序列 NDVI 产品，已被广泛应用在大区域乃至全球尺度的环境变化监测研究中。

3.1.4 陆地初级生产力

陆地初级生产力（Terrestrial Primary Productivity，TPP）是指所有陆地绿色植被，比如森林和草原，通过光合作用或化学合成制造有机物和固定能量的能力。陆地初级生产力可分为总初级生产力和净初级生产力。

总初级生产力（Gross Primary Productivity，CPP）是指单位时间内生物（主要是绿色植物）通过光合作用途径所固定的有机碳量，又称第一性生产力。总初级生产力决定了进入陆地生态系统的初始物质和能量。

净初级生产力（Net Primary Productivity，NPP）表示植物所固定的有机碳中扣除其本身的呼吸消耗部分，这一部分用于植被的生长和生殖。

$$NPP = CPP - R \tag{3.2}$$

式中，R 表示自养呼吸（autotrophic respiration），为自养生物本身呼吸作用所消耗的同化产物。

净初级生产力反映了植物固定和转化光合产物的效率，也决定了可供异养生物（包括各种动物和人）利用的物质和能量。不仅如此，净初级生产力还反映了植物群落在自然条件下的生产能力，是一个估算地球支持能力和评价地球生态系统可持续发展的一个重要生态指标。

陆地初级生产者主要是指陆地上的绿色植物，它们通过叶片中叶绿素发生光合作用将太阳辐射能转换为有机生物能，其中，通过根和植物的自养呼吸将大约一半的碳返回到大气中，并且大多数陆地初级生产者通过枝叶的凋落、根死亡、根系分泌以及由根向共生者的转移而转化为土壤有机质；也有一些初级生产者被动物食用，动物也可以通过死亡和排泄又返回一部分碳到土壤中去，有时也会通过干扰作用从生态系统中流失。并且，这种植物的初级生产力损失可以驱动其他的生态系统过程，如草食作用分解和营养周转。所以，植物初级生产力是陆地生态系统循环中的一个重要的碳源。

陆地上，初级生产力主要与水、气温、生长季长短、日照强度及时间、营养物质等有关。热带雨林的净初级生产力最高，干物质平均超过 2000 g/(mt·a)，而荒漠地区常常不足 100 g/(mt·a)。人工生态系统的净初级生产力随自然条件及人为措施（耕作、灌溉施肥、杀虫等）的不同而有很大不同，最高者如甘蔗田，可与热带雨林相近。

3.2 植被遥感监测的主要方法

本节主要介绍了时间序列植被指数数据处理方法(包括数据合成方法和变化趋势回归分析法)以及植被覆盖度的计算方法。

3.2.1 时间序列植被指数数据处理方法

时间序列植被指数数据处理是分析研究区植被多年来生长发育情况及其变化的前提,主要包括长时间序列植被指数数据的处理及后续的回归分析法。

1. 数据合成方法

进行植被指数数据的时序年际变化分析时,需要对一年的数据进行合成,确定一个合理的值来表征全年的植被情况。目前,植被指数时间序列数据合成方法主要有最大值合成法、均值合成法和累加合成法等(Kevin et al.,2015)。

(1)最大值合成法:最大值合成法(Maximum Value Composites,MVC)是目前国际上通用的最大化合成法,用于将某个时间间隔内(旬/月/年)的 NDVI 数据取最大值,进一步消除云、大气、太阳高度角等因素的干扰。此法假设 NDVI 值最大的那一天天气晴朗,不受云层的影响,于是取此值作为此时间间隔的 NDVI 值,其表达式如下

$$M_{\text{NDVI}_i} = \max(\text{NDVI}_{ij}) \tag{3.3}$$

式中,M_{NDVI_i} 是第 i 年或者第 i 月的最大化 NDVI 值;NDVI_{ij} 是第 i 年第 j 月(或旬)的 NDVI 值,可以表征由气候或人为因素导致的植被年尺度或月尺度变化情况。若将式中的 NDVI 替换为 EVI,则可求取每旬、每月或者每年的 EVI 最大值。

(2)均值合成法:将某个时间间隔内的 NDVI 数据取平均值,可以消除或减弱由于时间段端点年份的气候异常对监测植被生长状态的影响。

(3)累加合成法:将某个时间段内(如植被生长期)的 NDVI 数据相加求和,可有效反映植被生长状况。

均值合成法和累加合成法表达的本质意义一致,即表示全年或年内某时段(如生长期)植被长势的平均水平。就应用范围来说,在一年两季或多季植被覆盖地区应用最大值合成法显然是不合适的,因为最大值合成法只能顾及一季植被而无法顾及另一季植被的水平,故常用均值合成法或累加合成法进行监测。在干旱半干旱地区,稀疏植被多为一年一季,最大值合成法和均值合成法皆可应用,但研究者多采用最大值合成法进行数据合成。

在矿区植被遥感监测时,这三种方法是否通用以及应该怎么选择,因矿区地理位置不同,降水量、气温、干湿状况以及作物生长期等条件亦有差别,NDVI 数据的合成方法不同。对于自然条件恶劣、生态环境脆弱的干旱半干旱的中国西北矿区,为突出植被覆盖状况,可取全年 NDVI 的最大值;对于自然条件一般、植被生长季不到一年的半湿润矿区,可取植被生长季内 NDVI 的累加值;对于自然条件优越、全年都有植被覆盖的湿润矿区,可取全年 NDVI 的平均值。

2. 变化趋势回归分析法

对于 NDVI 时间序列数据,每个像素对应有若干年的时间序列数值。对这些数值进行一元线性拟合,所得直线的斜率揭示了在该时间序列中该像素所代表的植被指数的变化趋势。

一元线性回归可以模拟每个栅格的 NDVI 变化趋势,Stowet 等(2010)就用该方法来模拟植被的绿度变化率(Greenness Rate of Change,GRC),计算公式如下

$$\text{SLOPE} = \frac{n \times \sum\limits_{j=1}^{n} j \times \text{NDVI}_{yj} - \left(\sum\limits_{j=1}^{n} j\right)\left(\sum\limits_{j=1}^{n} \text{NDVI}_{yj}\right)}{n \times \sum\limits_{j=1}^{n} j^2 - \left(\sum\limits_{j=1}^{n} j\right)^2} \tag{3.4}$$

式中,j 代表年份,取值范围是 $1 \sim n$;SLOPE 是线性拟合的斜率;NDVI_{yj} 代表 j 年的年度NDVI合成值。SLOPE 影像可体现整幅遥感影像上每个像元的植被变化情况,斜率大于零时,表明该像元的植被状况在向好的方面发展;反之,植被状况变差。

一般来说,只有通过显著性检验的趋势值才是可靠的。通常采用回归系数的显著性检验——t 检验来检验 x 与 y 之间是否存在直线关系,x 与 y 的表达式为

$$y = ax + b \tag{3.5}$$

式中,x 代表时间/年份;y 代表某一个像元的 NDVI 值;a 为直线的回归系数;b 为直线的截距。

t 检验的计算公式如下

$$t_{-\text{test}} = \frac{b}{S_b} \qquad S_b = \frac{S_{xy}}{\sqrt{\text{SS}_x}} \qquad b = \frac{\text{SP}_{xy}}{\text{SS}_x} \tag{3.6}$$

$$\text{SS}_x = \sum x^2 - \frac{\left(\sum x\right)^2}{n} \tag{3.7}$$

$$\text{SS}_y = \sum y^2 - \frac{\left(\sum y\right)^2}{n} \tag{3.8}$$

$$\text{SP}_{xy} = \sum xy - \frac{\left(\sum x\right)\left(\sum y\right)}{n} \tag{3.9}$$

$$S_{xy} = \sqrt{\frac{\text{SS}_y - \frac{\text{SP}_{xy}^2}{\text{SS}_x}}{n-2}} \tag{3.10}$$

式中,$t_{-\text{test}}$ 为经 t 检验的值;n 为样本数。

上述 t 检验的输出结果也是一个栅格影像。将得到的每个栅格的 t 值与临界值 $t_{0.05}$ 比较,判断是否通过双侧 95% 显著性检验(临界值可通过待检验的样本数 n 及 t 检验临界值表确定,如样本数 n 为 20,其自由度为 19,则 $t_{0.05/19}$ 的临界值为 2.093)。然后,对 t 检验影像进行二值化,将大于临界值的值赋予 1(即此像元序列值通过双侧 $P < 0.05$ 显著性检验),小于临界值的值赋予 -1(即此像元序列值未通过双侧 $P < 0.05$ 显著性检验)。最后,与 SLOPE 影像做乘法运算得到经过显著性检验的 SLOPE 图。

3.2.2　植被覆盖度的计算方法

植被覆盖度(Fractional Vegetation Cover,FVC),亦称植被覆盖率,指某一地域植物垂直投影面积与该地域面积之比,是表征植被冠层的重要参数,并且与叶面积指数(Leaf Area Index,LAI)密切相关(Price,1993)。FVC 的值通常可以通过利用其与光谱植被指数之间的紧密关系来确定。NDVI 是应用最广泛的植被指数之一,其与植被冠层的某些生物物理特性(如LAI、FVC、植被状态和生物量等)相关,在过去的几十年中,其在全球植被覆盖的卫星遥感监

测中已得到充分证明。目前国内外大部分研究都是通过 NDVI 与 FVC 之间的关系来推导 FVC 的,有三种半经验关系可用于从 NDVI 中计算植被覆盖度(Frédéric et al.,1995; Carlson et al.,1997; Gutman et al.,1998)。

1995 年,Baret 等建立了 NDVI 与 FVC 之间的一般半经验关系(Frédéric et al.,1995),其公式如下

$$FVC = 1 - \left(\frac{NDVI_v - NDVI}{NDVI_v - NDVI_s}\right)^{0.6175} \tag{3.11}$$

1997 年,Carlson 等基于简单的辐射传输模型提出了 NDVI 与 FVC 的半经验关系,其公式如下

$$FVC = \left(\frac{NDVI - NDVI_s}{NDVI_v - NDVI_s}\right)^2 \tag{3.12}$$

1998 年,Gutman 等基于像元二分模型,假设混合像元的 NDVI 可以表示为

$$NDVI = FVC \times NDVI_v + (1 - FVC) \times NDVI_s \tag{3.13}$$

那么,由式(3.12)可得植被覆盖度的公式为

$$FVC = \frac{NDVI - NDVI_s}{NDVI_v - NDVI_s} \tag{3.14}$$

式中,$NDVI_v$ 代表纯植被像元的 NDVI 值;$NDVI_s$ 代表纯裸地像元的 NDVI 值;FVC 代表混合像元的植被覆盖度。

像元二分模型假定一个像元仅由植被和裸地两种地物组成,即这两种地物的光谱特征共同决定了此像元的光谱特征,此模型是最简单地分析线性混合光谱的模型。传感器所观测到信息为植被和裸土两部分共同所贡献的信息,假设裸土部分贡献的反射率为 R_s,植被部分贡献的反射率为 R_v,则一个像元的反射率 R 为裸土和植被的反射率的线性组合,即

$$R = R_s + R_v \tag{3.15}$$

假设一个像元为纯植被像元,其反射率为 R_{veg},则一个纯裸土像元的反射率为 R_{soil}。然而受卫星影像空间分辨率的限制,遥感影像上的像元基本都是混合像元,纯像元很少存在。若用 F_v 表示植被覆盖部分在混合像元中所占的面积比例,则 FVC 即为该像元的植被覆盖度,裸地部分所占的面积比例为 $1 - FVC$,即

$$R_v = FVC \times R_{veg}$$
$$R_s = (1 - FVC) \times R_{soil} \tag{3.16}$$

将两式联立可得植被覆盖度的计算公式

$$R_s = (R - R_{soil})/(R_{veg} - R_{soil}) \tag{3.17}$$

将 NDVI 和 EVI 分别代入公式来估算矿区的植被覆盖度,即

$$FVC = \frac{NDVI - NDVI_{soil}}{NDVI_{veg} - NDVI_{soil}}$$
$$FVC = \frac{EVI - EVI_{soil}}{EVI_{veg} - EVI_{soil}} \tag{3.18}$$

其中,一般选取 250 m 分辨率年最大化 NDVI 累积频率置信度为 1% 和 99% 时所对应的值作为的 $NDVI_{soil}$ 和 $NDVI_{veg}$ 值,同理可得 EVI_{soil} 和 EVI_{veg}。

3.2.3　植被 NPP 估算模型

NPP 的研究方法很多,有关学者从不同角度及学科对 NPP 的估算进行了深入细致的研

究。NPP 研究早期,有学者根据 NPP 和气候之间的统计关系,建立了 NPP 的气候估算模型(朱志辉,1993);有学者根据植物生长和发育的基本生理生态和过程,并结合气候及土壤物理数据,建立了 NPP 估算的生理生态过程模型(Running、Coughlan,1988;Ito、Oikawa,2002)。随着遥感和计算机技术的发展,利用遥感模型进行 NPP 估算已经深入到许多领域,有的直接利用植被指数与 NPP 的关系进行计算(肖乾广 等,1996);基于资源平衡理论的光能利用率模型目前已成为 NPP 估算的一种全新手段(Prince et al.,1995),使区域、全球尺度的 NPP 估算成为可能。现有的 NPP 模型大体分为光能利用率模型、气候生产力模型、生理生态过程模型和生态遥感耦合模型四类。

1. 光能利用率模型

利用光能利用率模型估算植被 NPP 有三大优点:①模型比较简单,可直接利用遥感获得全覆盖数据,在实验和理论基础上适宜向区域及全球推广;②冠层绿叶多吸收的光合有效辐射的比例可以通过遥感手段获得;③可以获得确切的 NPP 季节、年际动态变化。近年来,光能利用率模型已成为 NPP 模型的主要发展方向之一,这方面的模型有 CASA(Potter et al.,1993)、GLO-PEM(Prince et al.,1995)、SDBM(Knorr et al.,1995)等。

Potter 等在 1993 年提出的 CASA 模型(Carnegie-Ames-Stanford Approach)在估算植被 NPP 方面得到了国内外研究学者的广泛应用。本节就 CASA 模型做一简单介绍,并为 3.4 节植被 NPP 反演的应用提供研究方法。

NPP 由植物吸收的有效光合辐射(APAR)和实际光能利用率两个因子的乘积来表示,即

$$\text{NPP}(x,t) = \text{APAR}(x,t) \times \varepsilon(x,t) \tag{3.19}$$

式中,APAR 表示像元 x 在 t 时间段植被吸收的有效光合辐射(MJ/m^2);ε 为像元 x 在 t 时间段的实际光能利用率。

1) 光合有效辐射(APAR)的确定

光合有效辐射(APAR)是指能被植物冠层吸收并利用的波长范围在 $0.38 \sim 0.76\ \mu\text{m}$ 的太阳辐射,其取决于当地太阳辐射总量和不同植被的自身生理特性。计算公式如下

$$\text{APAR}(x,t) = \text{SOL}(x,t) \times \text{FPAR}(x,t) \times \gamma \tag{3.20}$$

式中,$\text{SOL}(x,t)$ 为像元 x 处在 t 时间的太阳总辐射量(MJ/m^2),由辐射站插值数据给出;FPAR(Fraction of Photosynthetically Active Radiation,FPAR)为植被层对光合有效辐射的吸收比例;γ 为一常数,取值 0.5,表示植被所能利用的光合有效辐射量占太阳总辐射量的比例。植被对太阳有效辐射的吸收比例取决于植被类型和植被覆盖状况。研究证明,由遥感数据得到的归一化植被指数(NDVI)能很好地反映植物覆盖状况。模型中 FPAR 由 NDVI 和植被类型两个因子来表示,并使其最大值不超过 0.95。

$$\text{FPAR} = \frac{\text{SR} - \text{SR}_{\min}}{\text{SR}_{\max} - \text{SR}_{\min}} \times (\text{FPAR}_{\max} - \text{FPAR}_{\min}) + \text{FPAR}_{\min} \tag{3.21}$$

式中,$\text{FPAR}_{\max}$ 和 $\text{FPAR}_{\min}$ 的取值分别为 0.95 和 0.001;$\text{SR}_{\max}$ 与植被类型有关,$\text{SR}_{\min}$ 为固定值。SR 计算公式如下

$$\text{SR}(x,t) = \left[\frac{1 + \text{NDVI}(x,t)}{1 - \text{NDVI}(x,t)}\right] \tag{3.22}$$

式中,NDVI 为归一化植被指数。各植被类型 SR 的最大值与最小值如表 3.1 所示。

表 3.1　各植被类型 SR 的最大值与最小值

植被类型	SR_{max}	SR_{min}
落叶针叶林	6.63	1.05
常绿针叶林	4.67	1.05
常绿阔叶林	5.17	1.05
落叶阔叶林	6.91	1.05
灌丛	4.49	1.05
疏林	4.49	1.05
海边湿地	4.46	1.05
高山、亚高山草甸	4.46	1.05
坡面草地	4.46	1.05
平原草地	4.46	1.05
荒漠草地	4.46	1.05
草甸	4.46	1.05
城市	4.46	1.05
河流	4.46	1.05
湖泊	4.46	1.05
沼泽	4.46	1.05
冰川	4.46	1.05
裸岩	4.46	1.05
砾石	4.46	1.05
荒漠	4.46	1.05
耕地	4.46	1.05
高山、亚高山草地	4.46	1.05

2）光能利用率的计算

光能利用率的模型（罗玲，2011）如下

$$\varepsilon = T_{\varepsilon 1} \times T_{\varepsilon 2} \times W_{\varepsilon} \times \varepsilon_{max} \tag{3.23}$$

式中，$T_{\varepsilon 1}$ 和 $T_{\varepsilon 2}$ 分别表示低温和高温对光利用率的胁迫作用；W_{ε} 为水分胁迫影响系数；ε_{max} 是理想条件下最大光能利用率。

$T_{\varepsilon 1}$ 公式如下

$$T_{\varepsilon 1} = 0.8 + 0.02 \times T_{opt} - 0.0005 \times T_{opt}^2 \tag{3.24}$$

式中，T_{opt} 为某区域某年内 NDVI 值达到最高时的当月平均气温。

$T_{\varepsilon 2}$ 公式如下

$$T_{\varepsilon 2} = \{1.1814/[1 + \exp(0.2 \times T_{opt} - 10 - T)]\} \times \{1/[1 + \exp(0.3 \times T_{opt} - 10 - T)]\} \tag{3.25}$$

式中，T 为当月温度；T_{opt} 为某区域某年内 NDVI 值达到最高时的当月平均气温。

水分胁迫影响系数公式如下

$$W_\varepsilon = 0.5 + 0.5 \times \text{EET}/\text{PET} \tag{3.26}$$

式中，EET 为区域实际蒸散量；PET 为区域潜在蒸散量。

$$\text{EET} = P \times R_n \times \frac{[P^2 + R_n^2 + P \times R_n]}{[(P + R_n) \times (P^2 + R_n^2)]} \tag{3.27}$$

式中，P 为某月的降水量；R_n 为某月的太阳净辐射量。

太阳净辐射量 R_n 的计算公式如下

$$R_n = (E_{P0} \times P)^{0.5} \times \left(0.369 + 0.598 \times \left[\frac{E_{P0}}{P}\right]^{0.5}\right) \tag{3.28}$$

E_{P0} 为局地潜在蒸散量，其计算公式为

$$E_{P0} = 16 \times \left[\frac{10 \times T}{I}\right]^a \times \text{CF} \tag{3.29}$$

式中，T 为温度；CF 为日长与纬度调整系数；I 为 12 个月热量总和指标；a 则是因地而异的常数，是 I 的函数，公式如下

$$a = [0.6751 \times I^3 - 77.1 \times I^2 + 17920 \times I + 492390] \times 10^{-6} \tag{3.30}$$

$$I = \left[\frac{T}{5}\right]^{1.514} \tag{3.31}$$

PET 为区域潜在蒸散量，公式如下

$$\text{PET} = \frac{\text{EET} + E_{P0}}{2} \tag{3.32}$$

理想条件下最大光能利用率与植被类型有关，其取值如表 3.2 所示。

表 3.2　中国典型植被类型的最大光能利用率（$\varepsilon_{\max}$）

植被类型	最大光能利用率	植被类型	最大光能利用率
落叶针叶林	0.485	常绿、落叶阔叶混交林	0.768
常绿针叶林	0.389	灌丛	0.429
落叶阔叶林	0.692	草地	0.542
常绿阔叶林	0.985	耕地	0.542
针阔混交林	0.475	其他	0.542

2. 气候生产力模型

在 NPP 研究的起步阶段，由于资料的欠缺和技术的落后，很多学者普遍选择了一种较为简单的统计方法。这种方法考虑到一般情况下，植被的生产能力主要受气候因子的影响，因此，只需对气候因子（如温度、降水、蒸散量等）与植物干物质生产建立相关分析就可以估算植物的 NPP，该类模型较多，其中以 Miami 模型、Thornthwaite 纪念模型、Chikugo 模型为代表（Leith et al.，1975；Uchijima et al.，1985），国内也有许多学者对这方面进行了研究（张宪洲，1993；闫淑君 等，2001）。该类模型的特点是决定 NPP 的环境因子形式简单，在不同区域得到了不同程度的验证，且被广泛应用。但由于该类模型忽略了许多影响 NPP 的植物生理反应以及复杂生态系统过程和功能的变化，也没有考虑到 CO_2 及土壤养分的作用和植物对环境的反馈作用，估算结果较粗，误差较大；而且以点代面，估算结果也只是一种潜在的 NPP。

3. 生理生态过程模型

基于植物生长发育和个体水平动态的生理生态学模型和基于生态系统内部功能过程的仿

真模型,目前已成为生产力生态学研究的热点(王宗明 等,2002)。

早期的生态系统过程模型是在均质斑块和多斑块水平上模拟和预测生态系统结构和功能的变化过程,所需参数包括地表温度、降水、辐射强度、日照时间等气象资料,以及土壤和植被中的C、N、水等状态参数及分配比率等。但是,其空间尺度一般在 1 hm² 以下,忽略了空间异质性因素的影响。因此,这类模型只有在空间范围足够小,以至于模型中各组分(变量)在空间范围内的变化幅度与相应的变量在时间尺度范围内的变化幅度相比较可以忽略的条件下才能近似使用(赵士洞 等,1998)。这类模型有 CENTURY(Parton et al.,1993)、CARAIB(Warnant et al.,1994)、KGBM(Kergoat,1999)、SILVAN(Kaduk,1996)、TEM(McGuire et al.,1995)、BIOME-BGC(Running et al.,1993)等,它们基本上是在分散的、个别的生态系统结构和功能研究的基础上发展形成的(Cramer et al.,1999)。这类模型在景观和区域的非均质空间范围内应用时,需要在相对均质的斑块上分别模拟,构成空间网点数据,用内插值法把各网点连接在一起,从而实现景观和区域性的模拟。

生理生态过程模型在评价植物的初级生产力、模拟作物生长、研究陆面过程和气候的相互作用以及预测生态环境变化等方面,起到了极大的促进作用。其优点是机理清楚,可以与大气环流模式相耦合,有利于预测全球变化对 NPP 的影响,以及土地覆盖分布的变化对气候的反馈作用。但其过程模型比较复杂,研究涉及的领域广泛,所需参数太多且难以获得,用于区域和全球估算过程中网格点内参数的尺度转换和定量化相对困难,因而很难得到推广。

4. 生态遥感耦合模型

NPP 的估算是在三个尺度上进行的,即单叶、冠层、生态系统或区域及全球尺度。单叶到冠层的尺度转换可以基于干物质生产理论(Oikawa,1993),通过生理生态过程模型来模拟;冠层到生态系统或区域及全球的尺度转换则可以由叶面积指数(LAI)作为连接点(赵士洞 等,1998),由 NPP 的遥感估算模型来实现。已有研究表明,生态遥感耦合模型将是陆地植被 NPP 估算的主要发展方向,它融合了生理生态过程模型和 NPP 遥感估算模型各自的优点,可以反映区域及全球尺度的 NPP 空间分布及动态特征,增强了陆地 NPP 估算的可靠性和可操作性(Parton et al.,1993)。

目前生态遥感耦合模型主要有两种整合方式。一是由光能利用率模型通过 LAI 连接到生理生态过程模型上,但对生理生态过程模型作了进一步的简化,如美国国家宇航局对地观测系统针对 MODIS 数据生成 GPP 与 NPP 产品的算法(Heinsch et al.,2002),它实质上是一种改进的生产效率模型(Nemani et al,2003),因为它在估算 GPP 的过程中是根据效率的概念由入射太阳辐射量和植被冠层吸收系数来确定的,然后再把遥感数据提取的 LAI 当作一个关键参数,通过对生理生态过程的简单模仿,从而求出自养呼吸消耗,最后从 GPP 中减去自养呼吸消耗的部分,从而得到了 NPP。该模型相对于光能利用率模型来说,生理生态机制更加清楚,大部分植被参数都是预先根据不同的生态系统类型由 BIOME-BGC 模型模拟得到的,因此模型在运行上比生理生态过程模型简单,适合于区域及全球水平的 NPP 估算;但模型在估算自养呼吸消耗时,过分地依赖于 LAI,因此 LAI 的估算精度对最终的 NPP 输出结果影响较大。二是生理生态过程模型通过 LAI 与遥感数据连接起来,扩大了生理生态过程模型的应用范围,并可进行 NPP 时空序列的动态分析。如 Liu 等人(1997)基于 FOREST-BGC(Running,1988)模型发展起来的北方针叶林生态系统生产力模型,该模型利用 FOREST-BGC 的生理生态过程模型,结合遥感提取的 LAI(Chen,1996)来计算每日或每年的 NPP。

3.3　植被遥感监测应用

本节主要对神东矿区和植被遥感监测数据的处理予以介绍，并以神东矿区为研究区分析了 2000—2019 年矿区植被变化的时空发展规律。

神东矿区位于中国西北部的陕西省神木市和内蒙古自治区鄂尔多斯市东胜区交界处，处于毛乌素沙漠与陕北黄土高原的过渡地带（见图 3.2）。神东煤田是我国已探明储量最大的煤田，神东矿区被列为我国《煤炭工业发展"十一五"规划》13 个大型煤炭基地之一。作为区域内主要生产企业，神东煤炭集团公司是神华集团的核心煤炭生产企业，集中了我国目前生产能力超过千万吨的大柳塔、哈拉沟、补连塔等多个矿井。公司自 1985 年开发建设，从 1998 年起，煤炭产量平均每年以千万吨速度递增，2005 年率先建成全国首个亿吨级矿区，2011 年建成为全国第一个 2 亿吨商品煤生产基地主体部分。

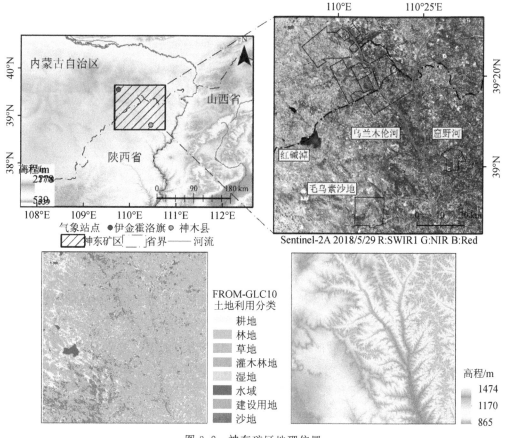

图 3.2　神东矿区地理位置

神东矿区煤炭资源储量和原煤产量巨大，然而，该区气候干旱、风沙频繁、植被稀疏、水资源紧缺，生态环境极度脆弱，易受矿业开发扰动的影响。矿区年均降水量 400 mm，具有干旱半干旱的大陆性气候特征。植被类型以低而稀疏的旱生、半旱生植被为主，植被覆盖度较低，沙蒿是本区分布最广、分布面积最大的植物，其次为沙柳等。矿区年平均风速 3.2 m/s，年平均沙暴 17～26 天。区内覆盖土壤以风沙土为主，占矿区土壤的 95% 以上，主要表现为流动沙和半固定沙;由于多为就地搬运起沙,粒级较粗,结构疏松,抗蚀性差,极易遭受风蚀。地表水系不发育,主要为乌兰木伦河,贯穿全区,属黄河一级支流。矿区内水资源较为贫乏,较好的储水地层为第四系上更新统萨拉乌苏组砂层,具有一定的储水空间,为当地的主要水源。

神东矿区属于典型的干旱半干旱地区,大部分地表覆盖类型为草地(见图3.3),气候变化是影响植被状态的主要因素。NDVI 对中低植被覆盖度敏感,可以很好地反映不同季相植被的生长差异,并可与降水、温度等气候因子建立起相应关系。NDVI 时间序列可由多时相的遥感数据生成,能够实现植被的年际和年内变化监测,可以从时空两个尺度上反映该地区生态环境变化。因此,本节选择 NDVI 作为神东矿区植被变化监测的植被指数,同时选择 EVI 作为NDVI 的对比数据。

图 3.3　神东矿区地表植被状态

3.3.1　植被遥感监测数据的处理

遥感成像时,由于各种因素的影响,使得遥感影像存在一定的几何畸变、大气消光和辐射失真等现象。这些畸变和失真现象影响了影像的质量和实际应用,必须加以消除。这种操作叫做遥感数据的预处理。预处理之后,再根据实际应用需求通过各种算法得到不同的结果,并加以分析。本小节主要介绍 MODIS 植被指数产品及资源卫星植被指数产品的处理。

1. MODIS 植被指数产品的处理

鉴于前文分析,本小节选择的植被指数产品数据集为美国国家航空航天局提供的 250 m分辨率 16 天合成的 MOD13Q1 NDVI/EVI 产品,时间跨度为 2000 年 2 月至 2019 年 12 月,此产品已经过大气校正及去云等预处理,其处理步骤主要如下:①利用 MRT(MODIS Reprojection Tool,MRT)软件对 MODIS 数据进行批量投影转换,将正弦曲线投影转换为以 WGS84为基准面的 UTM49N 投影,并提取 NDVI/EVI 影像;②利用 ENVI 对影像进行批量裁剪,并将裁剪后的影像乘以比例因子 0.0001,使植被指数的数值在 −1 至 1 之间;③通过 IDL 编程采用最大合成法合成每月及每年 250 m 分辨率最大化 NDVI/EVI 影像。

2. 资源卫星植被指数产品的处理

中高分辨率资源卫星数据的处理方式大同小异,下面以 Landsat 卫星数据、Sentinel-2 卫星数据及国产高分卫星数据处理为例。

(1)Landsat 卫星数据。植被遥感应用研究中,一般使用 L1T 级数据,该级数据已经经过正射校正和几何精校正,只需进行辐射校正(包括辐射定标和大气校正),即可获得真实地表反射率。如需和其他卫星数据联合使用,还需进行几何配准等处理。需要注意的是,如果进行非定量研究(如监督分类、数据融合等),可以直接利用 Landsat 原始数据;如果要进行定量研究(如计算 NDVI、反演土壤湿度等),就必须对 Landsat 数据进行大气校正的处理。另外,Landsat 7 ETM+机载扫描校正器故障导致 2003 年 5 月 31 日之后获取的 Landsat 7 影像出现了数据条带丢失,严重影响了 Landsat ETM+遥感影像的使用。对于已经丢失的数据,只能利用缝隙填充的方式进行插值,尽量弥补缺失的数据部分,并且使相对完好的 70%～80% 数据可用,一般可以使用 ENVI 软件中的去条带工具进行条带修复。

(2)Sentinel-2 卫星数据。Sentinel-2 L1C 数据是经正射校正和亚像元级几何精校正的大气上层表观反射率产品,需进行大气校正以获得各波段的地表反射率。因此,可通过欧空局 Sen2cor 处理模型生成 L2A 级数据,并在此基础上调用 SNAP(Sentinel Application Platform)软件中的 Sentinel-2 工具箱模块进行重采样等操作,最终生成地表真实反射率影像。在此基础上,可计算 10 m 空间分辨率的植被指数影像。

(3)国产高分卫星数据。以 GF-1 卫星 L1A 级数据为例,该数据只进行了相对辐射校正,因此,首先需利用影像自带的 RPC 文件进行正射校正,再进行辐射校正(包括辐射定标和大气校正),以获取真实地表反射率,最后以已经经过几何精校正的遥感影像或者已有的地形图为基准进行几何精校正。在一系列预处理后,就可以计算影像的 NDVI 并进行后续的分析。

3.3.2　植被变化趋势分析

1. 植被长时间变化趋势

求取 2000—2019 年神东矿区 250 m 年最大化 NDVI/EVI 的均值代表矿区整体植被状况,对 20 年的结果进行线性回归分析。由图 3.4 可知,神东矿区 2000—2019 年 250 m 年最大化 NDVI/EVI 均值的整体趋势一致,呈波动性上升的趋势,NDVI 的年际增长率为 0.0106/a,EVI 的年际增长率为 0.0054/a,略低于 NDVI。从植被指数的年际差异变化(见图 3.5)可以看出,NDVI/EVI 的年际变化分布基本一致,仅在 2005—2006 和 2006—2007 的变化差异相反,整体上,植被指数年际变化差值为正值的年份大于为负值的年份。这表明 20 年来,矿区植被正朝着良好的状态发展。

2. 植被空间分布特征及变化趋势分析

对神东矿区 NDVI 影像进行分级,分为无植被覆盖区(NDVI 值为 0～0.1,下同)、极低植被覆盖区(0.1～0.2)、低植被覆盖区(0.2～0.3)、中植被覆盖区(0.3～0.4)、较高植被覆盖区(0.4～0.5)和高植被覆盖区(0.5～1),从 2000、2006、2012 和 2018 年神东矿区 MODIS 250 m 年最大化 NDVI 空间分布图(见图 3.6)可以看出,21 世纪初,矿区的大部分处于低植被覆盖区,高植被覆盖区主要呈簇状零星分布于红碱淖的周边地区,无植被及极低植被覆盖区主要分布于矿区西南部毛乌素沙地的边缘地区和北部地区;2006 年,中高植被覆盖区在原有的基础上有所扩大,新增地区主要分布于矿区中部、西北部和西南部,极低植被覆盖区略微缩减;2012 年,高植被覆盖区进一步扩大,主要分布于矿区中部、西南部及红碱淖周边地区,中低植被覆盖区主要分布于矿区北部和西南部地区,极低植被覆盖区明显减少;2018 年,矿区大部分处于高

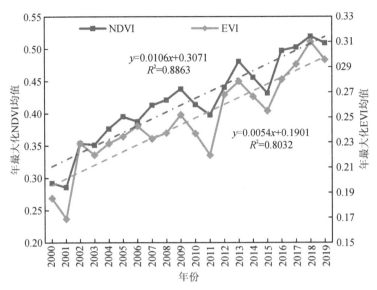

图 3.4　2000—2019 年神东矿区 MODIS 数据 250 m 年最大化 NDVI、EVI 均值

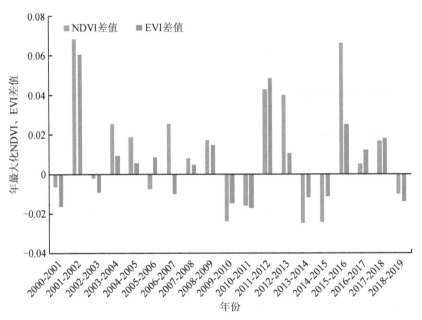

图 3.5　2000—2019 年神东矿区 MODIS 数据 250 m 年最大化 NDVI、EVI 差值年际差异

植被覆盖区,低植被覆盖区主要位于矿区西南部地区,极低植被覆盖区零星分布于矿区中部和西北部地区。通过对比四期年最大化 NDVI 影像,表明近 20 年来神东矿区整体上植被状态有所改善。

首先,对研究区 2000—2019 年年最大化 NDVI、EVI 影像进行逐像元一元线性回归分析,求得每个像元的植被变化趋势,对得到的 SLOPE 影像进行分类,即 SLOPE≤−0.0091 代表严重退化,SLOPE>−0.0091 且 SLOPE≤−0.0046 代表中度退化,SLOPE>−0.0046 且 SLOPE≤−0.001 代表轻微退化,SLOPE>−0.001 且 SLOPE≤0.001 代表基本不变,SLOPE>0.001 且 SLOPE≤0.0046 代表轻微改善,SLOPE>0.0046 且 SLOPE≤0.0091 代

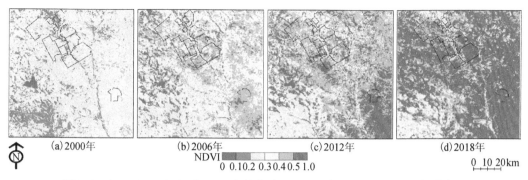

图 3.6 2000、2006、2012 和 2018 年神东矿区 250 m 年最大化 NDVI 空间分布图

表中度改善,SLOPE≥0.0091 代表明显改善,然后对 SLOPE 影像进行显著性检验,最后进行 NDVI/EVI 空间变化特征分析。其次,对研究区 2000 年和 2019 年最大化 NDVI 进行差值处理,得到 2000 年和 2019 年神东矿区最大化 NDVI 累积变化量空间分布图,采用同样的方式得到最大化 EVI 累积变化量空间分布图。

由 2000—2019 年神东矿区 NDVI、EVI 变化趋势空间分布图(见图 3.7)和变化趋势结果统计表(见表 3.3)可以看出,从 250 m 分辨率最大化 NDVI 变化趋势来看,植被显著改善的面积达到了 91.34%,显著明显改善面积占比为 89.55%,植被退化面积占 5.41%,严重退化的面积仅为 0.08%;从 250 m 分辨率最大化 EVI 变化趋势来看,植被改善的面积达到了 85.02%,显著明显改善面积占比为 63.69%,退化面积占 11.74%,严重退化的面积仅为 0.17%。

由 2000 年和 2019 年 NDVI、EVI 累积变化量空间分布图(见图 3.8)和累积变化量结果统计表(见表 3.3)可以看出,从 250 m 分辨率最大化 NDVI 累计变化量来看,累计变化量<0 的区域占比仅为 1.98%,累计变化量在[0,0.1)、[0.1~0.2)、[0.2~0.3)、[0.3~0.4)及≥0.4 的区域占比分别为 7.43%、30.59%、42.14%、16.20%和 1.66%;从 250 m 分辨率最大化 EVI 累计变化量来看,累计变化量<0 的区域占比仅为 4.13%,累计变化量在[0,0.1)、[0.1,0.2)、[0.2,0.3)、[0.3,0.4)及≥0.4 的区域占比分别为 35.28%、55.65%、4.41%、0.38%和 0.14%。

表 3.3 2000—2019 年神东矿区最大化 NDVI、EVI 变化趋势结果统计

变化程度	分级标准		250 m NDVI 面积	250 m EVI 面积
	SLOPE	P	百分比/%	百分比/%
不显著严重退化	≤−0.0091		0.08	0.17
不显著中度退化	(−0.0091,−0.0046]		1.22	7.93
不显著轻微退化	(−0.0046,−0.001]		4.11	3.64
不显著基本不变	(−0.001,0.001]	$P≥0.05$	1.29	2.34
不显著轻微改善	(0.001,0.0046]		1.12	0.68
不显著中度改善	(0.0046,0.0091]		0.56	0.22
不显著明显改善	>0.0091		0.28	0.00
显著中度改善	(0.0046,0.0091]	$P<0.05$	1.79	21.33
显著明显改善	>0.0091		89.55	63.69

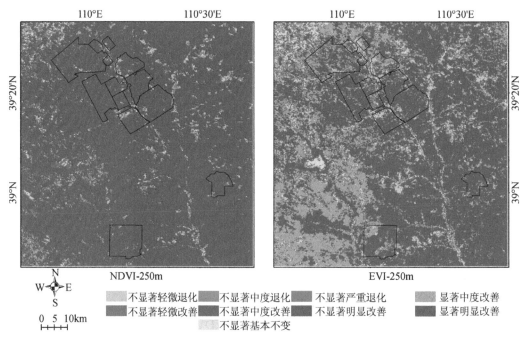

图 3.7　2000—2019 年神东矿区 NDVI、EVI 变化趋势空间分布图

这表明,2000—2019 年,神东矿区大部分的植被是有所改善的,矿区植被覆盖退化的区域主要集中在乌兰木伦河两岸及矿区的西部和西北部地区。经与高空间分辨率遥感影像对比发现,植被退化现象多与矿业开发活动有关,露天矿采场、选煤厂、工业广场等与采煤、选煤相关的场地建设破坏了地表植被。矿区南部乌兰木伦河和窟野河两岸的植被退化主要是由于城市建设导致的,而靠近红碱淖西北部的植被退化主要是由于内蒙古自治区鄂尔多斯市札萨克水库的建设导致的。

表 3.4　2000 年和 2019 年神东矿区最大化 NDVI、EVI 累积变化量结果统计

累计变化量	250 m NDVI		250 m EVI	
	面积百分比/%	累计变化速率/年	面积百分比/%	累计变化速率/年
<0	1.98		4.13	
[0,0.1)	7.43		35.28	
[0.1,0.2)	30.59	0.0106	55.65	0.0054
[0.2,0.3)	42.14		4.41	
[0.3,0.4)	16.20		0.38	
≥0.4	1.66		0.14	

3. 植被覆盖度变化分析

本节选用 MODIS 250 m 分辨率 2000—2019 年的 NDVI/EVI 数据,基于像元二分模型建立了神东矿区植被覆盖度模型,对比分析 2000 年和 2019 年矿区植被覆盖变化情况,揭示矿区 2000—2019 年地表植被覆盖的空间分布特征及其动态变化。

根据像元二分模型的原理,计算得到神东矿区 2000—2019 年植被覆盖度空间分布图。植被覆盖度的分级标准采用水利部 2008 年颁布的《土壤侵蚀分类分级标准》中的相关规定,分为

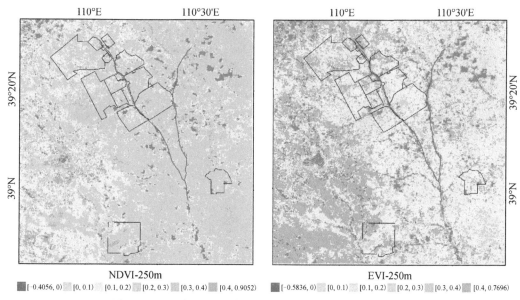

图 3.8 2000 年和 2019 年 NDVI、EVI 累积变化量空间分布

6 个等级：FVC＝0 为无植被覆盖度、0＜FVC≤30％为低植被覆盖度、30％＜FVC≤45％为较低植被覆盖度、45％＜FVC≤60％为中等植被覆盖度、60％＜FVC≤75％为较高植被覆盖度及 FVC＞75％为高植被覆盖度。

由神东矿区 2000、2006、2012 和 2018 年 NDVI、EVI 植被覆盖度空间分布图（见图 3.9）可以看出，整体上，由 NDVI、EVI 所得植被覆盖度的空间分布基本类似。2000 年，矿区的地表植被覆盖度整体上偏低，大部分区域以较低和低植被覆盖度为主，较高和高植被覆盖区主要位于红碱淖的周边地区及乌兰木伦河、窟野河的两侧。2006 年，低植被覆盖度的区域有所缩减，主要位于矿区的西南部和北部地区，高植被覆盖区在原有的基础上有所扩大。2012 年，植被覆盖度的等级分布在空间上有着较强的规律性，呈现为从西向东植被覆盖度逐渐增加的趋势；低植被覆盖度的区域主要位于靠近毛乌素沙地的西南部、矿区的北部地区，以及乌兰木伦河、窟野河的两侧；中等植被覆盖度区位于矿区的中部和西部地区，呈条带状或零星状分布；较高和高植被覆盖度的区域明显扩大，位于矿区东南部和红碱淖的周边地区。2018 年，地表植被覆盖度整体上呈良好的态势，低植被覆盖区略微缩减，低植被覆盖区仍靠近毛乌素沙地和北部地区，较高和高植被覆盖区有所扩大，主要位于矿区的中部和东部地区。

由 2000—2019 年神东矿区植被覆盖度等级时序变化图（见图 3.10）可知，整体上，2000—2019 年矿区植被覆盖度的均值呈波动上升的趋势，基于 NDVI、EVI 所得植被覆盖度的增长速率分别为 0.0105/a 和 0.011/a，中高植被覆盖度的占比逐步扩大，低植被覆盖区的占比明显减小，较低植被覆盖度的占比基本不变。上述分析表明，2000—2019 年神东矿区的植被覆盖度得到了提高。

将 2019 年植被覆盖度等级影像与 2000 年相应影像相减，得到神东矿区 2000 年和 2019 年植被覆盖度等级变化空间分布图（见图 3.11），从图中可以看出，植被覆盖度等级增加和保持不变的地区占全区面积的 70％以上，植被覆盖度等级明显减少（数值≤－2）的区域约占 1.65％，主要分布在矿区乌兰木伦河和窟野河的两侧及矿区西北部，这主要是因为适宜人类居住的河流两侧地势较平坦，建设用地有所扩张。

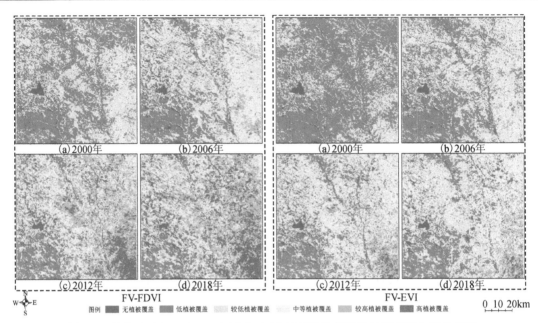

图 3.9　神东矿区 2000、2006、2012 和 2018 年 NDVI、EVI 植被覆盖度空间分布图

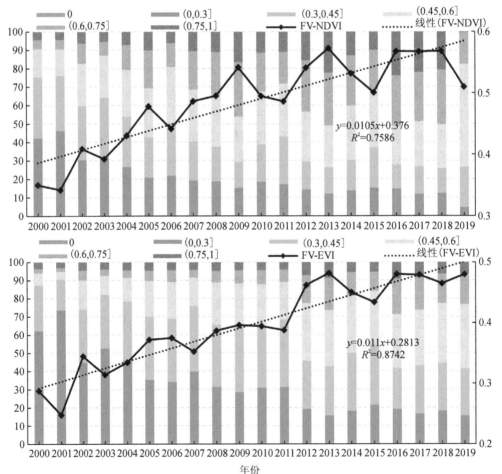

年份

图 3.10　2000—2019 年神东矿区 NDVI/EVI 植被覆盖度等级时序变化

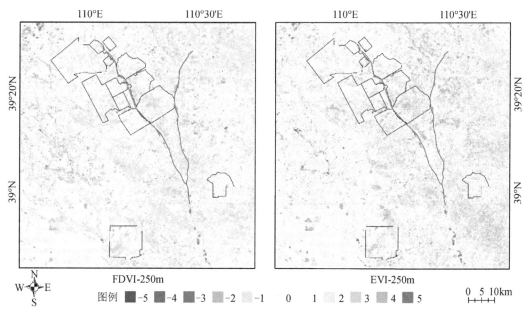

图 3.11　2000—2019 年 NDVI/EVI 植被覆盖度变化量空间分布

植被覆盖的变化受自然和人为因素的双重影响,20 年来,神东矿区植被覆盖度整体呈现上升的趋势,这可能和矿业公司的综合环境治理以及政府主导的退耕还林、退牧还草、封山育林等生态恢复和水土流失治理工程有关。

3.3.3　植被变化的驱动力分析

导致研究区植被变化的因素包括自然因素和人为因素。自然因素包括降雨和气温等气象因素,在中国西北干旱半干旱地区,降水是植被生长的主要限制因子,降水的减少对植被覆盖的增加极其不利,因此将降水量作为主要的自然因素进行分析。人为因素包括两部分,一是政府主导的退耕还林还草工程和神东集团进行的环境治理活动,对植被产生正面影响;二是矿区进行的矿业开发活动,包括地下采煤、露天采煤以及相应的厂矿建设,对植被可能会产生负面影响。

1. 自然因素

选用神木市气象站点(站点编码:53651;经度:110.43°E;纬度:38.82°N)的降雨量、蒸发量、气压、气温、相对湿度、风速日值数据,以及伊金霍洛旗气象站点(站点编码:53545;经度:109.72°E;纬度:39.57°N)的太阳辐射强度日值数据作为研究所用气象数据,数据来源国家气象科学数据中心(http://data.cma.cn)。其中,降雨量、蒸发量、气压、气温、相对湿度和风速数据的时间跨度为 2000 年 1 月至 2019 年 12 月,太阳辐射强度数据由于气象站点建设规划等原因,其时间跨度为 2000 年 1 月至 2017 年 3 月。

神东矿区位于陕北黄土高原的北部和毛乌素沙地的东南部,属于典型的干旱半干旱、半沙漠的高原大陆性季风气候,该地区植被稀疏,地广人稀,自然条件恶劣,水土流失严重,生态环境十分脆弱。从 2000—2019 年神东矿区年尺度气象因子时序图(见图 3.12)来看,2000—2019 年年降雨量为 245.3～743.2 mm,呈波动上升趋势,增幅为 12.245 mm/a;年蒸发量为

1270.3～2094.8 mm,呈波动下降趋势,减幅为 19.154 mm/a;年均气压近 20 年来基本稳定,为 879.18～908.83 hPa,呈波动略微上升趋势,增幅仅为 0.3441 hPa/a;年均气温为 7.6～11.4 ℃,呈波动下降趋势,减幅为 0.0622 ℃/a;年均湿度为 44%～58%,呈波动性略微下降趋势,减幅为 0.0192 %/a;年均风速为 0.7～3.0 m/s,呈波动略微上升趋势,增幅为 0.0321 m/s·a^{-1}。由此可见,神东矿区蒸发量远大于降雨量,一定程度上限制着植被的生长发育。从 21 世纪初开始,神东矿区的原煤产量以每年亿吨的速度增长,如此大规模的煤炭开采是否对矿区植被环境造成了明显的变化需要进一步分析。因此,本小节在矿区植被与区域气候环境变化的相关分析基础上,分析了人为采矿活动对植被生长的影响。

表 3.5 植被指数与气象因子的相关关系

变量	NDVI－250 m	EVI－250 m	月降雨量	月蒸发量	月均气压	月均气温	月均湿度	月均风速	太阳辐射强度
NDVI - 250 m	1	0.967**	0.769**	0.299**	−0.407**	0.792**	0.512**	−0.050	0.553**
EVI - 250 m		1	0.789**	0.386**	−0.461**	0.851**	0.474**	−0.055	0.634**
月降雨量			1	0.193**	−0.277**	0.640**	0.526**	−0.032	0.426**
月蒸发量				1	−0.497**	0.711**	−0.336**	0.130**	0.834**
月均气压					1	−0.501**	−0.009	−0.036	−0.501**
月均气温						1	0.197**	0.047	0.832**
月均湿度							1	−0.444**	−0.239**
月均风速								1	0.256**
太阳辐射强度									1

注:** 表示通过 99% 显著性检验(双侧检验)。

将 2000—2019 年神木市和伊金霍洛旗气象站点的月降雨量、月蒸发量、月均气压、月均气温、月均相对湿度、月均风速、月太阳辐射强度与 MODIS 250 m 月最大合成的植被指数数据进行相关性分析。由植被指数与气象因子的相关关系矩阵(见表 3.5)可以看出,250 m 空间分辨率月均最大化 NDVI、EVI 与月均温度显著正相关,相关系数分别达到了 0.792 和 0.851;其次是月均降雨量,分别为 0.769 和 0.789;接着是太阳辐射强度,分别为 0.553 和 0.634;然后是月均湿度,分别为 0.512 和 0.474;与月均气压具有负相关关系,相关系数分别为−0.407 和−0.461;而与月均蒸发量、月均风速的相关性明显偏弱。总体上看,250 m 空间分辨率月均最大化 EVI 与月尺度下各个气象因子的相关性均要优于月均最大化 NDVI 与气象因子的相关性。从月均最大化 NDVI、EVI 与各个月尺度气象因子的时序对比图可得(见图 3.13 至图 3.19),月均最大化 NDVI、EVI 与月降雨量、月均气压、月均气温、月均气压和太阳辐射强度具有相似的周期变化和季节性特征,因而这些气象指标与月均最大化 NDVI、EVI 具有较高的相关性。月蒸发量与月均最大化 NDVI、EVI 有明显的滞后性,因而其与月均最大化 NDVI、EVI 的相关性较低。月均风速与月均最大化 NDVI、EVI 的相关性是最低的,且没有通过显著性检验,表明风速对植被生长的影响较小。矿区植被指数与气候因子的相关性分析结果表明,气温、降雨量和太阳辐射强度是影响矿区植被生长的主要影响因素。

由年尺度气象因子时序图(见图 3.12)可知,年均最大化 NDVI/EVI 仅与年降雨量具有相似的变化特征,而与年蒸发量、年均气压、年均气温、年均湿度和年均风速等气象指标不具有相似的变化特征。地表植被的生长离不开光照、热量和水分,利用 MODIS 数据合成的年均最大化 NDVI/EVI 体现的主要是一年来植被生长最为旺盛时期的地表覆盖情况。从月尺度气象因子时序图(见图 3.13 至图 3.19)可以看出,神东矿区降雨和气温的峰值均主要出现在 5—9 月,而年际月降雨量、月蒸发量、月均气压、月均气温、月均相对湿度、月均风速和月均太阳辐射强度的频率并不均一,这就导致了年气象因子不能够很好地反映矿区植被的生长变化情况。

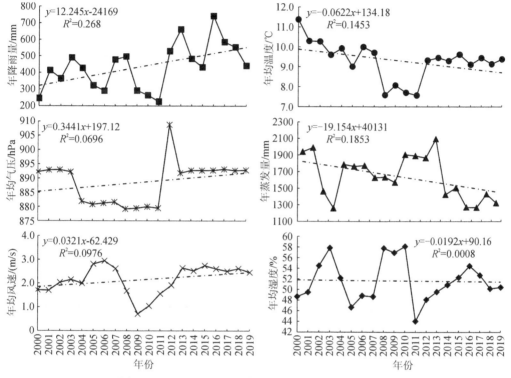

图 3.12　2000—2019 年神东矿区年尺度气象因子时序

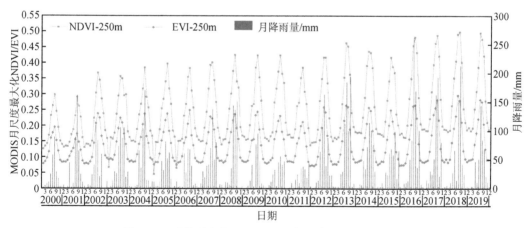

图 3.13　月均最大化 NDVI、EVI 与月降雨量的时序对比

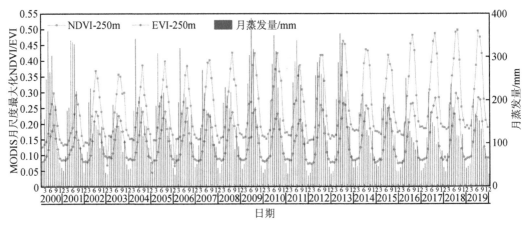

图 3.14　月均最大化 NDVI、EVI 与月蒸发量的时序对比

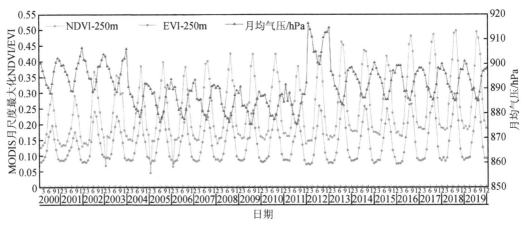

图 3.15　月均最大化 NDVI、EVI 与月均气压的时序对比

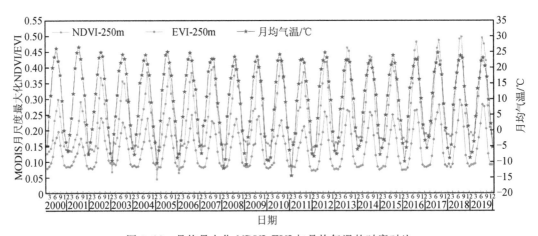

图 3.16　月均最大化 NDVI、EVI 与月均气温的时序对比

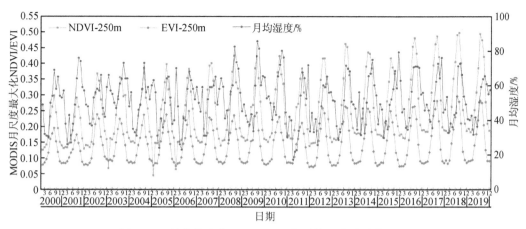

图 3.17 月均最大化 NDVI、EVI 与月均湿度的时序对比

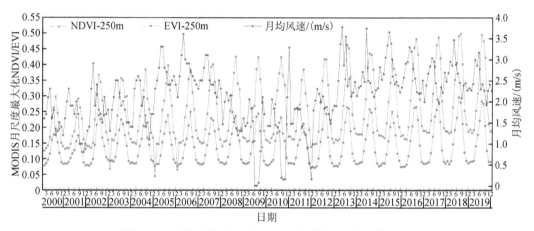

图 3.18 月均最大化 NDVI、EVI 与月均风速的时序对比

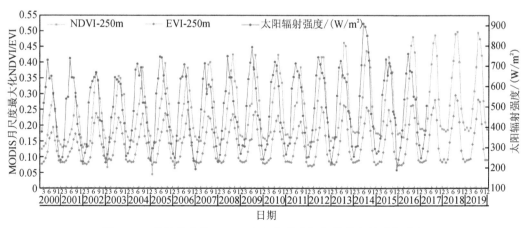

图 3.19 月均最大化 NDVI、EVI 与月太阳辐射强度的时序对比

2. 人为因素

由 2000—2019 年神东矿区原煤产量和年均最大化 NDVI、EVI 时序对比图(见图 3.20)可

知,神东矿区大规模的采矿活动并没有引起矿区植被生长的明显退化,这可能是由于神东矿区实施的煤炭开采与矿区绿化及生态环境治理工作并重的方针政策,对矿区植被覆盖度的提高起到了积极作用。

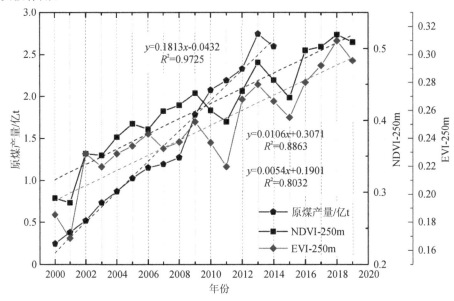

图 3.20　2000—2019 年神东矿区原煤产量和年均最大化 NDVI、EVI 时序

一方面,生态环境治理工程总体上对矿区植被生长发育产生了积极的影响。作为第一大生态工程,我国从 1999 年开始在四川、陕西、甘肃等省试点进行退耕还林还草工程,2000 年开始扩大到 25 省(市、区)。神东矿区正处在退耕还林还草的政策实施范围之内。同时,研究区也是三北防护林保护工程、山川秀美工程等工程的实施区域。作为研究区煤炭资源主要开发企业,中国神华集团神东煤炭公司不断加大矿区环保投入(每吨煤 0.45 元)并进行了卓有成效的环境治理工作,对于提高矿山及其矿山周边地区的植被覆盖度、防止土地荒漠化起到了重要作用。

另一方面,区域尺度的矿业开发活动可能对植被的生长发育产生不良的影响。首先,露天矿采场、选煤厂、工业广场等地表压占直接破坏植被,使之发生退化,这些区域主要集中在乌兰木伦河两岸和煤矿生产基地附近。其次,地下采煤的影响:地下采煤可能导致地表发生变形,进而影响植被的正常生长;采矿使围岩变形和移动,在采空区上覆岩层直至地面出现冒落带、弯曲带和裂缝带,而区域地下水位的下降必将影响沟谷地区的湿生和中生植物长势,导致低高程区植被的改善程度不及其他区域甚至发生退化。

3.4　植被 NPP 反演的应用

净初级生产力表征了绿色植物对光能的利用程度,是植物满足自身生长需要所消耗的有机物数量之后剩下的部分,是生产者能用于生长、发育和繁殖的能量值,也是生态系统中其他生物成员生存和繁衍的物质基础。本节利用 CASA 模型,结合矿区周围气象站的气象数据(降水量、温度和日照时数)和 NDVI 数据,演算出 1989—2019 年平朔矿区周边植被 NPP,通过对植被 NPP 年际变化趋势的分析和结合土地分类数据来探究平朔矿区的土地复垦与采矿情况,以及通过 RSEI 指标分析评价平朔矿区开采进程中生态环境质量的变化,从而为相关部门治理平朔矿区环境问题提供理论依据。

3.4.1 研究区概况及数据来源

研究区域位于山西省北部的平朔矿区,平朔矿区处于朔州市区平鲁区境内,区内主要有安太堡、安家岭、东露天矿三大矿区,是我国规模最大、现代化程度最高的煤炭生产基地之一。安太堡、安家岭矿区地理坐标为东经 $112°19'20''\sim112°26'32''$,北纬 $39°27'48''\sim39°31'13''$;东露天矿地理坐标为东经 $112°26'30''\sim112°29'52''$,北纬 $39°32'45''\sim39°34'15''$,东露天矿于 2003 年开始投入生产。矿区属典型的北温带半干旱大陆性季风气候,冬春干燥少雨、寒冷、多风,增温较快,夏季降水集中、温凉少风,秋季天高气爽,气温年较差和日较差大。矿区为黄土丘陵地貌,地势北高南低,境内自然地理环境复杂多样,地形以山地、丘陵为主,水土流失严重。研究区地理位置及高程如图 3.21 所示。

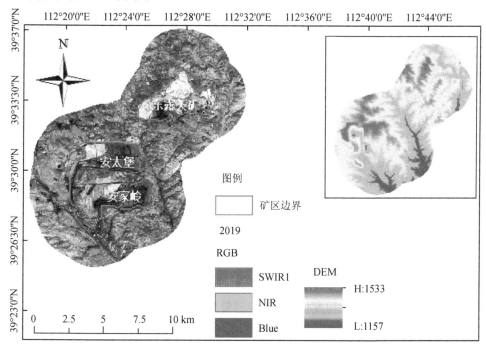

图 3.21 研究区地理位置及高程示意图

3.4.2 数据来源与处理

在地理空间数据云管网(http://www.gscloud.cn/)和美国 USGS 官网(https://earthexplorer.usgs.gov/)下载 1989—2019 年无云的 Landsat 系列的遥感影像作为主要研究数据。下载的原始数据需要进行辐射定标(将 DN 值转换为辐射亮度值)、大气校正(消除大气和光照等因素对地物反射的影响)和几何校正(消除或改正遥感影像几何误差)等预处理工作。根据平朔矿区的实际地物类型以及参考《土地利用现状分类标准(GB/T 21010—2007)》,利用支持向量机分类结合目视解译的方法将研究区划分为采矿用地、建筑用地、裸地、耕地、草地和林地,从而获得土地利用类型数据。本研究所用的气象数据来自中国气象数据网(http://data.cma.cn/),包括月降水量、月平均气温,以及月总太阳辐射数据等。

3.4.3 实验结果与分析

1.平朔矿区 RSEI 变化分析

矿区开采的过程中会对周围环境造成污染,如水污染、噪声污染和重金属污染等,而对矿区生态环境的监测一般都是以实地监测为主,耗时耗力。根据徐涵秋提出的遥感综合生态指数 RSEI,其糅合了湿度、干度、绿度和热度四种指标,然后采用主成分分析法,可对矿区生态环境进行综合分析监测。为了更好地考察生态状况变化,进一步将 RSEI 值等间隔分成 5 个等级,表示 5 种生态状况,即差(0,0.2]、较差(0.2,0.4]、中(0.4,0.6]、良(0.6,0.8]和优(0.8,1]。

由图 3.22 可知,在 RSEI 图上采矿区等级都为差和极差,能够准确地反演出矿区位置及范围,说明 RSEI 能够准确说明平朔矿区周围的生态环境。从 1989—2019 年 RSEI 等级分布图可以看出,安太堡、安家岭矿区所占面积不断扩大,2009 年东露天矿出现明显的开采范围,随着后续大规模开采,形成了明显的矿坑。并且随着年份的推移,平朔矿的位置也发生了移动,安太堡、安家岭矿区向东北方向移动,两个矿区边界更加分明;东露天矿区以开采点为中心不断进行开采扩张。

接下来从定性、定量两方面分析平朔矿区 RSEI 分布变化。由定性分析可知,生态质量为差的主要集中在采矿区,随着煤矿不断开采,矿区面积增大,RSEI 为差的区域也不断增大;非采矿区大面积为良和中等级别。从图 3.22 中可以清楚看出,安太堡、安家岭矿区开采过后,治理效果良好,大多数为优良。2002 年,非采矿区主要为中等等级,采矿区生态质量为差。2009 年,采矿区面积增加,非采矿区优良等级面积相对于 2002 年有所增加。2019 年,安太堡、安家岭以及东露天矿生态质量以差、较差为主,非采矿区相对于 1989—2002 年生态环境质量明显提高,中等及以上等级面积比重增加明显。

接着从定量角度进一步准确反映矿区生态环境质量的变化。分别统计 1989、2002、2009、2019 各年份 5 个级别面积以及所占研究区总面积的比例,定量分析平朔矿区的生态环境质量,具体如表 3.6 所示。由表 3.6 可知,1989—2019 年,平朔矿区 RSEI 等级分布主要以良生态质量等级为主,分别占总面积的 26.20%、27.03%、28.81%、28.33%,虽然采矿面积逐年增加,但平朔矿区的生态环境质量整体呈优良趋势发展,表明矿区环境治理措施及时以及矿区复垦效果显著。

总体上,平朔矿区 1989—2019 年的生态环境质量呈上升趋势,差等级的区域面积从 1989 年的 3300.3 hm² 减少到 2019 年的 1674.67 hm²,减少了 6.13%;中等级的区域面积保持稳定状态,平均为 6374.14 hm²;优和良等级的面积 2019 年相比于 1989 年都有所增加,生态指数为良的级别面积增加 566.44 hm²,质量为优级别的面积增加了 550.88 hm²,相对于研究区域的总面积分别增加了 2.13% 和 2.07%。总体来看,矿区的较差面积减少,优良面积增加,矿区的生态质量有一定的改善。

表 3.6　平朔矿区遥感生态指数级别

遥感生态指数级别	1989 年		2002 年		2009 年		2019 年	
	面积/hm²	百分比/%	面积/hm²	百分比/%	面积/hm²	百分比/%	面积/hm²	百分比/%
差	3300.30	12.45	3113.47	11.74	3132.99	11.82	1674.67	6.32
较差	4102.09	15.47	4192.27	15.81	3132.27	11.81	4109.65	15.50
中等	6369.94	24.03	6392.17	24.11	5864.87	22.12	6870.68	25.91
良	6945.83	26.20	7167.68	27.03	7638.36	28.81	7512.28	28.33
优	5794.94	21.86	5647.53	21.30	6744.60	25.44	6345.82	23.93

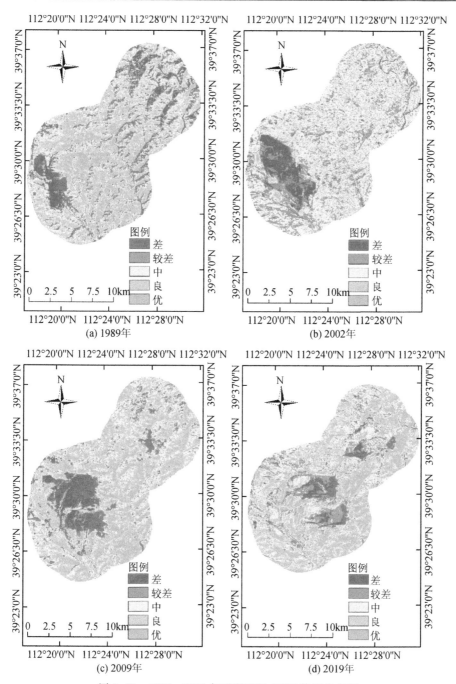

图 3.22　1989—2019 年平朔矿区 RSEI 等级分布图

2. 平朔矿区 NPP 变化分析

接下来通过 CASA 模型反演平朔矿区的 NPP。由图 3.23 可知,采矿区的 NPP 值趋近于 0,非采区的 NPP 值接近于整个研究区的最高值,平朔矿区的 NPP 最大值呈递减趋势,从 1989 年的 13.7339 gc/(m² · 月)减少到 2019 年的 7.64014 gc/(m² · 月)。从空间上来看, 1989—2019 年,平朔矿区的采矿面积在不断增加,采矿区较小 NPP 值的范围逐渐扩大,与此同时,矿区周边复垦区域较明显,NPP 值有所增加。

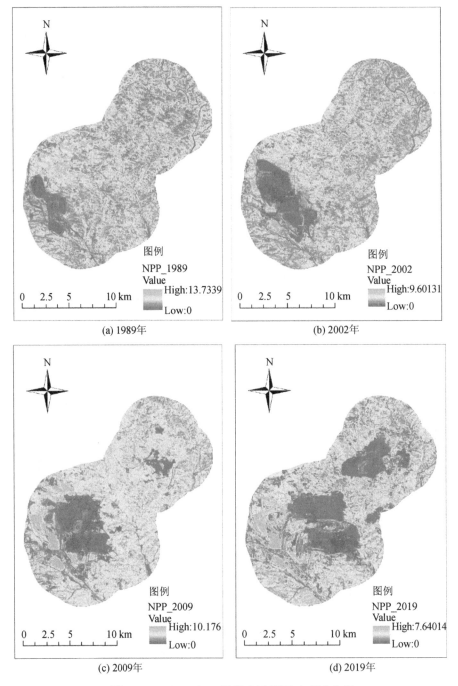

图 3.23　1989—2019 平朔矿区 NPP 空间分布图

3. 平朔矿区采矿复垦面积变化分析

通过改进的 CASA 模型分别反演 1989、2002、2009、2019 年平朔矿区植被的净初级生产力(NPP)和 RSEI,并且结合土地分类数据,以 NPP 和 RSEI 为指标分析矿区采矿与生态复垦变化情况。

　　从土地分类数据来看,1989—2019 采矿区域范围呈不断变化趋势,面积不断扩大且从西南方向向东北方向逐渐移动(见图 3.24);根据土地分类数据进行地物变化监测得到各年份的土地复垦区域边界情况(见图 3.25),其中,安太堡、安家岭和东露天矿分别于 1985 年、1998 年和 2006 年投入生产。

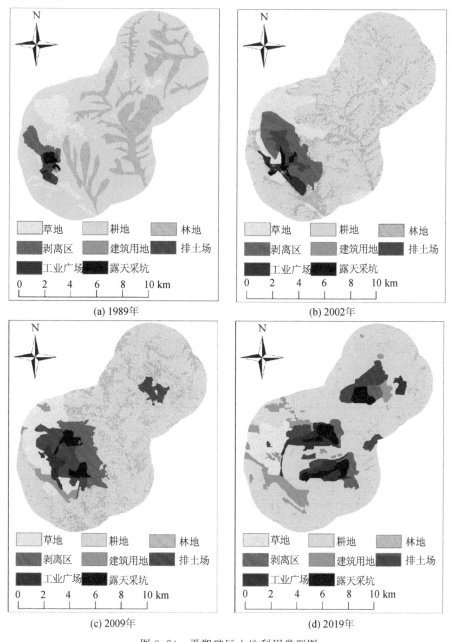

图 3.24　平朔矿区土地利用类型图

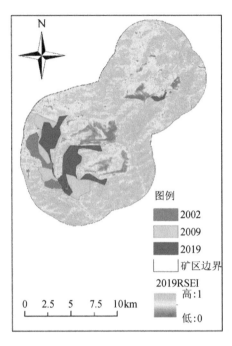

图 3.25　平朔矿区各年份土地复垦边界

　　由表 3.7 至表 3.9 可知,平朔矿区的土地复垦方向主要由采矿用地、建筑用地、裸地区域向耕地、林地、草地转变。结合图 3.26 可知:1989—2019 年,平朔矿区的采矿面积、复垦面积均呈增加趋势,采矿面积从 1989 年的 3.5379 km² 增加到 2019 年的 33.8148 km²;2002 年相对于 1989 年土地复垦面积增加了 5.9724 km²,2019 年相比于 2009 年土地复垦面积增加了 10.7802 km²。

表 3.7　1989—2002 年采矿复垦面积变化统计表

1989 年采矿面积/km²	2002 年复垦面积/km²					
	耕地	草地	林地	采矿用地	建筑用地	裸地
耕地	0	0.0144	0	0	0.0018	0.0054
草地	0.0117	3.5784	1.5984	3.1491	2.2131	6.2676
林地	0.0513	0.8865	0.8226	1.6443	0.4239	1.8585
采矿用地	0.1359	1.4823	0.1215	1.5516	0.0657	0.1809
建筑用地	0.1161	0.8685	0.0549	0.738	0.189	0.072
裸地	0.2214	2.097	0.8748	1.8648	1.0386	1.8324

表 3.8　2002—2009 年采矿复垦面积变化统计表

2002 年采矿面积/km²	2009 年复垦面积/km²					
	耕地	草地	林地	采矿用地	建筑用地	裸地
耕地	0.0117	0.1782	0.0513	0.0324	0.0027	0.3429
草地	0.1503	7.6842	0.549	3.2877	0.6453	9.6669
林地	0.1062	3.2391	1.4121	1.6506	0.3843	6.2118
采矿用地	0.0234	2.3976	0.0216	3.3309	0.8937	2.223
建筑用地	0.0774	1.4481	0.054	0.6525	0.4491	1.2762
裸地	0.5283	3.9456	0.3897	1.3527	0.3681	3.6306

表 3.9　2009—2019 年采矿复垦面积变化统计表

2009 年采矿面积/km²	2019 年复垦面积/km²					
	耕地	草地	林地	采矿用地	建筑用地	裸地
耕地	0.0567	0.1188	0.1206	0.0054	0.0252	0.0171
草地	1.6965	4.8051	4.5216	13.2201	2.7054	7.6662
林地	0.4464	0.5787	1.1295	5.1138	0.9927	1.4985
采矿用地	0.1287	0.5868	0.8388	5.8869	0.585	1.6587
建筑用地	0.1278	0.0873	0.3618	0.6147	0.3708	0.1899
裸地	2.3274	1.9017	4.4199	8.9739	2.0853	4.6575

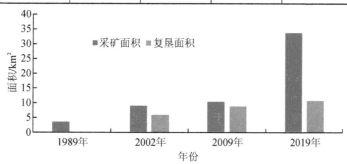

图 3.26　平朔矿区采矿复垦面积变化图

表 3.10　1989—2019 年采矿和复垦区域 RSEI、NPP 均值对比

年份	1989 年	2002 年		2009 年		2019 年	
	采矿区	采矿区	复垦区	采矿区	复垦区	采矿区	复垦区
RSEI	0.206541	0.2052	0.520927	0.26491	0.532923	0.613873	0.789583
NPP	2.307027	1.90502	4.921532	2.503962	4.812859	1.083262	2.774708

　　RSEI 指数完全基于湿度、绿度、热度、干度四个指标经过主成分分析最终转换生成，从而实现区域生态环境质量快速准确的时空变化分析，通常生态环境质量好的区域，RSEI 值较

大。由表 3.10 可知,1989—2002 年,采矿区的生态环境维持基本不变,RSEI 均值维持在 0.2 左右;2009—2019 年,采矿区的 RESI 均值呈增加趋势,2009 年的 RSEI 均值增加到 0.26491,2019 年相比 1989 年 RSEI 增加了 0.583042;1989—2019 年,复垦区域的生态环境质量逐渐变好,RSEI 均值由 2002 年的 0.520927 增加到 2019 年的 0.789583。

　　NPP 通常用来监测地区植被的生长情况和进行地区环境影响评价,它是指绿色植物在单位时间单位面积所积累的有机干物质总量,是表征植物活动的重要变量。由于采矿区域植被稀少,所以呈现出的 NPP 值通常接近于 0,且随着安太堡、安家岭、东露天煤矿的开采,采矿区面积不断增大,NPP 值接近于 0 的区域也就越多,表现为研究区采矿区的 NPP 值较小。由表 3.10 可知,采矿区 NPP 均值由 1989 年的 2.307027 gc/(m² · 月)降低到 2019 年 1.083262 gc/(m² · 月);与此同时,随着矿区范围的变化,当地部门采取措施对矿区环境进行土地复垦修复,使得土地复垦区域的生态环境得到改善,大多数采矿区域转变成林地、草地以及耕地,2002 年、2009 年的土地复垦区域 NPP 均值分别达到 4.921532 gc/(m² · 月)、4.812859 gc/(m² · 月)。

3.5　本章小结

　　本章主要介绍了植被遥感监测的基础知识及其主要数据源、时间序列数据的处理方式、主要的植被覆盖度反演方法以及植被 NPP 反演的应用。本章以神东矿区为例,分析了 2000—2019 年矿区植被生长发育情况及其影响因子(人为因素和自然因素)。神东矿区大规模的采矿活动并没有引起矿区植被生长的明显退化,这可能是由于神东矿区实施的煤炭开采与矿区绿化及生态环境治理工作并重的方针政策,对矿区植被覆盖度的提高起到了积极作用。接着利用 CASA 模型,利用相关数据,演算了 1989—2019 年平朔矿区周边植被 NPP,并结合 NPP 年际变化趋势和土地利用数据探索平朔矿区的土地复垦与采矿情况,然后通过 RSEI 指标分析平朔矿区生态环境质量的变化,从而为相关部门治理平朔矿区环境问题提供理论依据。

本章参考文献

蔡博峰,刘春兰,陈操操,等,2009. 内蒙古霍林河一号露天矿生态环境的遥感监测与评价[J]. 煤炭工程(6):97 - 99.

常斌,熊利亚,侯西勇,等,2007. 基于空间的生态足迹与生态承载力预测模型:以甘肃省河西走廊地区为例[J]. 地理研究(5):940 - 948.

常晋义,张渊智,2001. 生态环境监测与管理决策支持系统的研究[J]. 遥感技术与应用,16(4):224 - 227.

陈述彭,赵英时,1992. 遥感地学分析:修订本[M]. 台北:中国文化大学出版部.

刘浜葭,2004. 阜新地区生态环境破坏复杂性的调查与分析[J]. 煤矿开采(2):14 - 17.

路苹,2008. 煤炭矿区生态环境状况评价定量研究[J]. 中国矿业,17(7):43 - 47.

罗玲,王宗明,毛德华,等,2011. 松嫩平原西部草地净初级生产力遥感估算与验证[J]. 中国草地学报,33(6):21 - 29.

罗泽娇,程胜高,2003. 我国生态监测的研究进展[J]. 环境保护(3):41 - 44.

马明国,角媛梅,程国栋,2002. 利用 NOAACHAIN 监测近 10a 来中国西北土地覆盖的变化[J]. 冰川冻土,24(1):68 - 72.

孟婷婷，倪健，王国宏，2007. 植物功能性状与环境和生态系统功能[J]. 植物生态学报，31 (1)：150 - 165.

屈振军，2009. 大型煤炭开采项目采空塌陷区水土流失监测方法初探[J]. 水土保持通报，29 (2)：121 - 124.

田庆久，闵祥军，1998. 植被指数研究进展[J]. 地球科学进展(4)：10 - 16.

肖乾广，陈维英，1996. 用 NOAA 气象卫星的 AVHRR 遥感资料估算中国的净第一性生产 力[J]. 植物学报，38(1)：35 - 39.

闫淑君，洪伟，吴承祯，等，2001. 自然植被净第一性生产力模型的改进[J]. 江西农业大学 学报，23(2)：245 - 252.

杨帆，2002. 生态环境监测及其在青海省实施途径的探讨[J]. 青海环境(1)：32 - 34.

杨少俊，刘孝富，舒俭民，2009. 城市土地生态适宜性评价理论与方法[J]. 生态环境学报，18 (1)：380 - 385.

叶青，2001. 开展生态环境监测[J]. 环境导报(6)：23 - 24.

张宪洲，1993. 我国自然植被净第一性生产力的估算与分布自然资源[J]. 资源科学(1)： 15 - 21.

赵士洞，罗天祥，1998. 区域尺度陆地生态系统生物生产力研究方法[J]. 资源科学，20(1)： 23 - 34.

郑海，2000. 包头市生态监测指标体系研究初探[J]. 内蒙古环境保护，12(3)：37 - 39.

朱志辉，1993. 自然植被净第一性生产力估计模型[J]. 科学通报，38(15)：1422 - 1426.

ACKERLY D D, KNIGHT C A, WEISS S B, et al, 2001. Leaf size, specific leaf area and microhabitat distribution of chaparral woody plants: contrasting patterns in species level and community level analyses[J]. Oecologia, 130(3)：449 - 457.

BARET F, CLEVERS J G P W, STEVEN M D, 1995. The robustness of canopy gap fraction estimates from red and near-infrared reflectances: a comparison of approaches[J]. Remote Sensing of Environment, 54(2)：141 - 151.

BARET F, GUYOT G, 1991. Potentials and limits of vegetation indices for LAI and APAR assessment[J]. Remote Sensing of Environment, 35(2 - 3)：161 - 173.

BARET F, GUYOT G, MAJOR D J, 2002. TSAVI: a vegetation index which minimizes soil brightness effects on LAI and APAR estimation[C]. Symposium on Geoscience & Remote Sensing Symposium IEEE.

CARLSON T N, RIPLEY D A, 1997. On the relation between NDVI, fractional vegetation cover, and leaf area index[J]. Remote Sensing of Environment, 62(3)：241 - 252.

CHABOT B F, HICKS D J, 1982. The ecology of leaf life spans[J]. Annual Review of Ecology & Systematics, 13(1)：229 - 259.

CHEN J M, CIHLAR J, 1996. Retrieving leaf area index of boreal conifer forests using landsat TM images[J]. Remote Sensing of Environment, 55(2)：153 - 162.

CLEVERS J G P W, BüKER C, LEEUWEN H J C V, et al, 1994. A framework for monitoring crop growth by combining directional and spectral remote sensing information[J]. Remote Sensing of Environment, 50(2)：161 - 170.

CRAINE J M, LEE W G, 2003. Covariation in leaf and root traits for native and non-native grasses along an altitudinal gradient in New Zealand[J]. Oecologia, 134(4): 471 – 478.

CRAINE J M, LEE W G, BOND W J, 2005. Environmental constraints on a global relationship among leaf an root traits of grasses[J]. Ecology, 86(1): 12 – 19.

CRAMARW, KICKLIGHTEL D W, BONDEAU A, et al, 1999. Comparing global models of terrestrial net primary productivity (NPP): overview and key results[J]. Global Change Biology, 5(1): 1 – 15.

DíAZ S, MC-INTYRE S, LAVOREL S, 2002. Does hairiness matter in Harare resolving controversy in global comparisons of plant traits responses to ecosystem disturbance [J]. New Phytologist, 154(1): 1 – 14.

GUTMAN G, IGNATOV A, 1998. The derivation of the green vegetation fraction from NOAA/AVHRR data for use in numerical weather prediction models[J]. International Journal of Remote Sensing, 19(8): 1533 – 1543.

HLSCHER D, SCHMITT S, KUPFER K, 2002. Growth and leaf traits of four broad leaved tree species along a hillside gradient[J]. Forst Wissen Schaftliches Centralblatt, 121(5): 229 – 239.

HUETE A R, 1988. A soil-adjusted vegetation index (SAVI)[J]. Remote Sensing of Environment, 25(3): 295 – 309.

ITO A, OIKAWA T, 2002. A simulation model of the carbon cycle in land ecosystems: a description based on dry matter production theory and plot-scale validation[J]. Ecological Modelling, 151(1): 143 – 176.

JOANNA B, MICHAEL G, CHARLES W P, 2007. Integrating long term stewardship goals into the remediation process: natural resource damages and the department of energy [J]. Journal of Environmental Management, 82(2): 123 – 136.

KADUK J, HEIMANN M, 1996. A prognostic phenology scheme for global terrestrial carbon cycle models[J]. Climate Research(6): 1 – 19.

KEITHM R, PAUL F H, 2007. Decision support for integrated landscape evaluation and restoration planning[J]. Forest Ecology & Management, (1 – 2): 270 – 278.

KERGOAT L, 1999. A model for hydrologic equilibrium of leaf area index on a global scale [J]. Journal of Hydrology(1):212 – 213.

KEVIN G, LEI J, BRAD R, et al, 2015. Multi-platform comparisons of MODIS and AVHRR normalized difference vegetation index data[J]. Remote Sensing of Environment, 99(3): 221 – 231.

KNORR W, HEIMANN M, 1995. Impact of drought stress and other factors on seasonal land biosphere CO_2 exchange studied through an atmospheric tracer transport model[J]. Tellus, 47(1): 471 – 789.

LIETH H, 1975. Primary productivity of the biosphere—historical survey of primary productivity research[M]. New York: Spring-Verlag.

LIU H Q, HUETE A, 1995. A feedback based modification of the NDVI to minimize canopy background and atmospheric noise[J]. IEEE Transactions on Geoscience & Remote Sensing, 33(2): 457 - 465.

LIU J, CHEN J M, CIHLAR J, et al, 1997. A proccess-based boreal ecosystem productivity simulator using remote sensing inputs[J]. Remote Sensing of Environment, 62(2): 158 - 175.

MARK A F, DICKINSON K J M, ALLEN J, 2001. Vegetation patterns, plant distribution and life forms across the alpine zone in southern Tierra del Fuego, Argentina[J]. Austral Ecology, 26(4): 423 - 440.

MCGUIRE A D, 1995. Equilibrium responses of soil carbon to climate change-empirical and process-based estimates[J]. Journal of Biogeography, 22(5): 785 - 796.

NARASIMHAN R, STOW D, 2010. Daily MODIS products for analyzing early season vegetation dynamics across the North Slope of Alaska[J]. Remote Sensing of Environment, 114(6): 1251 - 1262.

NEMANI R B, KEELING C D, HASHIMOTO H, et al, 2003. Climate-driven increases in global terrestrial net primary production from 1982 to 1999[J]. Science, 300(5625): 1560 - 1563.

OIKAWA T, 1993. Comparison of ecological characteristics between forest and grassland ecosystems based on a dry-matter production model[J]. Journal of Environmental Science, 7(1): 67 - 78.

PARTON W J, SCURLOCK J M O, OJIMA D S, et al, 1993. Observations and modeling of biomass and soil organic matter dynamics for the grassland biome worldwide[J]. Global Biogeochemical Cycles, 7(4): 785 - 809.

POTTER C S, RANDERSON J T, FIELD C B, et al, 1993. Terrestrial ecosystem production: a process model based on global satellite and surface data[J]. Global Biogeochemical Cycles, 7(4): 811 - 841.

PRICE J C, 1993. Estimating leaf area index from satellite data[J]. IEEE Transactions on Geoscience and Remote Sensing, 31(3): 727 - 734.

PRINCE S D, GOWARD S N, 1995. Global primary production: a remote sensing approach [J]. Journal of Biogeography, 22(4): 815 - 835.

PYANKOV V I, GUNIN P D, TSOOG S, et al, 2000. C4 plants in the vegetation of Mongolia: their natural occurrence and geographical distribution in relation to climate[J]. Oecologia, 123(1): 15 - 31.

QI J G, CHEHBOUNI A R, HUETE A R, et al, 1994. A modified soil adjusted vegetation index[J]. Remote Sensing of Environment, 48(2): 119 - 126.

RAM M S, CHARLES O P, 2006. Integrated resource planning in the power sector and economy wide changes in environmental emissions[J]. Energy Policy, 34(1): 89 - 95.

RUNNING S W, 1993. Generalization of a forest ecosystem process model for other biomes, Biome-BGC, and an application for global-scale models—scaling processes between leaf and landscape levels[J]. Scaling Physiological Processes Leaf to Globe, 1(1): 141 - 158.

RUNNING S W, LOVELAND T R, PIERCE L L, 1994. A vegetation classification logic based on remote sensing for use in global biogeochemical models[J]. Ambio-A Journal of the Human Environment, 1(1): 141 – 158.

RUNNING S W, NENANI R R, 1988. Relating seasonal patterns of the AVHRR vegetation index to simulated pbotosynthesis and transpiration of forests in different climates[J]. Remote Sensing of Environment, 24(2): 347 – 367.

STERCK F J, BONGERS F, 2001. Crown development in tropical rainforest trees: patterns with tree height and light availability[J]. Journal of Ecology, 9(1): 1 – 13.

UCHIJIMA Z, SEINO H, 1985. Agroelimatie evaluation of net primary productivity of natural vegetations: chikugo model for evaluating productivity[J]. Journal of Agricultural Meteorology, 40(1): 343 – 353.

WARNANT P, FRANCOIS L, STRIVAY D, et al, 1994. CARAIB: a global model of terrestrial biological productivity[J]. Global Biogeochemical Cycles, 8(3): 255 – 270.

第4章 矿区水体遥感监测与应用

  遥感技术以其覆盖范围广、时效性强、信息量大等优势,为不同范围水体变化监测提供了新型的技术手段。基于遥感数据提供的地表信息,选取水体典型波谱特征进行信息提取并成图,从而监测某个时期地表水体的时空变化,在水资源管理及生态安全评估中得到了广泛的应用。尤其在环境较为恶劣的偏远山区,由于人类无法涉足,遥感技术已成为监测该区域地表水体变化的重要手段。总体上说,水体变化监测所用的遥感数据源主要有微波雷达与光学遥感两大类。微波雷达,其长波辐射可以穿透云层和植被的覆盖,不易受气象条件的限制且具有全天候工作的能力。光学遥感,以其较高的时空分辨率与数据可获得性,在水体动态监测中得到了广泛的应用(Huang,2018)。近年来,随着各种卫星传感器的发射升空,遥感数据源越来越多,且一些数据已经对用户免费开放,如 Landsat、MODIS、Sentinel 等。

  对水体开展有效的识别及动态变化监测,有利于正确认识气候变化及人类活动对水体造成的影响,并为水资源和生态环境保护提供科学思路及依据。总之,遥感技术具有时效性强、覆盖范围广、易获取等优点,已成为水体动态变化监测的主要手段。

4.1 水体遥感监测基础知识

  水体的光学特征集中表现为可见光在水体中的辐射传输过程,包括水面的入射辐射、水的光学性质、表面粗糙度、日照角度与观测角度、气-水界面的相对折射率以及在某些情况下还涉及水底反射光等。即在可见光波段 $0.6~\mu m$ 之前,水的吸收少,反射率较低,大量透射,对于清水,在蓝-绿光波段反射率为 $4\%\sim5\%$。$0.5~\mu m$ 以下的红光部分反射率降到 $2\%\sim3\%$,在近红外、短波红外部分几乎吸收全部的入射能量(宋文龙 等,2019)。天然水体的光谱反射率总体低于其他地物,且随着波长的增大反射率逐渐降低。相较于可见光波段,近红外波段和短波红外波段的水体反射率很低,而浑浊水体比清澈水体的光谱反射率要高一些(见图 4.1),因此水体在这两个波段的反射能量很小。这一特征与植物、土壤等地物形成十分明显的差异,水在红外波段(NIR、SWIR)的强吸收,而植被在这一波段有一个反射峰,因而在红外波段识别水体是较容易的(陈述彭,1992)。

  水体的光谱特性不仅是通过表面特征确定的,它包含了一定深度水体的信息,且这个深度及反映的光谱特性是随时空而变化的。水色(即水体的光谱特性)主要取决于水体中浮游生物含量(叶绿素浓度)、悬浮固体含量(混浊度大小、营养盐含量、有机物质)以及其他污染物、底部形态(水下地形)、水深等因素。

  从理论上讲,水体的光谱特性,主要是透射入水的光与水中叶绿素、泥沙、黄色物质、水深、水体热特征相互作用的结果。一般说来,$0.41~\mu m$ 处黄色物质有明显的吸收峰,因此 $0.43\sim0.45~\mu m$ 为测量水体叶绿素的最佳波段;$0.58\sim0.68~\mu m$ 对不同泥沙浓度出现峰值,因此近红外波段常被用来研究水中悬浮物浓度的变化。对于大气校正而言,特别是对大气气溶胶散射

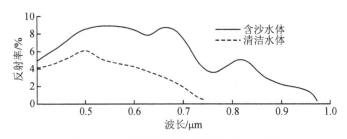

图 4.1　水体反射光谱（赵英时 等，2017）

的校正，一般避开水汽和臭氧，选用 0.7～0.71 μm 及 0.85～0.89 μm 两个波段（李四海 等，2000）。水体提取模型由影像原始波段或预处理得到的波段组合构建。通过对原始波段的修正及波段组合后的缨帽变换、主成分分析、重采样、信息熵计算等方法，得到解译质量高的特征波段。边缘是划分目标和背景的重要图像元素，也是图像分割的重要因素之一。直方图法根据水体与背景地物波谱曲线的峰值差异确定分割阈值，这种方法直观、操作简单，但主观性强。边缘划分方法利用分割算法搜索最优尺度，具有严谨的科学性和理论性，是较为常见的定量方法之一（Liu，2004）。利用边缘信息进行阈值选取，主要考虑梯度边缘像素划为目标像素或背景像素的问题，这一问题的研究最早应用于计算机图像处理。其基本思路为，首先利用抗噪性良好的形态学算法获得梯度图像并统计出梯度图像的直方图，依此计算出梯度的均值和标准差，以梯度值大于均值与标准差之和的梯度点作为大梯度边缘点，再以原始图像中的这些位置上像素的灰度级均值作为最终的分割阈值。事实上，最优阈值的获取过程是一个矛盾平衡的过程，由于优化算法是采用采样的方式进行最优解搜索，虽然能够加快寻优速度，但在优化算法的寻优机制或准则函数连续性不佳的情况下，可能存在经过多次迭代仍然不能找到最优值的风险。这种情况下，优化算法可以允许一定的错误以换取处理速度的提高。因此，对于边界清晰的水域，直观性强、操作方法简单的直方图法是获取分割阈值的较好选择。对于复杂区域的多种水体提取，可采用"全局-局部"划分策略，先将图像按一定的规则进行划分，然后在这些划分的图像中分别自动完成阈值分割和最优选择（王航，2018）。

4.2　水体遥感监测的主要方法

4.2.1　阈值法

阈值法也称为模型分类法，是基于水体光谱特征曲线，选择合适的波段构建模型，进行水体提取的分类方法。它包括单波段提取法和多波段组合法，多波段组合法又分为谱间关系法和水体指数法。阈值分类方法的核心是阈值选取的函数，其描述了该方法依据哪一种知识作为阈值选取的标准，包括信息量、灰度值、分类误差、相关性等。

单波段提取法主要利用水体在近红外或中红外波段强烈吸收的原理来识别水体信息，因为水体在近红外波段的吸收率高，反射率低，而植被、建筑物等在该波段的反射率均高于水体。单波段提取法被最早运用到水体面积的自动提取中，应用较为广泛，此方法可有效提取水体，但易将潮湿的裸地等地物错分为水体。

多波段组合法是综合遥感影像若干波段的光谱特征来识别水体的一种分类方法，包括谱

间关系法和水体指数法。谱间关系法通过分析地物在遥感影像原始波段,或原始波段转换得到的特征波段的光谱特征曲线,构建逻辑判断规则来提取水体。相对于谱间关系法,水体指数法应用频次最高。水体指数法通过比值运算得到特征指数,分析直方图以确定最佳阈值提取水体。Mcfeeters 在 1996 年提出了归一化水体指数(Normalized Difference Water Index,NDWI),且引入绿光波段,由于水的反射率在该波段中达到最大,因此可以更好地识别水体。随着 NDWI 的广泛应用,徐涵秋(2006)提出了改进型归一化差异水体指数(Modified Normalized Difference Water Index,MNDWI),将中红外波段替代近红外波段,以减小建筑物与土壤对水体的影响,并使用背景地物与水体的反差值 C 验证 MNDWI 的准确性,得出 MNDWI 在实验区的反差值 C 为 0.52,远大于 NDWI 的 C 值 0.27,指出 MNDWI 提取城镇建成区水体的效果优于 NDWI。闫霈(2007)提出增强型水体指数(Enhanced Water Index,EWI)并将其用于半干旱地区的水系提取;丁凤(2009)引入 B7 波段构建新型水体指数模型,进行水库、湖泊、网箱养殖区和海洋 4 种水体的提取实验。曹荣龙等(2008)提出修订型归一化水体指数(Revised NDWI,RNDWI),用于消除山体、植被等阴影。Feyisa(2014)提出自动提取水体指数 AWEI(Automated Water Extraction Index,AWEI),并利用 Kappa 系数与总体精度验证 AWEI、MNDWI 提取水体精度,指出在阴影处 AWEI 比 MNDWI 阈值更稳定、精度更高。基于 NIR-Red 光谱特征空间,刘英(2013)提出土壤湿度监测指数(Soil Moisture Monitoring Index,SMMI),而在 TM/ETM+/OLI 二维光谱特征空间中,黑体正好在坐标原点 O 上,任何具有一定反射能力的物体越接近 O 点,说明其越湿润,也就是说水体或较湿润的区域在 O 点附近。一定程度上可以根据 OE 距离的变化来区分水体和非水体,并且反映土壤湿度的大小(见图 4.2)。要使 OE 的距离最小,E 需位于 B 点,此时土壤湿度最高;而当点 E 位于 C 点时,OE 的距离最大,土壤湿度也就最小。为让 $SMMI_{i,j}$ 的数值介于 0~1,选择 $\dfrac{|OE|}{|OD|}$ 的值作为土壤湿度表征指数,其中 $|OD|$ 恒为 $\sqrt{2}$。

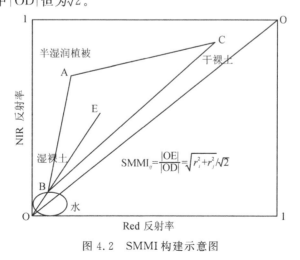

图 4.2　SMMI 构建示意图

综上,各指数模型如表 4.1 所示。

表 4.1　各指数模型

名称	公式
NDWI	$NDWI=(Green-NIR)/(Green+NIR)$
MNDWI	$MNDWI=(Green-MIR)/(Green+MIR)$
EWI	$EWI=(Green-NIR-MIR)/(Green+NIR+MIR)$
NWI	$NWI=C\times[Blue-(NIR+SWIR1+SWIR2)]/[Blue+(NIR+SWIR1+SWIR2)]$
RNDWI	$RNDWI=(SWIR1-Red)/(SWIR1+Red)$
AWEI	$AWEI\_nsh=4\times(\rho_{\_Green}-\rho_{\_SWIR1})-(0.25\times\rho_{\_NIR}+2.75\times\rho_{\_SWIR2})$
	$AWEI\_sh=\rho_{\_Blue}+2.5\times\rho_{\_Green}+1.5\times(\rho_{\_NIR}+\rho_{\_SWIR1})-0.25\times\rho_{\_SWIR2}$
SMMI	$SMMI=\sqrt{(Red+NIR)}/\sqrt{2}$

　　总之,单波段提取法波段单一,水体信息量受限,随着多波段影像的发展,逐渐被多波段组合法所取代。图像分割方法方面,单波段提取法与水体指数法主要依据直方图统计结果,进行反复尝试确定最优分割阈值,而谱间关系法不用确定分割阈值,因此更适合在光谱特征复杂的城市区域,快速进行大尺度的水体提取。

4.2.2　分类器法

　　分类器法主要基于某种算法规则进行图像类别划分,研究频次较高的有支持向量机(Support Vector Machine,SVM)、决策树分类和面向对象法。

1. 支持向量机

　　支持向量机分类是一种建立在统计学习理论基础上的机器学习方法,它通过解算最优化问题,在高维特征空间中寻找最优分类超平面,从而解决复杂数据的分类问题,并在高光谱影像分类中得到广泛应用。SVM 性能的优劣,主要取决于核函数类型选择和核函数参数设置,在核函数选择研究中,核校准是一个有效的方法。Garcia(2013)对比多波段影像和多转子(Unmanned Aerial Vehicle,UAV)影像数据,运用 SVM 和逐步回归分析对美国佛罗里达地区被感染树木进行分类,得到 $\sigma=1.3$ 时,径向基函数的分类准确性要高于线性判别函数和二次判别函数。关于径向基核函数的优化,多聚焦于两个主要参数惩罚因子 C 和核参数 γ 的研究上。段秋亚(2015)以鄱阳湖 GF-1 影像为数据源,分别采用 NDWI、SVM 和面向对象方法进行对比研究,认为 SVM 法精度最高,且对区域复杂度的敏感性最低,适合于多种尺度和类型的水体提取。由于 SVM 自动寻找类间支持向量的能力较强,有效地解决了中低影像混合像元问题,因此许多学者在进行初始对象提取后,采用 SVM 方法更进一步地分类,特别是地物变化检测方面。Guneroglu(2013)认为 SVM 分类精度在数字航空图上的表现要优于多波段影像,并以黑海东南部绿色走廊区域为例,监测景观覆盖变化情况。此外,由于 SVM 的良好空间维属性,在时空三维目标特征分析方面优势明显,Liu(2006)基于 SVM 构建了单时相迭代分类算法(Iterative Conditional Mode,ICM),认为其可以实现分类和变化信息同时提取的目的。

2. 决策树分类

　　决策树分类法是一种基于空间数据挖掘和知识发现的分类方法,由决策树学习和决策树分类两个部分构成,其算法的关键是分类属性的选择,最著名的算法是 ID3 系列,包括 ID3、C4.5、C5.0 三个版本(Quinlan,1999)。决策树算法的粒度属性和学习属性,以及算法的大数据快速归纳划分属性,非常适用于遥感图像分类。决策树分类法不需要数据集正态分布的假设,可以重复利用 GIS 数据库中的多源信息,分类规则结构简单、直观、易理解,也便于后期判断和修正,能有效地抑制训练样本噪音和解决影像数据属性缺失问题,特别是引入数据挖掘算法构建最优组合的研究,使决策树法具有更高的分类精度和适应能力。近年来,有一些学者提出随机森林分类法,认为其比决策树方法更加稳健,泛化性能更加良好,其实质仍可以理解为决策树分类思想的改进。采用决策树方法进行图像分类时,结点个数的控制及数据源特征值的确定对分类结果的精度有很大影响,通常情况下,随着结点个数的增加,精度趋于稳定,变化不大,但过多的结点个数,会造成低的分类效果,因此结点个数与类别数目基本一致较为合适;关于影像数据的特征分割值,一般依据特征波段的光谱特征手动确定或自动获取(陈利 等,2013)。

3. 面向对象法

实验表明,在可见光-近红外范围内,平静水面仅有体反射辐射部分能量进入遥感器,而粗糙波浪水面有表面反射和体反射两部分能量进入遥感器,证明水体的光谱特性与水面粗糙度或纹理有关。高分影像的出现,使得水体提取兼顾到了水面纹理信息,改变了基于单个像元分类的局面,促使基于目标分类的方法逐渐出现并不断完善(Yu,2006)。面向对象法通过对影像的分割,使同质像元组成大小不同的对象,从而实现较高层次的遥感图像分类和目标地物提取。面向对象方法对纹理特征的把握主要是分割对象内部同质性以及与相邻对象的良好异质性。该思想利用对象内部的标准差来表示对象内部的同质性,用空间相关性来表示相邻对象之间的异质性,使得内部同质性和对象之间的异质性达到最好的综合效果。多尺度分割算法是现今面向对象软件常用方法,但是该方法没有评价指标用于衡量最优程度。刘兆伟(2014)通过调节同质性指数和异质性指数的权重因子,得到改进的多波段模型计算最优分割尺度法,并以南京市 IKONOS 1 m 影像进行最优分割尺度试验。采用面向对象法分类时,集于影像上多种属性特征的结合能够有效提高某些类别的分类精度,但不一定能提高区域分类总体精度,这是因为过高的分辨率使得类别内部的光谱可变性增大,从而导致总体分类精度的降低。因此,面向对象法常通过与 SVM 法结合使用,从而达到提高影像分类精度的目的。

4.2.3　自动化法

事实上,阈值法、分类器法在背景地物简单和水体物化构成相对一致的大面积水域、河流湖泊已初步实现快速自动提取,然而现实中多数水体受泥沙、悬浮物、冰冻、深度的影响不同,无法进行阈值法和分类器法的自动提取。"全局—局部"提取思路,很好地解决了这一问题(朱长明 等,2013)。实现"全局—局部"分类思路的典型应用是借助于 ArcGIS 水文分析模块生成水系图,利用空间分析缓冲区工具在河道两侧进行缓冲扩张,形成河流提取目标区域,进行水体提取。结合径流、漫流模型生成的水系图,一方面较为准确地锁定了河道(特别是城区细小河道、山区细小河道)的位置,降低了水体信息提取过程中大环境背景信息的干扰;另一方面可以修补由于误提、漏提所导致的河流断流,形成一个相对完整的河网。

4.3　水体遥感监测应用

本节中将介绍两个使用阈值法提取水体的例子,两个例子中的研究区均为红碱淖湖泊。

红碱淖($39°04'\sim39°08'$N,$109°49'\sim109°56'$E)位于陕西省神木市境内,地处毛乌素沙漠与鄂尔多斯盆地交汇处,是中国最大的沙漠淡水湖(见图5.3)。红碱淖湿地是全球最大的珍稀濒危鸟类——遗鸥繁殖与栖息地,近年来也因其独特的自然风光,成为旅游热点地区。红碱淖平均水深为8.2 m,湖面东西宽度约8 km,南北长度11.6 km,2006年蓄水量为3.2×10^8 m³。1970年湖泊面积约为60 km²,2018年湖泊面积缩减至35.93 km²。

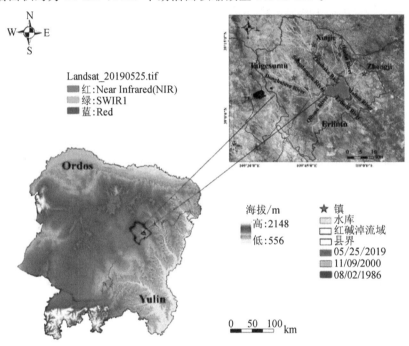

图4.3　红碱淖地理位置

4.3.1　红碱淖时空动态变化研究

基于Landsat影像使用SMMI指数对1986—2020年红碱淖湖泊面积进行提取,并使用水线法计算出1986—2020年红碱淖湖泊水位变化,利用得到的面积及水位数据对红碱淖多年水量变化进行计算,通过折线图对面积、水位及体积多年变化趋势进行分析,并使用DSAS软件对红碱淖面积空间位置变化进行分析。

4.2节中已对SMMI指数进行了介绍,接下来介绍水线法、体积计算方法以及数字海岸线分析系统(Digital Shoreline Analysis System,DSAS)空间分析方法。

1.水线法

水线法是获取研究区水体面积最小时期的高程影像,再在高程影像上叠加获取其他时期的水体边界,通过计算某时期水体边界内面积最小水体及水体外裸地高程的平均值来确定此时期水位的方法。水线法被广泛应用于潮间带数字高程模型的建立、滩涂水线提取、引水蓄水等。本书使用水线法结合 ASTER GDEM V2 影像及 Landsat 影像得到的红碱淖边界计算红碱淖湖泊多年水位。具体操作方法如下。

（1）使用 SMMI 指数基于 Landsat 影像提取出 1986—2020 年红碱淖湖泊边界（即水线）。

（2）将获取的不同时期湖泊边界分别叠加到 ASTER GDEM V2 上，提取湖泊边界内的 DEM[见图 4.4（a）]。例如，在 1986 年 4 月 28 日用 ASTER GDEM V2 覆盖湖泊边界可以提取 1986 年的 DEM[见图 4.4（b）]。

（3）得到湖泊边界内 DEM 的算术平均值即为湖泊水位。

（4）通过水位线及 DEM 数据获得 1986—2020 年的红碱淖水位。

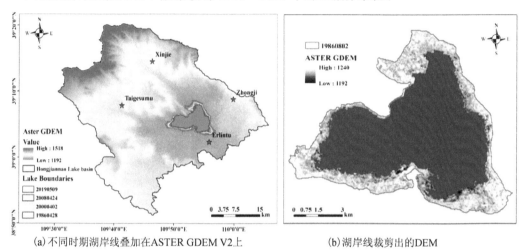

(a)不同时期湖岸线叠加在ASTER GDEM V2上　　　(b)湖岸线裁剪出的DEM

图 4.4　水线法示意图

2. 体积计算方法

2000 年，Taube 提出一种基于面积及水位计算湖泊水量变化的方法，这种方法可以表示为

$$\Delta V = \frac{1}{3}(H_1 - H_0) \times (A_0 + A_1 + \sqrt{A_0 \times A_1}) \tag{4.1}$$

式中：H_0 表示湖泊基期水位；A_0 表示湖泊基期面积；H_1 表示湖泊现期水位；A_1 表示湖泊现期面积；ΔV 表示湖泊基期到现期的水量变化量。

两期湖泊间的水量变化可表示为

$$\Delta V = \frac{1}{3}(H_2 - H_1) \times (A_1 + A_2 + \sqrt{A_1 \times A_2}) \tag{4.2}$$

式中：H_1 表示湖泊前一期水位；A_1 表示湖泊前一期面积；H_2 表示湖泊后一期水位；A_2 表示湖泊后一期面积；ΔV 表示湖泊前一期到后一期的水量变化量。

使用公式（4.2）计算出 1986—2020 年红碱淖每一期水量变化量，叠加后得到 1986—2020 年红碱淖体积总变化量。

3. DSAS 空间分析方法

DSAS 是地理信息系统软件（ArcGIS）中的一个免费软件应用程序。DSAS 可以用来计算海岸线矢量边界在时间序列上的变化距离及速率。DSAS 基于用户提供的多期海岸线及在用户绘制的基线上生成垂直于基线的等间距的样线,并计算出基线与 DSAS 横断面上每条海岸线测量位置之间的距离[见图 4.5(a)]。DSAS 是对海岸线在空间位置上进行长时间序列评价的主要分析工具。根据样条线上基线与海岸线交点之间的距离,DSAS 可以生成 6 个统计量,包括海岸线变化线(Shoreline Change Envelope,SCE)、海岸线净移动距离(Net Shoreline Movement,NSM)、终点率(End Point Rate,EPR)、线性回归速率(Linear Regression,LRR)、加权线性回归(Weighted Linear Regression,WLR)及最小平方中位数(Least Median of Squares,LMS)。其中,SCE 记录了每条样线上距离基线最远和最近海岸线之间的距离,与海岸线日期无关;NSM 记录了样线上最老和最新海岸线之间的距离;EPR 的计算方法是使用最老及最新海岸线之间的距离除以它们总共的年数;LRR 是通过最小二乘法拟合一条样线上的所有点,拟合出的直线斜率即为线性回归速率;WLR 是加权后的线性回归速率;LMS 同样用于计算回归速率,但在最小二乘法中使用残差平方和的中值代替均值以确定最佳拟合方程。

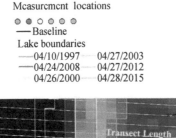

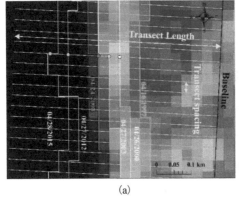

(a)

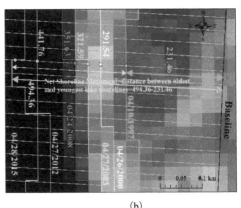

(b)

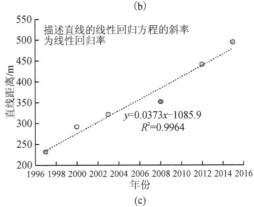

(c)

图 4.5　NSM 及 LRR 描述

本书中使用 NSM 及 LRR 分析红碱淖湖泊湖岸线多年变化距离及速率。NSM 及 LRR 的具体原理如下:

(1)围绕提取出的所有湖岸线画出基线,基线内应包含所有需要分析的湖岸线且尽量与湖岸线边界平行。

(2)将提取出的 1986—2020 年多期湖泊边界面转线并合并到同一图层下。

(3)使用 DSAS 将上面提取的线垂直于基线生成多条样线,计算样线与各湖岸线交点与基线之间的距离。研究区域的样线长度和间距分别定为 3400 m 和 30 m。

（4）NSM 和 LRR 均来自 DSAS。如图 4.5(b)所示,1997 年 4 月 10 日湖岸线与基线的距离为 231.46 m,基线与 2015 年 4 月 28 日湖岸线的距离为 494.36 m。因此,NSM＝494.36－231.46＝263.11(m)。如图 4.5(c)所示,通过建立湖岸线-基线距离和时间关系的回归方程,得到的线性回归速率即 LRR。

（5）通过 NSM 和 LRR 值为正/负的横断面空间分布对湖泊面积变化进行定量描述。

4. 红碱淖 1986—2020 年时空动态变化

由图 4.6 可知,1986—2020 年红碱淖面积变化可分为 4 个阶段:①1986 年 4 月 28 日—1991 年 1 月 4 日,红碱淖面积由 57.4 km² 变为 49.43 km²,共减少了 7.97 km²,平均变化速率为 −1.99 km²/a,此阶段峰值出现在 1986 年 4 月 28 日,为 57.4 km²,谷值出现在 1989 年 12 月 16 日,为 47.08 km²。②1991 年 1 月 4 日—1997 年 6 月 13 日,红碱淖面积由 49.43 km² 变为 56.94 km²,共增加了 7.51 km²,平均变化速率为 1.25 km²/a,此阶段峰值出现在 1993 年 4 月 15 日,为 57.74 km²,谷值出现在 1991 年 1 月 4 日,为 49.43 km²。③1997 年 6 月 13 日—2016 年 1 月 25 日,红碱淖面积由 56.94 km² 变为 30.14 km²,共减少了 26.8 km²,平均变化速率为 −1.41 km²/a,此阶段峰值为 1997 年 6 月 13 日的 56.94 km²,谷值为 2016 年 1 月 25 日的 30.14 km²。④2016 年 1 月 25 日—2020 年 3 月 16 日,红碱淖面积由 30.14 km² 变为 38.68 km²,共增加了 7.54 km²,平均变化速率为 1.89 km²/a,此阶段峰值为 2020 年 2 月 5 日的 38.83 km²,谷值为 2016 年 1 月 25 日的 30.14 km²。可见,红碱淖面积变化趋势可分为 4 个阶段,即下降(1986—1991 年)—波动(1991—1997 年)—急速下降(1997—2016 年)—上升(2016—2020 年)。

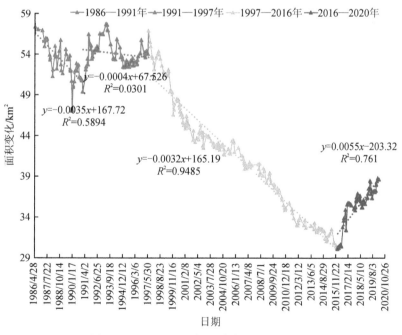

图 4.6　1986—2020 年红碱淖面积变化趋势

由图 4.7 可知,红碱淖湖岸线在 1986—1997 年略有缩减,其中 1986—1990 年湖岸线呈现略微缩减趋势,1990—1997 年湖岸线呈现扩张趋势;1997—2016 年湖岸线呈现快速缩减趋势,其中 A、B、C 三处缩减最为剧烈,2016 年 3 月达到图中最小面积;2016—2020 年面积呈现扩张趋势,其中 A、B、C 三处扩张明显。

　　1986—1997 年,红碱淖 NSM 为正的区域占 63.8%,为负的区域占 36.2%。由图 4.8 可知,NSM 为负的区域主要集中在红碱淖南部,NSM 为正的区域主要集中在 A、B、C 三处,其中 A 区域 NSM 值集中在 110～510 m,B 区域 NSM 值集中在 97～569 m,C 区域 NSM 值集中在 30～450 m,此阶段 B、C 两区域缩减程度较大,平均缩减距离(NSM)为 77.6 m。

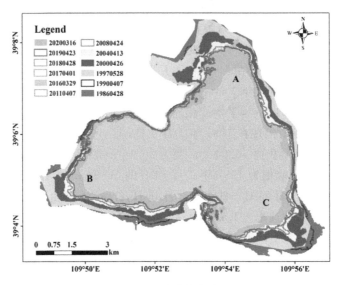

图 4.7　红碱淖湖岸线变化

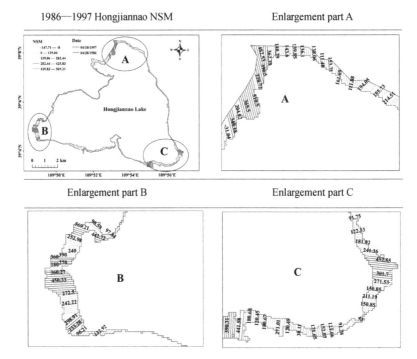

图 4.8　1986—1997 年红碱淖 NSM 空间分布

1986—1997 年,红碱淖 LRR 为正的区域占 52.2%,为负的区域占 48.8%。LRR 为正的区域主要分布在 A、B、C 及红碱淖西南处。由图 4.9 可知,A 区域 LRR 值主要集中在-5.8～54.16 m/a,B 区域 LRR 值集中在 2～31.25 m/a,C 区域 LRR 值集中在-3～39 m/a,此阶段 LRR 均值为 4.69 m/a。1986—1997 年,红碱淖湖泊面积略有缩减,平均缩减速率(LRR)为 4.69 m/a,主要缩减区域集中在三角形顶点 A、B、C 三处。

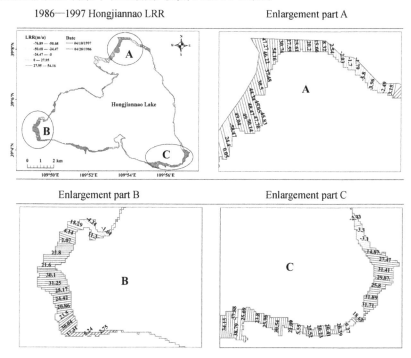

图 4.9　1986—1997 年红碱淖 LRR 空间分布

图 4.10、图 4.11 为 1997 年 4 月 10 日—2015 年 4 月 28 日红碱淖 NSM 和 LRR 的空间分布。1997—2015 年,NSM 均为正值,其中 NSM 值在 0～1000 m 的占 66%,NSM 值在 1000～2000 m 的占 29.6%,NSM 值大于 2000 m 的占 4.4%。NSM 值大于 1000 m 的区域主要集中在 A、B、C 三处。由图 4.10 可知,A 处 NSM 值集中在 500～2100 m,B 处 NSM 值集中在 300～1536 m,C 处 NSM 值集中在 400～2600 m,其中 A 与 C 处缩减程度较大。此阶段红碱淖边界整体退化明显,平均退化距离(NSM)为 900 m。

1997—2015 年,红碱淖 LRR 均为正值,其中 LRR 在 0～100 m/a 的占 93.8%,LRR 大于 100 m/a 的占 6.2%。由图 4.11 可知,LRR 大于 70 m/a 的区域集中在 A、B、C 处,其中 A 处 LRR 值集中在 48～100 m/a,B 处 LRR 值集中在 20～78 m/a,C 处 LRR 值集中在 40～168 m/a。1997—2015 年,红碱淖湖泊面积急剧缩减,缩减速率较上阶段也急剧加快,平均缩减速率 LRR 为 44.3 m/a,主要缩减区域集中在 A、B、C 三处。

1997—2015 Hongjiannao NSM

Enlargement part A

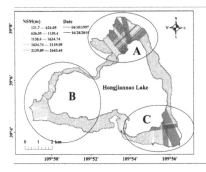

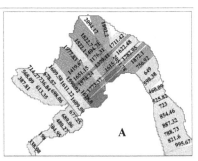

Enlargement part B

Enlargement part C

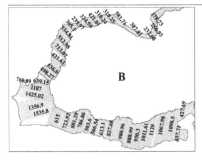

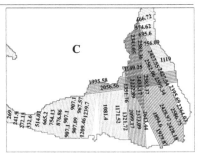

图 4.10　1997—2015 年红碱淖 NSM 空间分布

1997—2015 Hongjiannao LRR

Enlargement part A

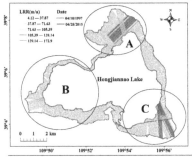

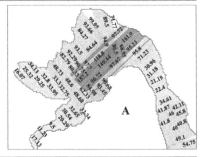

Enlargement part B

Enlargement part C

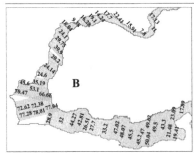

图 4.11　1997—2015 年红碱淖 LRR 空间分布

图 4.12、图 4.13 显示了 2015 年 4 月 28 日—2020 年 3 月 16 日红碱淖 NSM 和 LRR 的空间分布。2015—2020 年，NSM 均为负值，其中 NSM 值在 −100～0 m 的占 15.5%，NSM 值在 −500～−100 m 的占 71.2%，NSM 值在 −1000～−500 m 的占 12.3%，NSM 值小于 −1000 m 的占 1%。NSM 值小于 −500 m 的区域主要集中在 A 处，NSM 值小于 −200 m 的区域集中在 B、C 处。由图 4.12 可知，A 处 NSM 值集中在 −1465～−90 m，B 处 NSM 值集中在 −689～−120 m，C 处 NSM 值集中在 −472～−154 m，其中 A 与 B 处扩张程度较大。此阶段红碱淖边界整体呈现扩张趋势，平均扩展距离（NSM）为 278.7 m。

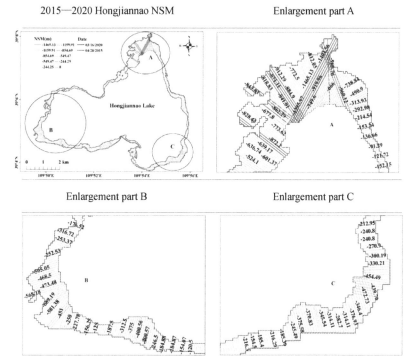

图 4.12　2015—2020 年红碱淖 NSM 空间分布

2015—2020 年，红碱淖 LRR 均为负值，其中 LRR 小于 −200 m/a 的占 0.6%，LRR 在 −200～−100 m/a 的占 13.9%，LRR 在 −100～0 m/a 的占 85.5%。由图 4.13 可知，LRR 小于 −100 m/a 的区域集中在 A 处，其中 A 处 LRR 值集中在 −249～−30 m/a，B 处 LRR 值集中在 −129～−26 m/a，C 处 LRR 值集中在 −120～−38 m/a。2015—2020 年，红碱淖湖泊面积扩张趋势明显，扩张速率较快，平均扩张速率（LRR）为 57.9 m/a，主要扩张区域集中在 A、B、C 三处。

以上结果从空间上反映出红碱淖 34 年间的具体变化位置，且红碱淖三角形的三个顶点 A、B、C 处在湖泊扩张或缩减时变化最为剧烈。

图 4.14 为红碱淖 1986—2020 年水位变化趋势图。由图 4.14 可知，1986—2020 年，红碱淖水位变化可分为 4 个阶段：①1986 年 4 月 28 日—1989 年 12 月 16 日，红碱淖水位由 1211.28 m 变为 1209.13 m，共减少了 2.15 m，平均变化速率为 −0.72 m/a，此阶段水位峰值为 1986 年 4 月 28 日的 1211.28 m，谷值为 1989 年 12 月 16 日的 1209.13 m。②1989 年 12 月 16 日—1997 年 6 月 13 日，红碱淖水位由 1209.13 m 变为 1211.19 m，共增加了 2.06 m，平均

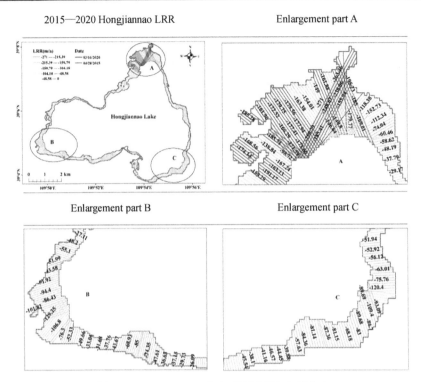

图 4.13　2015—2020 年红碱淖 LRR 空间分布

变化速率为 0.29 m/a,此阶段峰值为 1993 年 4 月 15 日的 1211.33 m,谷值为 1989 年 12 月 16
日的 1209.13 m。③1997 年 6 月 13 日—2016 年 1 月 25 日,红碱淖水位由 1211.19 m 变为
1205.86 m,共减少了 5.33 m,平均变化速率为 −0.28 m/a,此阶段峰值为 1997 年 6 月 13 日
的 1211.33 m,谷值为 2016 年 1 月 25 日的 1205.86 m。④2016 年 1 月 25 日—2020 年 3 月 16
日,红碱淖水位由 1205.86 m 变为 1207.43 m,共增加了 1.57 m,平均变化速率为 0.39 m/a,
此阶段峰值为 2020 年 2 月 5 日的 1207.51 m,谷值为 2016 年 1 月 25 日的 1205.86 m。总体
上,红碱淖水位变化趋势可分为 4 个阶段,即下降(1986—1989 年)—波动上升(1989—1997
年)—急速下降(1997—2016 年)—上升(2016—2020 年)。

　　图 4.15 为红碱淖 1986—2020 年水量变化趋势图。由图 4.15 可知,1987—2020 年,红碱
淖水量变化可分为 4 个阶段:①1987 年 1 月 9 日—1991 年 1 月 4 日,红碱淖水量变化由
−0.0002 km³ 变为 −0.0832 km³,共减少了 0.083 km³,平均变化速率为 −0.0208 km³/a,
此阶段水量变化峰值为 1987 年 1 月 9 日的 −0.0002 km³,谷值为 1989 年 12 月 16 日的
−0.112 km³。②1991 年 1 月 4 日—1997 年 6 月 13 日,红碱淖水量变化由 −0.0832 km³ 变为
−0.0054 km³,共增加了 0.0778 km³,平均变化速率为 0.013 km³/a,此阶段峰值为 1993 年 4
月 15 日为 0.0028 km³,谷值为 1991 年 1 月 4 日的 −0.0832 km³。③1997 年 6 月 13 日—
2016 年 1 月 25 日,红碱淖水量变化由 −0.0054 km³ 变为 −0.2333 km³,共减少了 0.2279 km³,平
均变化速率为 −0.0146 km³/a,此阶段峰值为 1997 年 6 月 13 日的 −0.0054 km³,谷值为
2016 年 1 月 25 日的 −0.2333 km³。④2016 年 1 月 25 日—2020 年 3 月 16 日,红碱淖水量变
化由 −0.2333 km³ 变为 −0.1839 km³,共增加了 0.0494 km³,平均变化速率为 0.0124 km³/a,
此阶段峰值出现在 2020 年 2 月 5 日的 −0.1805 km³,谷值为 2016 年 1 月 25 日的 −0.2333 km³。

总体上,红碱淖水量变化趋势可分为 4 个阶段,即下降(1986—1991 年)—波动上升(1991—1997 年)—急速下降(1997—2016 年)—上升(2016—2020 年)。

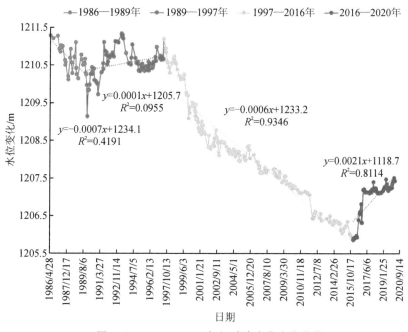

图 4.14　1986—2020 年红碱淖水位变化趋势

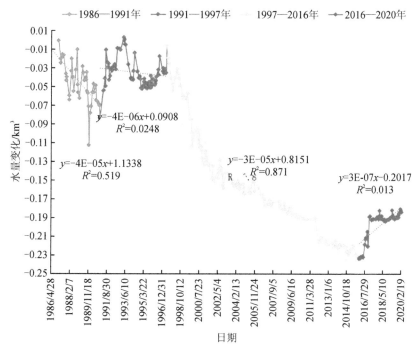

图 4.15　1986—2020 年红碱淖水量变化趋势

4.3.2　基于 Sentine2 - A 的水体提取精度验证方法对比

本节基于 2018 年 5 月 29 日 Sentinel - 2A 影像,利用归一化差异水体指数(NDWI)、自动水体提取指数(AWEI)、改进的归一化差异水体指数(MNDWI)及近红外波段(NIR)阈值法分别提取红碱淖边界,并利用同期 Google Earth 影像目视解译获取红碱淖真实边界。然后进一步利用数字岸线分析系统(DSAS)计算 NDWI、AWEI、MNDWI 及 NIR 阈值法提取的湖泊边界与真实边界间的湖岸线净移动距离(NSM),当|NSM|越小时,提取边界越接近真实边界。最后从空间位置上定量评价各水体提取方法的精度,并将|NSM|与 Kappa 系数、边缘检测做对比。

首先对 Sentinel - 2A 影像进行辐射定标,将影像的亮度灰度值转化为辐射亮度值;然后对影像进行大气校正,获取地表真实反射率。

文中使用 Sentinel - 2A 数据的 SWIR1 及 SWIR2 波段,其分辨率为 20 m,为了使其与 Blue、Green、Red、NIR 波段分辨率(10 m)一致,对这两个波段分别进行图像融合,将其分辨率提升至 10 m。

传统图像融合的方法是以高分辨率的全色波段作为基础影像,用来融合低分辨率的多光谱影像,从而使多光谱影像具有较高的分辨率。Sentinel - 2A 数据虽不包含全色波段,但其 Blue、Green、Red 及 NIR 4 个波段的分辨率均为 10 m,为图像融合提供了多种选择。为最大限度地保留多光谱影像信息,将 4 个 10 m 分辨率的波段重采样为 20 m,与 SWIR1、SWIR2 分别做相关分析,选取相关度最高的波段作为高分辨率图像。

$$\text{Correlation coefficient} = \frac{\sum\limits_{i=1}^{N}(\text{SWIR}_i - \overline{\text{SWIR}})(\text{VN}_i - \overline{\text{VN}})}{\sqrt{\sum\limits_{i=1}^{N}(\text{SWIR}_i - \overline{\text{SWIR}})^2 \sum\limits_{i=1}^{N}(\text{VN}_i - \overline{\text{VN}})^2}} \tag{4.3}$$

式中,N 为 20 m 分辨率下 SWIR 波段的像素个数;VN 为将 10 m Blue、Green、Red 及 NIR 重采样为 20 m 后的 Blue、Green、Red 及 NIR 波段;$\overline{\text{SWIR}}$ 和 $\overline{\text{VN}}$ 分别为 SWIR 和 Blue、Green、Red 及 NIR 波段的均值。

上文对 DSAS 中的 NSM 进行了基本介绍,接下来将介绍如何使用 NSM 对不同指数提取的边界进行精度评价。

在本节中,采用 NSM 对 4 种提取方法进行精度评价。NSM 的定义如下:①将利用 Google Earth 影像中提取的真实边界作为最老湖岸线,分别将 4 种提取方法作为最新边界,做平行于最老与最新边界的平行折线,将其按顺序编号作为基线;②将最老与最新边界逐个转为线文件并分别将最老与每一个最新边界合并;③作垂直于基线的样线,计算每条样线上各湖岸线与基线间的距离[见图 4.16(a)]。研究区域的样线长度和间距分别定义为 700 m 和 30 m。如基线与真实边界(最古老湖岸线)之间的距离为 173.88 m,基线与 NIR 波段阈值法提取的湖泊边界(最年轻湖岸线)之间的距离为 153.58 m,则 NSM 等于 NIR 波段阈值法提取的距离减去真实边界距离,即 153.58−173.88＝−20.3(m)。

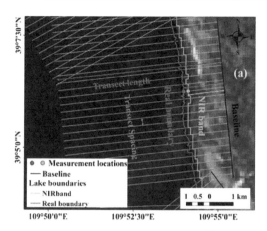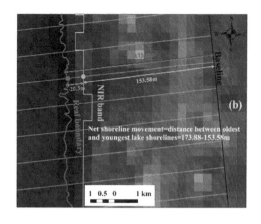

图 4.16　NSM 细节描述

为了进一步验证 NSM 的准确性,将 4 种方法提取出的红碱淖湖岸线及目视解译获取的真实湖岸线转换为 10 m×10 m 的像元栅格进行评价比较,此评价方法包含三个指标,即

$$T = N_{t} / N_{R} \times 100\% \tag{4.4}$$

$$E_{c} = N_{c} / N_{R} \times 100\% \tag{4.5}$$

$$E_{0} = N_{0} / N_{R} \times 100\% \tag{4.6}$$

式中:T 与 E_{c}、E_{0} 的总和为 100%;T 表示不同方法提取的湖体边界相对于真实边界的准确率;N_{t} 表示提取边界中与真实边界重叠的像元数量;N_{R} 表示提取边界的像元总数;E_{c} 为错分错误(errors of commission),代表提取边界像元中被错分在真实边界外部的像元比例;N_{c} 为提取边界中在真实边界外被错误提取为水体的像元总数;E_{0} 为遗漏错误(errors of omission),代表提取边界像元中被错分在真实边界内部的像元比例;N_{0} 表示提取边界中在真实边界内部被错误提取为水体的像元总数。

经计算得到 SWIR1、SWIR2 分别与 Blue、Green、Red 及 NIR 波段的相关系数(见表4.2)。由表 4.2 可知,与 SWIR1、SWIR2 波段相关性最高的均为 Red 波段,但使用该波段做图像融合后水体边界并不清晰,会对边界提取造成干扰,因此选取相关系数次高且水体特征明显的 NIR 波段作为高分辨率图像。

表 4.2　研究区 Blue、Green、Red、NIR 波段与 SWIR 波段相关系数

相关系数	Blue	Green	Red	NIR
SWIR1	0.5948	0.6741	0.7419	0.722
SWIR2	0.6032	0.6335	0.7802	0.6845

图 4.17 为 4 种水体提取方法计算出的 NSM 空间分布及局部放大图,Google Extract 为目视解译获取的红碱淖真实边界,局部放大图中负值表示真实边界在提取边界内部,正值表示真实边界在提取边界外部,距离的绝对值越小代表提取边界与真实边界越靠近,绝对值越大代表提取边界与真实边界越远,A、B、C 处放大部分均代表不同提取方法与真实边界差异较大的部分。由图 4.17 可知,NDWI 负值集中在红碱淖北部区域,A 处 NSM 为 -6.6～-49.43 m,C 处 NSM 为 -13.8～-20.12 m,A、C 处 NDWI 提取边界均位于真实边界外部;NDWI 正值在红碱淖南部分布较广泛,最大值位于 B 区域,NSM 在 19.43～58.22 m,因此 NDWI 提取边

界在 B 处位于真实边界内部。MNDWI 负值集中在红碱淖的北部,A 处的 NSM 为 $-32.26 \sim$ -129.57 m,提取边界均位于真实边界外部;MNDWI 的 NSM 正值分布较广泛,B 处 NSM 为 $13.15 \sim 66.84$ m,C 处 NSM 为 $17.53 \sim 50.7$ m,B、C 处 MNDWI 提取边界均处位于真实边界内部。$AWEI_{sh}$ 的 NSM 负值分布较广泛,与真实边界差异较大处位于 A 处及 C 处,A 处 NSM 为 $-43.16 \sim -189.66$ m,C 处 NSM 为 $-16.3 \sim -50.8$ m,提取边界在真实边界外部;$AWEI_{sh}$ 的 NSM 正值集中分布在红碱淖中南部岛屿 B 处,NSM 为 $23.1 \sim 33.01$ m。NIRband 的 NSM 负值分布广泛,与真实边界差异较大处位于 A 处、B 处,A 处 NSM 为 $-42.35 \sim -189.66$ m,B 处 NSM 为 $-33.2 \sim -122.37$ m,提取边界在真实边界外部;NIRband 正值集中分布在红碱淖南部岛屿 C 处,NSM 为 $18.76 \sim 41.45$ m。

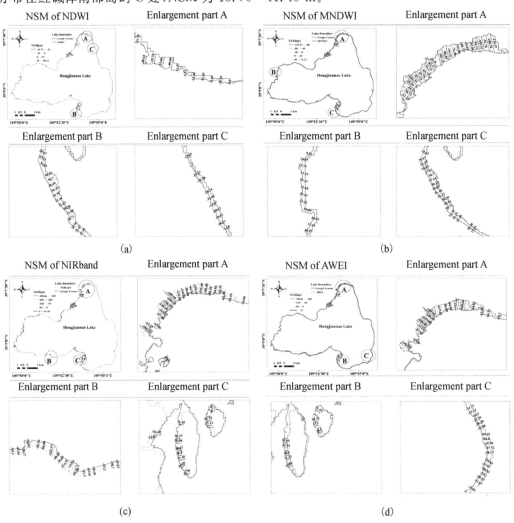

图 4.17　4 种方法的 NSM 图

表 4.3　4 种方法 NSM 绝对值及正负比例

分类	平均|NSM|/m	负 NSM/%	正 NSM/%	错分率/%	正确率/%	漏分率/%
NDWI	12.77	39.21	60.79	14.86	57.83	27.31
MNDWI	16.76	45.45	54.55	23.34	49.93	26.73
AWEI$_{sh}$	28.65	74.62	25.38	54.69	36.65	8.65
NIRband	31.43	75.75	24.25	56.15	36.20	7.65

因图 4.17 中 Google Extract 为手绘边界,指数提取边界为栅格提取,即使指数边界提取正确也无法跟手绘边界完全重合,因此 NSM 不为 0。为消除此误差,本研究认为可以允许 1 像元的误差值,哨兵数据 1 像元为 10 m,因此将计算出的\|NSM\|值小于 10 m 的视为正确提取边界,则小于 -10 m 的负值在真实边界外部,可看作错分边界,除以 NSM 样线总个数则为错分率(Outside),大于 10 m 的正值在真实边界内部,可看作漏分边界,除以 NSM 样线总个数则为漏分率(Inside),介于 -10 m 到 10 m 之间的比例作为正确划分率(Agree),当\|NSM\|越小时,提取边界与真实边界越接近。由表 4.3 可知,NDWI 的\|NSM\|均值为 12.77 m,NSM 负值所占比例为 39.21%,正值所占的比例为 60.79%,错分率为 14.86%,正确率为 57.83%,漏分率为 27.31%;MNDWI 的\|NSM\|均值为 16.76 m,与 NDWI 接近,错分率为 23.34%,正确率为 49.93%,漏分率为 26.73%;AWEI$_{sh}$ 的\|NSM\|均值为 28.65 m,错分率为 54.69%,正确率为 36.65%,漏分率为 8.65%,其错分率远大于 NDWI 与 MNDWI;NIRband 的\|NSM\|均值为 31.43 m,错分比例为 56.15%,正确率为 36.2%,漏分率为 7.65%。可见,NDWI 的错分率是 4 种方法中最低的,正确率及漏分率在 4 种方法中均为最高;NIRband 在 4 种方法中漏分率及正确率最低,错分率与 AWEI$_{sh}$ 接近,是最高的。

表 4.4　4 种方法的精度评价结果

方法	土地覆盖	Kappa	总体精度/%	Commission/%	Omission/%	平均|NSM|/m
NDWI	水体	0.9869	99.56	0	0.56	12.77
	非水体			2.04	0	
MNDWI	水体	0.9855	99.51	0.01	0.61	16.76
	非水体			2.22	0.03	
AWEI$_{sh}$	水体	0.9747	99.14	0	1.09	28.65
	非水体			3.88	0	
NIRband	水体	0.9736	99.1	0	1.14	31.43
	非水体			4.05	0	

注:表中 Commission 代表被错误分类地物的错分误差,Omission 代表被漏分的正确地物的漏分误差。

在 ENVI 中对 4 种水体提取方法计算得到的影像进行二值化,在二值化影像上选取水体及非水体的训练样本,使用支持向量机分类法(SVM)对影像进行分类,得到包含水体与非水体两种地物的分类图;在高分辨率 Google Earth 影像上选取水体及非水体验证样本,并将选取出的样本转为矢量文件,叠加在 10 m 分辨率的 Sentinel - 2A 影像上,使用 SVM 对影像进行分类获得验证图像。将 4 种水体提取方法的分类图与验证图像分别进行混淆矩阵计算,得到精度评价结果,并与 NSM 作对比(见表 4.4)。

　　由表 4.4 可知,NDWI 的 Kappa 系数为 0.9869,总体精度为 99.56%,是 4 种方法中精度最高的,其 |NSM| 均值为 12.77 m,为四者中最小的;MNDWI 的 Kappa 系数为 0.9855,总体精度为 99.51%,|NSM| 均值为 16.76 m,评价结果略低于 NDWI;AWEI$_{sh}$ 的 Kappa 系数为 0.9747,总体精度为 99.14%,|NSM| 均值为 28.65 m;NIRband 提取法的 Kappa 系数为 0.9736,总体精度为 99.1%,|NSM| 均值为 31.43 m,与 AWEI$_{sh}$ 的提取结果接近,在 4 种提取方法中总体精度最低。将 Kappa 系数、总体精度与 |NSM| 对比可知,NDWI、MNDWI、AWEI$_{sh}$、NIRband4 种提取方法的 |NSM| 精度评价结果与 Kappa 系数、总体精度一致,当 |NSM| 均值越低时,Kappa 系数、总体精度越高。

　　为进一步验证 NSM 水体提取精度评价法的可行性,使用边缘检测法继续进行对比验证。4 种方法提取的湖泊边界中黄色代表错提部分,红色代表漏提部分,紫色代表正确提出的部分,放大部分展示了红碱淖同一区域不同提取方法的错分、漏分结果对比(见图 4.18)。表 4.5 中展示了边缘检测法的提取精度,表中 N_R 代表总像元个数,T 为正确提出的像元数与总像元个数的比值,E_c 为错提像元数与总像元个数的比值,E_o 为漏提像元数与总像元个数的比值。由图 4.18 和表 4.5 可知,NDWI 错分集中在红碱淖北部区域,漏提集中在红碱淖南部区域,T 为 84.06%,E_c 为 6.57%,E_o 为 9.37%,|NSM| 为 12.77 m,Kappa 系数为 0.9869;MNDWI 错分集中在红碱淖北部区域,漏提集中在红碱淖南部区域,T 为 82.68%,E_c 为 8.57%,E_o 为 8.74%,|NSM| 为 16.76 m,Kappa 系数为 0.9855;AWEI$_{sh}$ 错提区域分布较广泛,红碱淖东部区域错提较少,T 为 56.80%,E_c 为 42.01%,E_o 为 1.19%,|NSM| 为 28.65 m,Kappa 系数为 0.9747;NIRband 错提区域分布在红碱淖南部及北部,正确提取区域分布在红碱淖西部及东南部,T 为 53.52%,E_c 为 45.31%,E_o 为 1.17%,|NSM| 为 31.43 m,Kappa 系数为 0.9736。可以看出,NDWI 在 4 者中的 T 值及 Kappa 系数最高,错分率及 |NSM| 最小,漏分率最高;接下来依次是 MNDWI 及 AWEI$_{sh}$,NIRband 的 T 值及 Kappa 系数最小,错分率及 |NSM| 最大,漏分率最低。总体上,NSM 精度评价结果与边缘检测法一致,当某种水体提取方法 T 值越大时,NSM 值越小。

　　本研究利用 NSM 从空间位置上定量评价 NDWI、MNDWI、AWEI$_{sh}$ 及 NIRband 阈值法 4 种方法提取水体的精度,并与常用的 Kappa 系数、边缘检测精度验证法进行对比。结果表明,NDWI 的 |NSM| 均值为 12.77 m,NSM 负值主要集中在红碱淖北部区域,正值集中在南部区域,与边缘检测法中错分、漏分位置相对应,Kappa 系数为 0.9869,正确的边缘提取比例为 84.06%;MNDWI 的 |NSM| 均值为 16.76 m,NSM 负值集中在北部区域,正值集中在南部区域,与边缘检测法中错分、漏分位置相对应,Kappa 系数为 0.9855,正确的边缘提取比例为 82.68%;AWEI$_{sh}$ 的 |NSM| 均值为 28.65 m,NSM 负值集分布较为广泛,与边缘检测法中错分位置相对应,Kappa 系数为 0.9747,正确的边缘提取比例为 56.8%;NIRband 的 |NSM| 均值为 31.43 m,NSM 负值集中在红碱淖北部及南部区域,与边缘检测法中错分位置相对应,Kappa 系数为 0.9736,正确的边缘提取比例为 53.52%。NDWI 对于湖体边界的确定较为准确,NIRband 阈值法易将湖边潮湿的滩涂部分界定为水体。可以看出,|NSM| 均值大小与 Kappa 系数及边缘检测的 T 值具有一致性,当 |NSM| 均值越小,Kappa 系数及边缘检测的 T 值越大时,提取边界与真实边界越接近。4 种方法中,NDWI、MNDWI、AWEI$_{sh}$ 及 NIRband 的 |NSM| 均值依次增大,Kappa 系数及 T 值依次减小。NSM 水体提取精度验证法可从空间位置上定量分析不同水体提取方法的准确度,克服了传统方法如 Kappa 系数、面积等仅能从数值大小进行精度评价的缺点,拓展和丰富了水体提取精度评价方法。

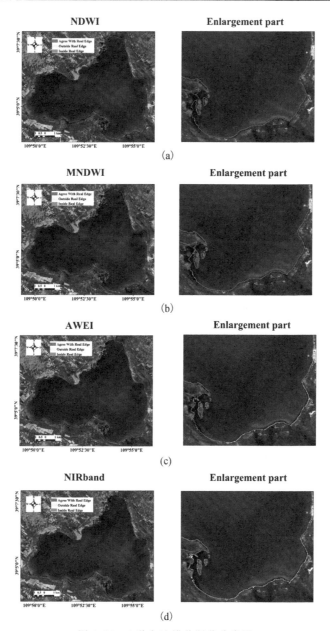

图 4.18　4 种方法错分漏分分类图

表 4.5　4 种方法边缘检测结果

方法	N_R/个	T/%	E_c/%	E_0/%	平均|NSM|/m	Kappa
NDWI	5370	84.06	6.57	9.37	12.77	0.9869
MNDWI	5295	82.68	8.57	8.74	16.76	0.9855
AWEI$_{sh}$	5394	56.80	42.01	1.19	28.65	0.9747
NIRband	5577	53.52	45.31	1.17	31.43	0.9736

注：表中 T 代表正确率，E_c 代表被错误分类地物的错分率，E_0 代表被漏分的正确地物的漏分率。

4.4　本章小结

本章首先介绍了水体遥感监测的基础知识,其次介绍了水体遥感监测的几种主要方法,最后以红碱淖为例,对 1986—2020 年的红碱淖湖泊面积进行了时间序列及空间上的动态变化分析,对水位及水量变化进行了时间序列的动态变化分析。并且基于 Sentinel - 2A 影像,使用不同遥感水体提取方法对同一时期的红碱淖湖泊边界进行提取,使用 DSAS 中的 NSM 从空间位置上定量评价各水体提取方法的精度,为验证水体提取方法精度提供了一种新思路。

本章参考文献

曹荣龙,李存军,刘良云,等,2008. 基于水体指数的密云水库面积提取及变化监测[J]. 测绘科学,33(2):158-160.

陈利,林辉,孙华,等,2013. 基于决策树分类的森林信息提取研究[J]. 中南林业科技大学学报(1):52-57.

陈述彭,赵英时,1992. 遥感地学分析:修订本[M]. 台北:中国文化大学出版部.

丁凤,2009. 一种基于遥感数据快速提取水体信息的新方法[J]. 遥感技术与应用,24(2):167-171.

段秋亚,孟令奎,樊志伟,等,2015. GF - 1 卫星影像水体信息提取方法的适用性研究[J]. 国土资源遥感,27(4):79-84..

李四海,王宏,许卫东,2000. 海洋水色卫星遥感研究与进展[J]. 地球科学进展,15(2):190-196.

刘英,吴立新,马保东,2013. 基于 TM/ETM＋光谱特征空间的土壤湿度遥感监测[J]. 中国矿业大学学报,42(2):296-301.

刘兆祎,李鑫慧,沈润平,等,2014. 高分辨率遥感图像分割的最优尺度选择[J]. 计算机工程与应用(6):148-151.

宋文龙,路京选,杨昆,等,2019. 地表水体遥感监测研究进展[J]. 卫星应用(11):41-47.

王航,秦奋,2018. 遥感影像水体提取研究综述[J]. 测绘科学,43(5):23-32.

闫霈,张友静,张元,2007. 利用增强型水体指数(EWI)和 GIS 去噪音技术提取半干旱区水体信息的研究[J]. 遥感信息 (6):62-67.

朱长明,骆剑承,沈占锋,等,2013. DEM 辅助下的河道细小线性水体自适应迭代提取[J]. 测绘学报(2):123-129.

FEYISA G L,MEILBY H,FENSHOLT R,et al,2014. Automated water extraction index: a new technique for surface water mapping using landsat imagery[J]. Remote Sensing of Environment(140):23-35.

GARCIA R F,SANKARAN S, MAJA J M,2013. Comparison of two aerial imaging platforms for identification of Huanglongbing-infected citrus trees[J]. Computers and Electronics in Agriculture (91):106-115.

GUNEROGLU N, ACAR C,DIHKAN M,2013. Green corridors and fragmentation in South Eastern Black Sea coastal landscape[J]. Ocean & Coastal Management(83):67-74.

HUANG C,CHEN Y,ZHANG S, et al,2018. Detecting, extracting, and monitoring surface water from space using optical sensors: a review[J]. Reviews of Geophysics(56): 333 − 360.

LIU D S, KELLY M, GONG P, 2006. A spatial-temporal approach to monitoring forest disease spread using multi-temporal high spatial resolution imagery[J]. Remote Sensing of Environment , 101(2): 167 − 180.

LIU P, CHEN B, RUAN B, 2004. Image thresholding segmentation based on edge information[J]. Computer Applications, 24(9): 28 − 30.

MCFEETERS S K, 1996. The use of the normalized difference water index (NDWI) in the delineation of open water features[J]. International Journal of Remote Sensing(17): 1425 − 1432.

QUINLAN J R, 1987. Simplifying decision trees[J]. International Journal of Man-Machine Studies, 27(3): 221 − 234.

XU H Q, 2006. Modification of normalised difference water index (NDWI) to enhance open water features in remotely sensed imagery[J]. International Journal of Remote Sensing (27): 3025 − 3033.

YU Q, 2006. Object-based detailed vegetation mapping using high spatial resolution imagery [J]. Photogrammetric Engineering and Remote Sensing, 72(7): 799 − 811.

第5章　矿区地表温度遥感反演与应用

煤炭作为我国重要的自然资源,在国民经济建设中起着至关重要的作用。矿产资源的开发造成了地表移动、水土流失、空气污染、温度异常等问题,并对矿区居民生活造成了严重影响。煤炭在开采过程中对煤炭上方的岩石和土壤进行挖掘和移动会对地表产生扰动,影响地表水分的物理循环及地表热量的散发,从而对地表温度也产生了一定的影响,引起了采矿地区及其周边地区环境的变化。本章主要从地表温度反演的基础知识、地表温度反演的主要方法以及地表温度反演的应用等三方面展开介绍。

5.1　地表温度反演的基础知识

地表温度是区域和全球尺度地球表层物理过程中的一个重要参数,它在地气相互作用中也扮演了重要的角色。地表温度作为一个重要的水文、气象、环境参数,影响着地气之间的显热和潜热交换,在许多领域有着重要的应用,特别是在气象、水文、植被生态、环境监测研究中。太阳辐射和地面状况,如海陆分布、地形类型、反射率、植被覆盖等因素都会影响地表温度。伴随着全球气候日益变暖,地表温度反演成为国内外学者关注的重点和热点。

地表温度(Land Surface Temperature, LST)是地表与大气相互作用过程中一个非常重要的物理量,及时掌握区域和全球尺度上的地表温度时空分布,尤其是全面、完整和连续的地表温度时空分布信息,对地气系统能量平衡和生态系统研究具有重要意义。地表温度传统测量方法主要有玻璃液体温度计测温法、铂电阻测温法和红外测温法等,虽然探测精度较高,但观测范围较小,探测周期长,不能有效地进行预警。而遥感具有覆盖范围广、重访周期短、动态、实时等优点,地表温度遥感监测已成为国内外研究的重点。

5.1.1　地表温度反演的基本理论

1. 基尔霍夫辐射定律

在一定温度下(热平衡),任何物体的辐射出射度 γ 与其吸收率 α 的比值只是温度、波长的函数,与辐射体本身性质无关,可用一个普适函数 f 来表达,即

$$f(\lambda, T) = \gamma(\lambda, T)/\alpha(\lambda, T) \tag{5.1}$$

2. 普朗克定律

根据普朗克定律,绝对温度大于 0 K 的任何物体都会向外以电磁波的形式辐射能量。处于热平衡状态的黑体在温度 T 和波长 λ 处的辐射能量可以用普朗克定律表示,即

$$B_\lambda(T) = \frac{C_1}{\lambda^5 \left[\exp\left(\frac{C_2}{\lambda T}\right) - 1 \right]} \tag{5.2}$$

式中, $B_\lambda(T)$ 是黑体在温度 T(K)和波长 λ(μm)处的光谱辐射亮度(W·μm^{-1}·sr^{-1}·m^{-2}); C_1

和 C_2 是物理常量($C_1 = 1.91 \times 10^8$ W·μm^{-4}·sr^{-1}·m^{-2},$C_2 = 1.439 \times 10^4$ μm·K)。

由于绝大多数自然物体都是非黑体,它们的热辐射需要在式(5.2)中加入地表发射率 ε 的影响。地表发射率可定义为地物的实际热辐射与同温同波长下黑体的比值。自然地物的热辐射可以用地表发射率乘以公式(5.2)的普朗克函数得到,即

$$R(\lambda, T) = \varepsilon(\lambda)B(\lambda, T) = \varepsilon(\lambda) \frac{C_1 \lambda^{-5}}{\left[\exp\left(\dfrac{C_2}{\lambda T}\right) - 1\right]} \tag{5.3}$$

显然,如果大气对卫星获取的辐射亮度信号没有影响,那么在已知地表辐射和发射率的情况下,地表温度就能根据式(5.3)反演得到。

3. 斯忒藩-玻耳兹曼定律

绝对黑体表面单位面积在单位时间内辐射出的总功率 E_T(称为物体的辐射度或能量通量密度)与黑体本身的热力学温度 T(又称绝对温度)的四次方成正比。

$$E_T = \sigma T^4 \tag{5.4}$$

式中,σ 为斯蒂芬常量,其值为 5.67051×10^{-8} J·s^{-1}·m^{-2}·K^{-4}。

4. 维恩位移定律

黑体在特定温度 T(K)下单色辐射强度的极大值所对应的波长 λ_{max} 可以用维恩位移定律表示,即

$$T\lambda_{max} = 2897.9 \text{ K·}\mu\text{m} \tag{5.5}$$

根据这一性质,对于温度在 $250 \sim 330$ K 的地表来说,其峰值波长 λ_{max} 主要处于热红外波长范围($8.8 \sim 11.6$ μm);对于诸如火灾、火山喷发的高温地表,其温度可能高于 800 K,那么它们的峰值波长 λ_{max} 主要处于中红外波长范围($3 \sim 5$ μm)。

总之,可以根据不同的需求选择不同的波长范围来探测地表热辐射情况。

5.1.2　地表温度反演的研究现状

随着全球气候的变化,矿区的气候也在开采扰动下不断变化,矿区地表的温度也随之发生了变化。随着遥感技术的迅速发展,国内外学者对地表温度遥感监测做了大量研究。Price (1984)采用分割窗口通道法获得 1 km 的空间分辨率数据,并指出这些光谱通道的数据可用于估计地表温度;Pulliainen 等(1997)使用空间多通道微波辐射数据监测森林地区地表温度的新型反演方法,对芬兰北方森林的地表温度进行了反演,结果表明对于以针叶树为主导的北方森林,在无雪条件下,SSM / I(Special Sensor Microwave / Imager)测量可以较准确地估计表面温度;Mallick 等(2008)使用 Landsat 7 ETM ＋卫星数据估算印度德里地区的地表温度,根据 Landsat 数据和 NIR 数据确定的不同土地利用/地面覆盖类型对检索到的地表温度的可变性进行了调查,结果显示地表温度与归一化植被指数(NDVI)之间存在强相关性,与植被覆盖度(Vegetation Coverage,VC)之间也存在强相关性;Connors 等(2013)使用高分辨率(2.4 m)的土地覆盖数据,研究了美国亚利桑那州凤凰城地表温度与空间格局的关系,结果表明空间格局与地表温度之间有着显著的关系;Maimaitiyiming 等(2014)从 Landsat TM 影像中获取地表温度数据,采用归一化的相互信息度量来研究地表温度与绿地空间格局之间的关系,结果表明绿地空间格局是引起地表温度动力学的最重要变量;Jimenez-Munoz 等(2014)利用单通道法和分裂窗法对 Landsat 8 上传感器数据进行地表温度的反演,结果显示分裂窗算法的结果略

高于单通道算法;Rozenstein 等(2014)基于 Landsat 8 热红外数据,使用大气透射率和地表发射率作为输入参数的分割窗口算法来反演地表温度,结果表明分裂窗算法对地表温度的研究有重要意义;Kamran 等(2015)利用 Landsat 8 热红外数据,分析比较了分裂窗法和 SEBAL(Surface Energy Balance Algorithms for Land,SEBAL)法,结果表明了分裂窗法的精度要高于 SEBAL 方法;Asgarian 等(2015)以 Landsat ETM+数据为基础,研究伊朗伊斯法罕市城市环境中绿色覆盖层的空间格局对城市地表温度的影响,指出城市规划者可以优化绿色贴片的组成、配置和结构,以减轻对地表温度的不利影响;Şekertekin 等(2015)以 2015 年 8 月 28 日获得的 Landsat 5 TM 影像为基准,采用单窗算法反演地表温度,指出植被覆盖区域的地表温度比市中心和干旱地区低 5 ℃;Balcik 等(2016)基于 Landsat 8 数据,采用单窗口和分割窗口算法来确定伊斯坦布尔的地表温度,指出地表温度对确定城市的人口分布及发展有着重要意义;Windahl 等(2016)采用辐射传递方程、单窗算法和广义单通道方法反演地表温度,结果显示,用单窗算法反演地表温度的精度是最高的;Balcik 等(2016)采用单窗算法从 Landsat 8 OLI 数据中提取了地表温度数据,对土耳其伊斯坦布尔的土地覆盖和土地利用类别对地表温度的影响进行了调查评估,结果显示土地覆盖和土地利用类别会对地表温度产生影响。

我国学者对开采扰动下矿区地表温度遥感监测做了相应的研究。谢苗苗等(2011)采用单通道普适性算法反演了大型露天煤矿的地表温度,并研究了在不同的地表扰动下温度的变化情况,发现露天采坑和工业场地的温度都呈上升趋势;邱文玮等(2013)通过采用大气校正法对徐州矿区地表温度进行反演,研究生态扰动是如何影响地表温度的,指出矿区土地利用结构与地表温度之间的相关性很强,体现了不同土地利用类型对地表温度的影响差异性;蒋大林等(2015)修正了现有反演地表温度的单窗算法的参数,在采用 Landsat 8 第 10 波段反演地表温度的情况下得到了单窗算法系数,反映了在 Landsat 8 第 10 波段的基础上,利用改进的单窗算法反演地表温度的可行性是很高的;李恒凯等(2016)在建立稀土开采扰动的温度分异系数和矿区地表温度关系的基础上,提出了矿区地表扰动的构造方法;李恒凯(2016)反演了矿区地表温度,并构建温度分异系数来研究矿区不同地表扰动下的温度变化情况,结果表明,稀土矿区温度分异系数能很好地和地表扰动级别对应,可作为矿区生态扰动的指示因子;张藜(2016)采用单窗算法,反演了万山汞矿区的地表温度,分析了温度的分布情况和矿区关停前与关停后的温度变化情况;李恒凯等(2017)通过采用辐射传导方程法对矿区地表进行温度反演,研究和分析稀土开采对矿区温度的分异扰动效应,指出稀土开采所产生的地表扰动对地表温度有着明显的影响。

国内一些学者对地表温度反演方法进行了比较分析,丁凤等(2006)使用 Landsat 影像,利用单窗算法和单通道算法分别进行地表温度反演,指出两种算法的反演结果都比亮度温度高,相比而言单通道算法反演的亮度温度值更高一些。朱文娟等(2008)利用单窗算法和单通道算法进行地表温度反演,同样表明单通道算法反演的亮度温度值要高一些。白洁(2008)等基于 TM/ETM+数据利用辐射传输方程法、单窗算法、普适性单通道算法 3 种方法进行温度反演,指出辐射传输方程法反演的地表温度略高于地面实测值,单窗算法的结果与地面实测值一致性最好,而普适性单通道算法的结果明显低于地面实测值。秦福莹(2008)介绍了分窗算法、单窗算法和多通道算法,结果表明单窗算法从反演的技术和精度方面来讲,具有较大优势。樊辉(2009)从理论上分析与模拟了基于 Landsat TM 热红外波段反演地表温度的单窗算法和普适性单通道算法对地表温度反演的影响,经分析后认为普适性单通道算法并不具有普适性。郑文武等(2011)将基于 MODIS 数据反演的大气参数应用于 TM 影像的地表温度反演,分别对

单窗算法和普适性单通道算法进行了实验研究,结果表明两种算法反演精度均较高。王倩倩
(2012)等指出基于多源遥感数据反演地表温度的单窗算法,由于减少了大气水汽含量空间异
质性带来的地表温度反演误差,得到的地表温度更为合理。Li 等(2013)回顾了从热红外数据
估计 LST 的所选遥感算法的现状,重点讨论了从极地轨道卫星获取的热红外数据,并对用于
从数据中推导 LST 的理论框架和方法进行了审查,然后验证卫星导出的 LST 的方法,最后提出未
来研究的方向,以提高卫星导出的 LST 的准确性。Yu 等(2014)比较了热红外传感器中 LST 反演
的辐射传导方程法、分裂窗算法和单通道算法三种地表温度反演方法,结果表明基于辐射传导方程
的方法具有最高的精度,相比而言其他两者方法的精度略低。徐涵秋等(2015)对单通道算法地表温
度反演的若干问题进行了讨论,提出利用不同传感器数据进行地表温度反演的公式。徐涵秋(2015)
采用最新的参数、算法和引入 COST 算法建立的大气校正模型,对 Landsat 8 多光谱和热红外波段
进行了处理,反演出它们的反射率和地表温度,并与同日的 Landsat 7 数据和实测地表温度数
据进行了对比,并建议现阶段采用单通道算法单独反演 TIRS10 波段来求算地表温度。蒋大
林等(2015)针对 Landsat 8 第 10 波段的数据特征,对单窗算法进行了参数修正,得到了基于
Landsat 8 第 10 波段反演地表温度的单窗算法修正系数,指出基于 Landsat 8 第 10 波段用修
正后的单窗算法反演地表温度是可行的,该方法可为地表温度反演提供一种途径。

5.2　地表温度反演的主要方法

针对不同的遥感数据,国内外学者在地表温度的研究方面提出了多种方法,比如单通道
法、单窗算法、分裂窗算法、劈窗算法等,本节将对这几种温度反演的方法做一个详细的介绍。

5.2.1　基于传统的地表温度监测

传统的地表温度测量方法有 3 种,即玻璃液体温度计测温法、铂电阻测温法和红外测温
法。其中,水银玻璃温度表测量地表温度简单、可靠,但是仪表反应时间长,且受埋入地表的深
度、天气条件和空气温度的影响,测温数据不够精确;铂电阻温度传感器简单、可靠、稳定,但是
它也有水银玻璃温度表的缺点,即容易受天气条件和大气辐射的影响;红外测量是通过测量物
体发射出的辐射通量来求温度的,具有响应速度快、测温精度高、测量范围广等优点,但是红外
温度传感器测量地表温度的难点在于其修正方法。

5.2.2　基于遥感的地表温度反演

地表温度遥感反演是指从卫星传感器的辐射亮度值中获得地表温度信息。太阳辐射通过
大气层时会发生反射、折射、吸收、散射和透射,实际到达雷达传感器的辐射亮度,包括地表热
辐射经过大气削弱后被传感器接收的辐射亮度、大气上行辐射亮度以及大气下行辐射经过地
表反射后再被大气削弱并最终被传感器接收的辐射亮度。因此,反演地面温度需要解决大气
扰动和地表比辐射率订正的问题。通过卫星图像遥感反演得到的地表温度是像元尺度下的地
表温度。卫星传感器是通过探测地表的热辐射强度来推算地表温度的,而地表不同地物的热辐
射是不同的。因此,正确理解卫星遥感器所探测到地表特征,是正确理解像元尺度下地表温
度产品真实含义的关键。随着地表类型的不同,像元尺度下地表温度产品的含义也不尽相同。
在茂密的植被覆盖地区,卫星遥感器所探测到的地表主要是指植被叶冠表面,在这种情况下,
遥感反演得到的地表温度基本上是指植被冠层温度,它与通常理解的林下土壤温度存在一定

差异;在没有植被覆盖的裸土表面或裸岩表面,地表温度与通常理解的土壤表面温度或裸岩表面温度基本是一致的;在植被稀少地区,地表温度是指植被叶面温度和植被下的土壤表面温度的混合平均值;对于湖泊河流等水体来说,地表是指水体表面,这种情况下的地表温度是指水体表面(通常是 1~5 cm 薄层)的温度。近年来,许多方法利用从热红外波段探测到的经大气影响的地表辐射,并结合其他辅助数据来估算地表温度。随着卫星技术的快速发展,许多传感器携带的热红外波段可以用来进行基于遥感的地表温度反演。星载热红外传感器非常多,除了气象卫星外,还有资源对地观测卫星也携带有热红外波段,如表 5.1 为常用的几种星载热红外传感器。另外,还有中巴资源卫星 IRMSS,不过其缺少定标参数,应用较少。

表 5.1　主要星载热红外传感器

传感器	卫星平台	热红外波段数	热红外光谱范围 /μm	空间分辨率	宽幅
ASTER 高级空间热辐射热反射探测器	EOS（美国）	5	8.125~8.475 8.475~8.825 8.925~9.275 10.25~10.95 10.95~11.65	90 m	60 km×60 km
AVHRR 甚高分辨率辐射仪	NOAA（美国）	3	3.55~3.93 10.30~11.30 11.50~12.50	1.1 km	
ETM＋/TM5	Landsat（美国）	1	10.0~12.9 10.4~12.5	60 m(重采样为 30 m)、120 m	185 km×185 km
Landsat 8 TIRS	Landsat（美国）	2	10.60~11.20 11.50~12.50	100(重采样为 30 m)	185 km×185 km
IRS 红外相机	HJ－1A/B（中国）	2	3.50~3.90 10.5~12.5	150 m 300 m	720 km×720 km
MODIS 中等高分辨率成像光谱辐射仪	EOS（美国）	16	20:3.660~3.840 21:3.929~3.989 22:3.929~3.989 23:4.020~4.080 24:4.433~4.498 25:4.482~4.549 27:6.535~6.895 28:7.175~7.475 29:8.400~8.700 30:9.580~9.880 31:10.780~11.280 32:11.770~12.270 33:13.185~13.485 34:13.485~13.785 35:13.785~14.085 36:14.085~14.385	1 km	

遥感反演地表温度的方法主要有单通道算法、多通道算法、多角度算法、多时相算法和高光谱反演算法。在此主要介绍单通道算法,其他几种方法请读者参考相关资料。

单通道算法也称为模式发散法,是利用卫星传感器单通道得到的辐射,选择大气窗区,订正大气衰减和发射后的大气辐射。它主要有四种方法:辐射传导方程法、基于影像的反演算法、单窗算法和普适性单通道算法。

1. 辐射传导方程法

辐射传导方程法即大气校正法,是借助卫星传感器所捕获的热辐射亮度的强弱来反演研究区域的地表温度。首先,假设大气和地表都对热辐射具有朗伯体性质,采用辐射传导方程推导出类似黑体的热红外辐射亮度;其次,依据普朗克算法,求出类似黑体的热红外辐射亮度与地表真实温度间的关系。在高空中的传感器接收到的热红外辐射亮度值 L_λ 是由三部分组成:大气上部热辐射;地表地物透过大气传递的真实地表热辐射;大气向下热辐射再经由地表发射后,透过大气传递到传感器的热辐射,其计算公式为

$$L_\lambda = \left[\varepsilon B(T_s) + (1-\varepsilon)L_{\mathrm{Under}}\right]\tau + L_{\mathrm{Upper}} \tag{5.6}$$

则同温黑体的辐射亮度值 $B(T_s)$ 可以表示成如下公式:

$$B(T_s) = \frac{\left[L_\lambda - L_{\mathrm{Upper}} - \tau \times (1-\varepsilon) \times L_{\mathrm{Under}}\right]}{\tau \times \varepsilon} \tag{5.7}$$

式中,T_s 为地表真实温度;ε 为地表比辐射率;$B(T_s)$ 为黑体辐射亮度值;τ 为热红外大气透过率;L_{Upper} 为大气向上辐射亮度值;L_{Under} 为大气向下辐射亮度值。其中,τ、L_{Upper}、L_{Under} 可以通过 NASA 官网(https://atmcorr.gsfc.nasa.gov/)输入相关参数查询,获取界面如图 5.1、图 5.2 所示。

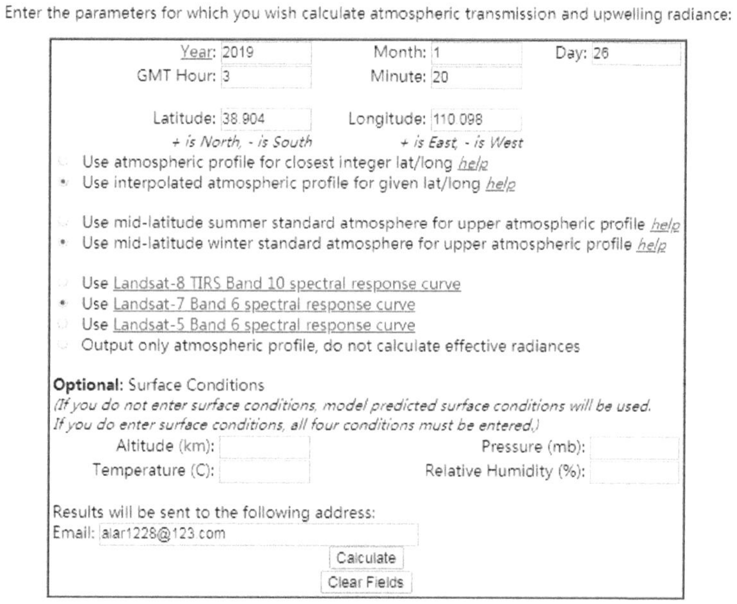

图 5.1　NASA 官网获取 τ、L_{Upper}、L_{Under} 三个参数的初始界面

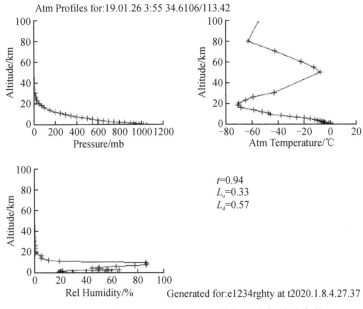

图 5.2　2019 年 1 月 26 日 ETM＋数据的大气辅助参数

　　在此以 2019 年 1 月 26 日的神东矿区的 Landsat 7 ETM＋数据为例,获取当日的 τ、L_{Upper} 和 L_{Under}。具体步骤如下:①打开 NASA 官网;②在下载的数据. txt 文件中查找年、月、日、时、分以及中央经纬度并且输入到图 5.1 对应位置;③分别选择 Use interpolated atmospheric profile for given lat/long、Use mid-latitude winter standard atmosphere for upper atmospheric profile 以及 Landsat 8 TIRS Band 10 spectral response curve 选项;④输入有效的 E-mail 地址(E-mail 地址不能以数字开头);⑤点击"Calculate"按钮即可得到图 5.2 的结果,最终获得 τ、L_{Upper}、L_{Under} 值。

　　L_λ 作为传感器接收到的热红外光谱辐射亮度,有两种获取方式:①利用公式 $L_\lambda = Gain \times DN ＋ offset$ 获得,其中 Gain 和 Offset 可以通过影像头文件获取,在 ENVI 中用 band math 工具完成计算。②利用 ENVI 自动读取头文件完成计算,具体操作步骤为,利用 ENVI 工具 Radiometric Correction→Radiometric Calibration 实现。

　　ε 作为物体的比辐射率,是物体向外辐射电磁波的能力表征。它不仅依赖于地表物体的组成,而且与物体的表面状态(表面粗糙度等)及物理性质(介电常数、含水量等)有关,并与所测定的波长和观测角度等因素有关。在大尺度上对比辐射率精确测量的难度很大,目前只是基于某些假设获得比辐射率的相对值,可主要根据可见光和近红外光谱信息来估计比辐射率。ε 的计算方法可参考相关资料。

　　根据以上获得的 τ、L_{Upper}、L_{Under}、ε 和 L_λ 等参数,根据公式 5.7 可得

$$T_s = \frac{K_2}{\ln\left(\dfrac{K_1}{B(T_s)}＋1\right)} \tag{5.8}$$

式中,K_1,K_2 为传感器的定标常数,对于 Landsat TM/ETM＋/OLI 有不同的取值(见表 6.2)。

表 5.2　传感器定标参数

传感器	$K_1(\omega/m^2 \cdot sr \cdot \mu m)$	$K_2(K)$
Landsat TM	607.76	1260.56
Landsat ETM+	666.09	1282.71
Landsat OLI	774.89	1321.08

2. Weng 算法或基于影像的反演算法

Weng 等(2004)提出了基于 Landsat TM/ETM+数据的 LST 反演算法。首先,将 Landsat TM 影像热红外波段的 DN 值转换成星上辐射亮度(Lsensor);其次,将星上辐射亮度进一步反演成星上亮度温度(Tsensor);最后,将星上亮度温度代入 Artis D. A. 等推导的绝对表面温度计算模型中进行地表温度反演。

表 5.3　热红外中心波长

传感器	Landsat TM	Landsat ETM+	Landsat OLI
热红外中心波长/μm	11.435	11.335	10.9

$$LST = \frac{Tsensor}{\left[1 + \left(\lambda \times \dfrac{Tsensor}{\rho}\right)\ln\varepsilon\right]} \tag{5.9}$$

式中,λ 既可以是 TM/ETM+热红外波段的中心波长($\lambda=11.435\ \mu m$ 或 $\lambda=11.335\ \mu m$,见表 5.3),也可以是 OLI 热红外波段的中心波长($\lambda=10.9\ \mu m$);$\rho=1.438\times10^{-2}\ m/K$;$\varepsilon$ 为地表比辐射率。

3. 单窗算法

单窗算法(Mono-Window Algorithm,MW)是覃志豪等人于 2001 年提出的(Qin,2001),该反演地表温度算法的计算公式为

$$T_s = \frac{\{a \times (1-C-D) + [b \times (1-C-D) + C+D] \times T6 - D \times T_a\}}{C} \tag{5.10}$$

$$C = \varepsilon \times \tau \tag{5.11}$$

$$D_6 = (1-\varepsilon_6)[1 + (1-\varepsilon_6)\tau_6] \tag{5.12}$$

式中,ε 为地表比辐射率;T_s 为地面亮温值;a 和 b 为常数,分别为 -67.355351 和 0.458606;T_a 为大气平均作用温度;τ 为大气透过率,根据研究区的位置、气温和水汽含量确定。

大气平均作用温度的近似估计分为以下四种。

USA 1976 平均大气:

$$T_a = 25.9396 + 0.88045 T_0 \tag{5.13}$$

热带平均大气:

$$T_a = 17.9769 + 0.91715 T_0 \tag{5.14}$$

中纬度夏季大气:

$$T_a = 16.0110 + 0.92621 T_0 \tag{5.15}$$

中纬度冬季大气:

$$T_a = 19.2704 + 0.91118 T_0 \tag{5.16}$$

表 5.4 针对不同温度温度范围和水分含量给出了不同的大气透射率估计方程。

表 5.4　大气透射率估计方程

气温特征	水分含量 $\omega/(g/cm^2)$	大气透过率估计方程
高气温($\geqslant$35 ℃)	0.4~1.6	$\tau=0.974290-0.88007\omega$
	1.6~3.0	$\tau=1.031412-0.11536\omega$
低气温($\leqslant$18 ℃)	0.4~1.6	$\tau=0.982007-0.09611\omega$
	1.6~3.0	$\tau=1.053710-0.14142\omega$

4. 普适性单通道算法

单通道算法(Single-Channel Method，SC)由 Jiménez-Muñoz 和 Sobrino 于 2003 年提出，其计算公式如下

$$T_s = \gamma[\varepsilon^{-1}(\psi_1 L_{sen} + \psi_2) + \psi_3] + \delta \tag{5.17}$$

式中，ε 为地表比辐射率；L_{sen} 为卫星高度上遥感器测得的辐射强度；γ、δ、ψ_1、ψ_2、ψ_3 均为中间变量，对于不同传感器有不同计算公式。

对于 Landsat OLI/ETM+，有

$$\gamma = \frac{T_{sen}^2}{b_\gamma L_{sen}} \tag{5.18}$$

$$\delta = T_{sen} - \frac{T_{sen}^2}{b_y} \tag{5.19}$$

$$b_y = C_2 \left(\frac{\lambda^4}{C_1} + \frac{1}{\lambda} \right) \tag{5.20}$$

对于 Landsat TM，有

$$\gamma = \left[\left(\frac{C_2 L_{sen}}{T_{sen}^2} \right) \left(\frac{\lambda^4}{C_1} L_{sen} + \frac{1}{\lambda} \right) \right]^{-1} \tag{5.21}$$

$$\delta = -\gamma L_{sen} + T_{sen} \tag{5.22}$$

式中，T_{sen} 为地面亮度温度；λ 为热红外波段中心波长；C_1 和 C_2 常数，其中，$C_1 = 1.19104 \times 10^8$ $(\omega \cdot \mu m \cdot m^{-2} \cdot sr^{-1})$，$C_2 = 14387.7(\mu m \cdot K)$。

$$\psi_1 = a_{11} \omega^2 + a_{12}\omega + a_{13} \tag{5.23}$$

$$\psi_2 = a_{21} \omega^2 + a_{22}\omega + a_{23} \tag{5.24}$$

$$\psi_3 = a_{31} \omega^2 + a_{32}\omega + a_{33} \tag{5.25}$$

各项参数取值如表 5.5 所示。

表 5.5　参数取值

参数值	Landsat TM/ETM+	Landsat OLI
a_{11}	0.14714	0.0409
a_{12}	-0.15583	0.02916
a_{13}	1.1234	1.01523
a_{21}	-1.1836	-0.38333
a_{22}	-0.37607	-1.50294
a_{23}	-0.52894	0.20324
a_{31}	-0.04554	0.00918
a_{32}	1.18719	1.36072
a_{33}	-0.39071	-0.27514

5.2.3　反演算法差异性分析

此节主要对辐射传导方程算法、基于影像的算法、单窗算法和单通道算法进行对比，以及将这几种方法反演的地表温度与 MODIS LST 数据进行对比。这四种地表温度反演算法的差异如表 5.6 所示。

由图 5.3 至图 5.6 可以看出，四种地表温度反演算法的反演结果大体上差别不大，但在一些地方还是有细微差异的。四种算法的地表温度反演结果相近，其中以单窗算法和辐射传导方程法最为接近，这两种算法反演的该研究的地表温度值较高，但相比而言，单通道算法温度反演结果比单窗算法和辐射传导方程法反演的地表温度值高。从图 5.3 至图 5.6 中可以看出，基于影像法的温度反演结果颜色较浅，特别是在东南部，其他区域相对单窗算法反演结果颜色也较浅，说明基于影像法的温度反演结果较低。综合分析四种算法的反演结果，可以明显看出神东矿区的东南部地表温度较低，整个西部和北部颜色发红，表明该区域地表温度较高。综合四种算法的地表温度反演结果，四种算法的反演结果基本相同，其中单通道算法反演的地表温度值最高，单窗算法和辐射传导方程法较高，基于影像算法反演的地表温度值最低。

表 5.6　地表温度反演算法差异性比较

反演算法	优点	不足
辐射传导方程法	考虑了地表比辐射率的影响；算法原理简单，易理解	计算过程较复杂，需要参数多；需要大气剖面数据
基于影像算法	反演过程较为简单，易操作；对影像数据之外的外来参数依赖性较小；考虑了地表比辐射率因素的影响	忽略了大气辐射因素对地表温度反演的影响
单窗算法	既考虑了地表比辐射率的影响，也考虑了大气辐射的影响；反演过程所需要的大气参数比传统的辐射传导方程方法要少得多，仅需要近地表气温和大气水分含量这两个参数	反演过程较基于影像算法复杂；当使用的遥感影像属于历史存档数据时，由于影像成像时的大气参数无法实测获得，因此需要采用大气标准剖面数据进行替代，从而会对反演结果精度造成一定的影响
单通道算法	既考虑了地表比辐射率的影响，也考虑了大气辐射的影响；反演过程所需的大气参数仅为大气含水量	

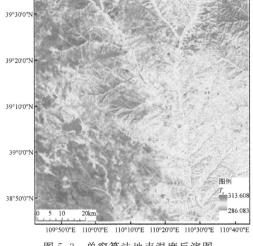

图 5.3　单窗算法地表温度反演图

图 5.4　单通道算法地表温度反演图

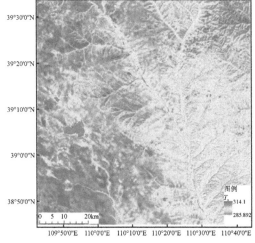

图 5.5　辐射传导方程法地表温度反演图

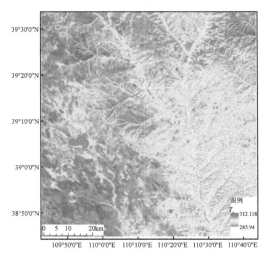

图 5.6　基于影像法地表温度反演图

选用 2015 年 10 月 5 日的 Landsat 8 的数据进行精度验证,分别将四种算法的反演结果与当天 MODIS LST 数据进行验证。

1. MODIS LST 数据处理

(1)对于下载的 MODIS LST 数据,先用 MRT 软件进行处理,转为 tif 格式,投影选择为UTM WGS84;

(2)将上一步的结果在 ENVI 中打开;

(3)将 LST 数据乘以系数 0.2(band math);

(4)裁剪神东矿区。

2. 结果验证

分别将四种温度反演算法的结果与 MODIS LST 数据进行比较。首先需要将地表温度反演算法的结果重采样为与 MODIS LST 数据分辨率一样(1000 m×1000 m),然后统计各算法和 MODIS LST 数据的最大值、最小值和平均值。

表 5.7　Landsat 四种反演算法和 MODIS 产品数据温度统计比较

反演算法	最小值/K	最大值/K	平均值/K
单窗算法	287.334381	309.588928	297.157173
单通道算法	287.534119	310.457642	297.703065
辐射传导方程法	287.178650	310.004150	297.309012
基于影像算法	287.131042	308.295410	296.465504
MODIS LST 数据	290.339996	301.859985	297.120451

从表 5.7 的统计结果来看,单窗算法的最大值、最小值和平均值都与 MODIS LST 温度产品数据结果最为接近。这四种地表温度反演算法中,单窗算法和辐射传导方程法反演的地表温度值比较接近。就平均值来看,单窗算法与 LST 数据差大约 0.03 K;单通道算法与 LST 数据差约 0.58 K;辐射传导方程法与 LST 数据差大约 0.19 K;基于影像算法与 LST 数据差约 0.65 K。

选取 4 类样本点——水体、裸土、植被和建筑物,分别统计 4 种反演算法和 MODIS LST 数据的值,分析比较 4 种反演算法对不同地物类别的温度反演结果,确定对各种地物均最适用的地表温度反演算法,从而确定该研究区的地表温度反演算法,统计结果见表 5.8 至表 5.11 (各以 5 个点为例)。

1)水体

从表 5.8 可以看出,对于水体,无论是单窗算法、单通道算法、辐射传导方程法还是基于影像算法反演出来的地表温度,均比 MODIS LST 数据所获取的水体的温度要低。单窗算法和辐射传导方程法反演的水体温度均比 MODIS LST 数据低约 2 K,单通道算法和基于影像算法反演的水体温度均比 MODIS LST 数据低约 3 K,但总体来说温度还是比较接近的,整体来看,前两者算法水体温度反演精度较高。

表 5.8　地表温度反演算法和 MODIS LST 数据水体温度比较

反演算法	样本点 1/K	样本点 2/K	样本点 3/K	样本点 4/K	样本 5/K
单窗算法	288.024	288.315	288.443	288.680	292.308
单通道算法	288.248	288.549	288.682	288.927	292.680
辐射传导方程法	287.890	288.190	288.322	288.566	292.306
基于影像算法	287.786	288.064	288.185	288.410	291.860
MODIS LST	290.797	291.235	291.309	292.368	294.397

2)裸土

从表 5.9 的统计结果来看,对于裸土,单窗算法、单通道算法和辐射传导方程法的温度反演结果均高于 MODIS LST 数据的裸土温度,单窗算法的地表温度反演结果和 MODIS LST 数据最为接近,基于影像的反演算法结果略低于 MODIS LST 数据结果。四种算法中,单窗算法和辐射传导方程算法反演结果较为接近,单通道算法反演的地表温度略高于这两种算法,表明对于裸土,单窗算法的反演精度最高。

表 5.9　地表温度反演算法和 MODIS LST 数据裸土温度比较

反演算法	样本点 1/K	样本点 2/K	样本点 3/K	样本点 4/K	样本 5/K
单窗算法	296.356	296.630	296.630	298.491	300.736
单通道算法	296.883	297.164	297.164	299.076	301.383
辐射传导方程法	296.492	296.772	296.772	298.677	300.973
基于影像算法	295.702	295.963	295.963	297.734	299.871
MODIS LST	296.300	296.300	296.577	298.079	299.357

3）植被

从表 5.10 可以看出,对于植被,统计的这 5 个样本点的温度,单窗算法的反演结果有的低于 MODIS LST 温度产品数据,有的略高于 MODIS LST 温度产品数据,单通道算法反演结果则一直略高于 MODIS LST 数据,辐射传导方程法的地表温度反演结果和单窗算法的结果基本一致,而基于影像算法的反演结果略低于 MODIS LST 数据。这可能是由于该研究区属于矿区,植被覆盖度低,样本点可能存在混合像元。

表 5.10　地表温度反演算法和 MODIS LST 数据植被温度比较

反演算法	样本点 1/K	样本点 2/K	样本点 3/K	样本点 4/K	样本点 5/K
单窗算法	298.150	298.542	298.717	298.804	300.090
单通道算法	298.733	299.115	299.295	299.407	300.731
辐射传导方程法	298.336	298.716	298.894	299.006	300.303
基于影像算法	297.407	297.781	297.946	298.029	299.252
MODIS LST	298.273	298.737	298.750	298.780	298.780

4）建筑物

从表 5.11 分析建筑物的地表温度反演结果可以看出,单窗算法反演的地表温度略高于 MODIS LST 数据结果,辐射传导方程法反演结果又略高于单窗算法,单通道算法反演结果和基于影像算法的反演结果略低于 MODIS LST 数据结果。其中,单窗算法和辐射传导方程法最为接近,两者与 MODIS LST 数据相差均不到 1 K。总体来看,对于建筑物,单窗算法地表温度反演结果精度最高。

表 5.11　地表温度反演算法和 MODIS LST 数据建筑物温度比较

反演算法	样本点 1/K	样本点 2/K	样本点 3/K	样本点 4/K	样本点 5/K
单窗算法	296.570	296.979	297.388	297.443	297.497
单通道算法	297.081	297.502	297.923	298.007	298.035
辐射传导方程法	296.689	297.108	297.527	297.610	297.638
基于影像算法	295.912	296.301	296.690	296.742	296.794
MODIS LST	296.560	296.850	296.916	297.090	297.112

5）总结

综合 4 种典型地物类型,选取多个样本点,统计其地表温度的平均值。从表 5.12 可以看出,水体的 4 种地表温度反演算法的反演结果均低于 MODIS LST 数据结果,裸土和建筑物的单窗算法、单通道算法和辐射传导方程法地表温度反演结果均高于 MODIS LST 数据,对于植被来说,只有单通道算法的地表温度反演结果略高于 MODIS LST 数据结果。综合来看,2015年 10 月 4 种地物类别中,水体的温度最低,平均低于其他类别 5 K 左右;裸土的地表温度相对其他地物最高,平均约 298 K;植被和建筑物的地表温度差别不大,值均约为 297 K。

对 4 种地表温度反演算法的结果进行比较分析可得,水体的反演结果与 MODIS LST 数据结果差约 3.02 K,裸土的地表温度反演结果差约 0.32 K,植被的反演结果差约 0.25 K,建筑物的反演结果差约 0.13 K。其中,水体的温度反演结果最低,建筑物的温度反演结果最高。无论对于哪种地物,基于影像的反演算法精度都较低,单窗算法和辐射传导方程法反演结果较为接近,其中单窗算法反演结果与 MODIS LST 数据结果最为接近,精度最高。可见,对于神东矿区,最适合用单窗算法反演地表温度。

表 5.12　地表温度反演算法和 MODIS LST 数据 4 种地物温度统计比较

反演算法	水体/K	裸土/K	植被/K	建筑物/K
单窗算法	288.692532	298.199146	297.417409	297.075607
单通道算法	288.939764	298.777925	297.975530	297.605398
辐射传导方程法	288.579170	298.379423	297.579077	297.210601
基于影像算法	288.422411	297.457814	296.710590	296.388668
MODIS LST	291.711991	297.880049	297.668652	296.940923

5.3　地表温度反演的应用

本节分别从矿区尺度以及矿井尺度分析单窗算法反演的 1991—2019 年地表温度变化情况,从而对开采扰动下神东矿区近年来的温度变化情况有一个清晰的认识。注意,下载的 Landsat 数据来自 usgs 官网(https://earthexplorer.usgs.gov/)。

5.3.1　神东矿区地表温度时空变化分析

1. 地表温度时序变化

从神东矿区地表温度时序变化情况来看(见图 5.7),1991—2020 年,神东矿区的地表温度呈缓慢增长趋势,1990—1995 年地表温度呈下降趋势,1995 年相较于 1991 年降低了 10 K,1996—2020年地表温度呈波动性缓慢增长趋势,波动范围为289～302 K。

2. 空间变化特征

利用 ArcGIS 软件将地表温度的归一化结果重分类为:极低温区(0～0.2)、低温区(0.2～0.4)、中温区(0.4～0.6)、高温区(0.6～0.8)和极高温区(0.8～1.0),共 5 类。

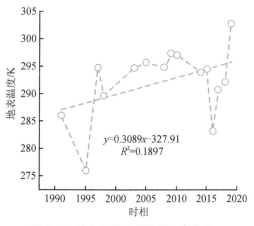

图 5.7　神东矿区地表温度时序变化

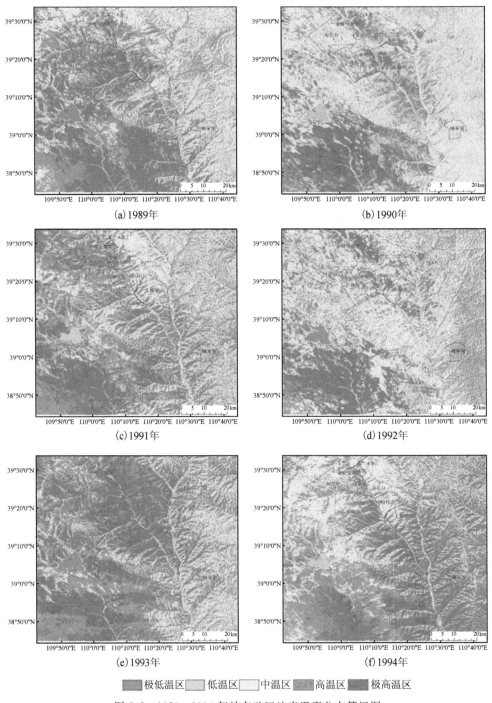

图 5.8　1989—1994 年神东矿区地表温度分布等级图

　　由图 5.8 可知,1989 年,研究区东北部存在较多的极低温区,高温区和极高温区分布在西南方位;1990 年,极低温区减少,低温区和中温区增加,东北部的部分极高温区减少;1990—1991 年,低温区、中温区和高温区持续增加,极高温区减少;1992 年,神东矿区西部地区极低温区增加,中温区和高温区则相对减少;1993 年,神东矿区的 80%～90% 基本都属于高温区与极高温区,1993 年后地表温度有所下降,低温区域增加,东北部中温区增加,西南部极高温区增加。

从图 5.9 可以看出,1995 年,高温区和极高温区主要分布在研究区东部;1996 年的低温区约有 40%,主要集中在研究区东部,西南区域极高温区面积增加;1997 年,高温区又逐年扩大,不过高温区的中心区域没有转移;1998 年,大部分区域都为中、高温区,其中中温区所占比例较大。

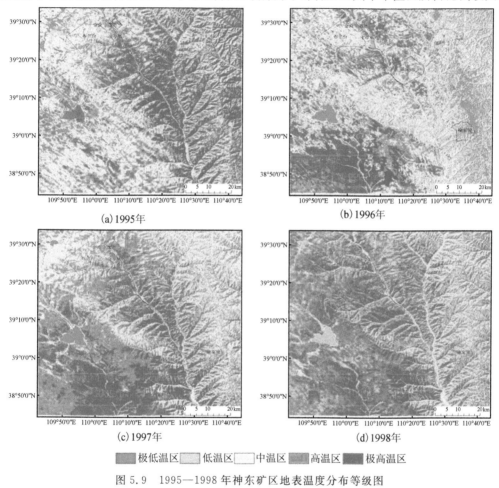

■极低温区　□低温区　□中温区　■高温区　■极高温区

图 5.9　1995—1998 年神东矿区地表温度分布等级图

由图 5.10 可知,高温区的扩大趋势一直到 2001 年有所缓解,这是由于 1998—2001 年的历史罕见干旱情况使得这一时间段的温度普遍较高,2001 年整个矿区中温区占很大比例。从 2002 年开始,高温区依旧扩大,但随着降雨量的恢复,高温区减少,比起 2001 年前的低温区域在研究区的东部有所减少,而西部地区还属于高温区域;2003 年,整个矿区 90% 属于中、高温区,西部地区温度最高;2004 年,东部地区低温区较多,研究区西北部分温度下降,由极高温区转变为高温区和中温区。1999—2004 年,中温和高温区面积增加,极高温区面积减少,低温区面积也有所增加。

由图 5.11 可知,2004—2009 年,温度高温和低温区的变化情况不大,西部地区的温度一直略高,而东部区域的低温区有所增加。同时,西部地区的极高温区有所减少,中温区增加,这样的状况持续到 2009 年,2009—2010 年高温区稍有减少。

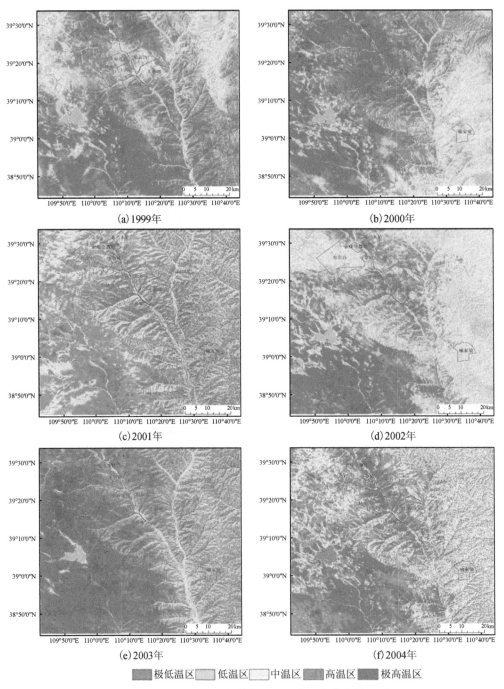

图 5.10　1999—2004 年神东矿区地表温度分布等级图

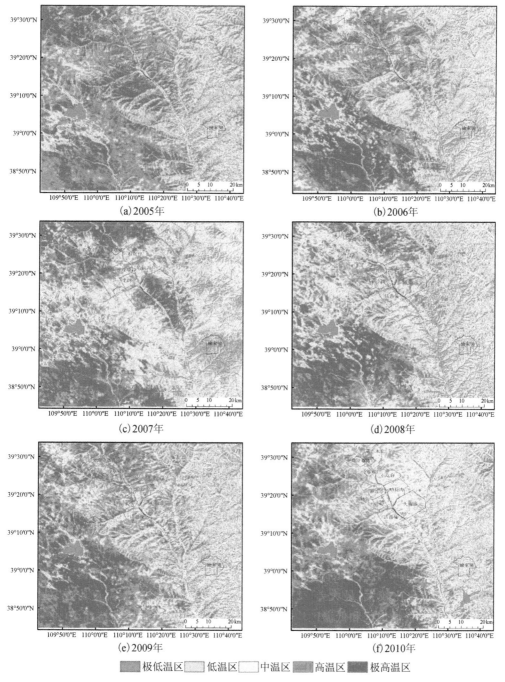

极低温区　　低温区　　中温区　　高温区　　极高温区

图 5.11　2005—2010 年神东矿区地表温度分布等级图

　　由图 5.12 可知,2011 年起,高温区从矿区西部向北部开始转移和扩散,极低温区有所减少,中温区域增大。目前,随着神东煤炭公司采取大面积治理措施,以此增强矿区生态保护功能,高温区和低温区都有所减少,中温区域逐年增大,大部分区域呈现较低温区和中温区。

　　由图 5.13 可知,2016—2019 年相较于 2011—2015 年低温、极低温区域面积由所增加,2016 年的极高温区主要分布在西北部地区,2017 年极高温区域主要分布在东部地区,2018

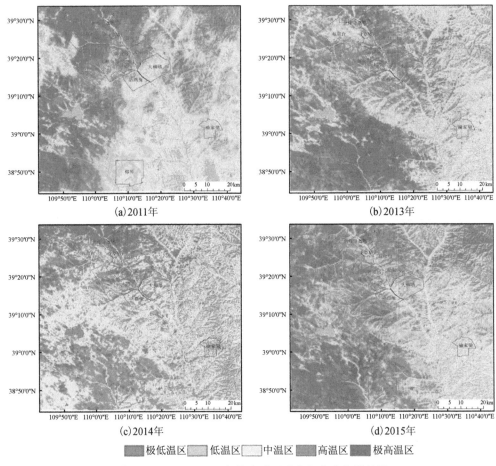

图 5.12　2011—2015 年神东矿区地表温度分布等级图

年、2019 年极高温区域主要分布在西南区域,2016—2019 年神东矿区高温及以上区域范围明显减少。

由表 5.13 可知,1989—1995 年,极低温区所占比例基本变化不大;只有 1992 年达到11.810%;低温区 1990 年达到最高 31.321%,从 1992 年后变化不大;中温区一直保持在 20%以上;高温区则变化比较大,最大差 22%左右,说明地下采矿对地表温度影响较大。1996—2002 年,神东矿区极低温区和低温区均呈先减后增趋势,中温区一直保持在 20%~30%,1998年高温区所占比例最大;极高温区整体变化不大,从 1996—2002 年增大不到 4%。

2003—2009 年,神东矿区极低温区所占比例一直小于 10%;低温区先增后减;2008 年中温区达到最高;2005 年高温区最高 46.683%,2007 年最低 26.5%;极高温区仅在 2003 年最高,2004—2009 年一直保持在 15%左右。2010—2015 年,极低温区所占比例最少,低温区先增后减,2014 年中温区所占比例最大(36.649%),高温区先减后增,极高温区总体有所减少。可见,2010—2015 年,随着煤矿的开采,神东矿区的高温区有所增加。

2016—2019 年,神东矿区以低温、极低温以及中温为主,三者总面积分别占神东矿区整体面积的 60.37%、42.388%、49.104%和 57.462%;2017 年相比于 2016 年低温区域减少了5.983%,而高温区域增加了 5.982%,从 2017 年开始,神东矿区的温度较低区域逐渐增加,而

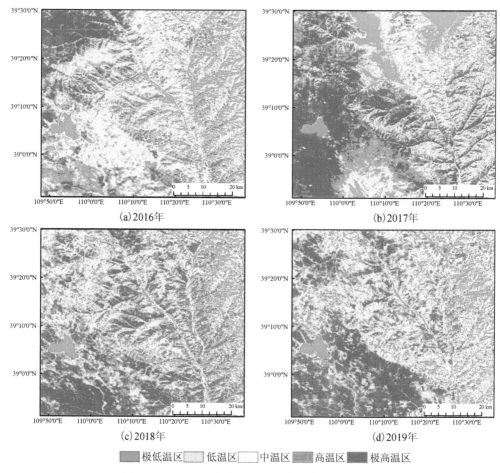

图 5.13　2016—2019 年神东矿区地表温度分布等级图

温度较高区域整体减少,其中 2018 年、2019 年高温以及极高温区域,相较于 2017 年分别减少了 6.716% 和 15.074%。

1989—2015 年,神东矿区地表温度有所增大,总体来看极低温区和极高温区所占比例最小,低温区所占比例较小,中、高温区所占比例略有增大,地表温度主要集中于中温区和高温区。2016—2019 年,神东矿区地表温度主要以温度较低区域为主。2018—2019 年低温区域以及中温区域面积相较于 2017 年有所增加,高温及极高温区域面积逐渐减少。整体来看,神东矿区 1989—2015 年地表温度变化幅度不大,且普遍为中温区和高温区,其中高温区所占比例大于中温区。2016—2019 年,神东矿区主要以低温和中温为主,高温和极高温面积较少。

表 5.13　1989—2019 年神东矿区地表温度分布等级比例

时相	极低温区/%	低温区/%	中温区/%	高温区/%	极高温区/%
1989	5.793	14.884	24.192	34.327	20.803
1990	8.391	31.321	29.650	19.883	10.755
1991	5.441	12.575	25.657	38.859	17.467
1992	11.810	27.808	27.094	21.073	12.215

时相	极低温区/%	低温区/%	中温区/%	高温区/%	极高温区/%
1993	3.064	7.913	18.390	41.598	29.036
1994	5.495	11.880	26.829	35.174	20.622
1995	4.236	13.793	29.574	30.184	22.212
1996	11.046	30.009	20.872	24.645	13.428
1997	2.540	8.793	23.703	44.728	20.236
1998	5.630	10.112	22.424	45.546	16.288
1999	3.969	10.377	27.806	34.297	23.551
2000	4.354	13.910	24.889	34.835	22.012
2001	4.998	11.624	27.720	43.252	12.406
2002	12.378	23.890	25.194	21.299	17.239
2003	3.475	8.773	17.402	37.643	32.708
2004	6.441	14.589	26.104	35.605	17.262
2005	4.380	11.491	20.761	46.683	16.685
2006	6.084	17.301	25.936	34.810	15.869
2007	8.228	23.072	25.047	26.500	17.154
2008	7.602	18.972	29.154	30.017	14.255
2009	5.097	12.226	24.386	40.487	17.805
2010	3.747	12.880	30.824	34.375	18.174
2011	7.943	22.641	30.257	25.992	13.168
2013	6.444	18.451	27.903	31.226	15.976
2014	6.147	16.924	36.649	32.381	7.900
2015	5.715	15.073	29.510	36.008	13.694
2016	13.77	16.91	29.69	24.45	15.18
2017	9.164	10.927	22.298	30.432	27.179
2018	12.218	13.889	22.997	27.367	23.529
2019	14.858	19.688	22.916	21.018	21.521

5.3.2 神东矿区各矿井采区与非采区地表温度变化

根据 2000、2002、2007 和 2010 年的各矿井采区和非采区的矢量文件,比较采区和非采区的归一化地表温度平均值差异,分析神东矿区地下采矿活动对其地表温度的影响。神东矿区中所包含的矿井有:布尔台、金烽寸草塔、柳塔、乌兰木伦、寸草塔、石圪台、哈拉沟、尔林兔、补连塔、上湾、大柳塔、活鸡兔、榆家梁和锦界煤矿,共计 14 个矿井(见图 5.14)。本节从矿井尺度上分析神东矿区地表温度变化情况,主要以补连塔、哈拉沟、活鸡兔、乌兰木伦、榆家梁、大柳塔、锦界、上湾和石圪台矿井为研究区进行分析。

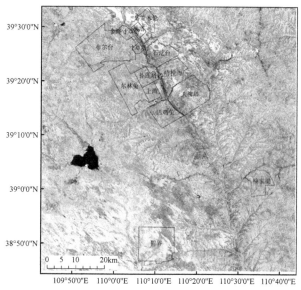

图 5.14　神东矿区矿井分布图

1. 补连塔矿井

补连塔矿井位于内蒙古自治区鄂尔多斯市境内,于 1997 年 10 月建成投产,初期生产能力弱,经过技术提高,到 2003 年煤炭产量突破 1000 万吨,2006 年该矿井年生产量达到了 2000 万吨,2006 年之后,年产量逐年增加。本部分对 2000 年 8 月 24 日、2002 年 8 月 6 日、2007 年 8 月 12 日、2010 年 10 月 7 日四个时相补连塔矿井的采区和非采区归一化地表温度进行分析。

从表 5.14 可以看出,采区的极低温区所占比例一直小于非采区所占比例,但两者差别不大。低温区和中温区采区比非采区所占比例大,仅有 2000 年非采区占比大于采区,其中低温区 2002 年和 2007 年采区和非采区占比差异超过 10%,中温区 2007 年和 2010 年差异较大。2000 年和 2002 年采区高温区所占比例比非采区大,2000—2002 年差异减小,2007 年和 2010 年非采区高温区所占比例大于采区。2000—2007 年,非采区极高温区所占比例均大于采区所占比例,2010 年采区占比高于非采区。

表 5.14　补连塔矿井地表温度分布等级比例

时相	极低温区/%	低温区/%	中温区/%	高温区/%	极高温区/%
2000 年采区	0.000	0.000	0.200	25.260	74.540
2000 年非采区	0.432	1.418	3.491	14.855	79.805
2002 年采区	0.070	16.660	32.410	45.340	5.420
2002 年非采区	0.981	5.124	27.075	45.032	21.789
2007 年采区	0.099	15.922	46.980	30.958	6.041
2007 年非采区	0.294	5.082	34.729	50.373	9.522
2010 年采区	0.109	9.427	67.138	21.610	1.717
2010 年非采区	0.715	9.189	58.546	30.934	0.616

由表 5.15 可知,补连塔矿井四个时相的非采区归一化地表温度平均值均高于采区归一化

地表温度平均值,2000 年的温度差异较小,2002 年和 2007 年的温度差异较大,2002 年温度差异最大约为 12.83%。2000—2010 年,采区和非采区温度差异性呈先上升后下降趋势。

表 5.15　补连塔采区与非采区归一化地表温度平均值比较

时相	采区平均 N	非采区平均 N	变化比/%
2000 年	0.8567	0.8605	−0.4416
2002 年	0.5751	0.6598	−12.8306
2007 年	0.5500	0.6202	−11.3085
2010 年	0.5348	0.5439	−1.6684

注:N 为归一化地表温度,变化比 = $(\overline{N}_{采区} − \overline{N}_{非采区}) / \overline{N}_{非采区} × 100\%$,下同。

2. 哈拉沟矿井

哈拉沟矿井是整合的地方小井资源,位于陕西省神木市,该矿井已连续 4 年原煤生产突破 1200 万吨。本部分对 1998 年 10 月 22 日、2002 年 8 月 6 日、2007 年 8 月 12 日和 2010 年 10 月 7 日四个时相哈拉沟矿井采区和非采区归一化地表温度进行比较分析。

由表 5.16 可知,采区的极低温区所占比例小于非采区所占比例,采区的低温区所占比例也小于非采区所占比例,仅有 2007 年采区大于非采区。采区的中温区所占比例大于非采区,仅 2002 年采区小于非采区。高温区采区所占比例小于非采区,仅 2002 年采区大于非采区且面积比例差异高达约 20%。极高温区采区所占比例大于非采区,仅有 2007 年采区小于非采区,2002 年差异 10% 左右,采区与非采区的差异性呈先上升后下降趋势。

表 5.16　哈拉沟矿井地表温度分布等级比例

时相	极低温区/%	低温区/%	中温区/%	高温区/%	极高温区%
1998 年采区	0	2.310	33.391	48.107	16.093
1998 年非采区	0.789	6.270	29.688	49.910	13.343
2002 年采区	0	0	18.779	55.282	25.939
2002 年非采区	1.288	9.498	38.054	36.492	14.668
2007 年采区	0	24.165	54.470	20.307	1.058
2007 年非采区	0.588	17.651	41.550	36.541	3.670
2010 年采区	0.012	21.652	71.998	5.998	0.340
2010 年非采区	1.782	28.411	63.626	6.159	0.022

由表 5.17 可以看出,1998、2002 和 2010 年三个时相的采区归一化地表温度大于非采区归一化地表温度,仅 2007 年非采区大于采区。2002 年采区和非采区归一化地表温度差异高达 18.5384%,1998—2010 年采区与非采区温度差异性呈先上升后下降趋势,2010 年相比 1998 年,变化比增大 2% 左右。

表 5.17　哈拉沟采区与非采区归一化地表温度平均值比较

时相	采区平均 N	非采区平均 N	变化比/%
1998 年	0.6595	0.6408	2.9188
2002 年	0.7197	0.6071	18.5384
2007 年	0.4953	0.5451	−9.1243
2010 年	0.4684	0.4455	5.1444

3. 活鸡兔矿井

活鸡兔矿井位于神府煤田之腹地,与大柳塔矿井毗邻,东以乌兰木伦河为界,北以活鸡兔沟为界,该矿井于 1994 年 10 月建成投产,设计生产能力为每年 500 万吨。本部分对 2000 年 8 月 24 日、2002 年 8 月 6 日、2007 年 8 月 12 日和 2009 年 10 月 4 日四个时相活鸡兔矿井采区和非采区归一化地表温度进行分析。

从表 5.18 可以看出,活鸡兔矿井采区极低温区、低温区和极高温区所占比例均小于非采区所占比例,极低温区差异性较小,低温区 2002 年差异最大到达 5% 左右,2002 年中温区采区与非采区的面积所占比例均达到 40% 以上。采区中温区所占比例大于非采区,仅 2000 年采区小于非采区,两者差异性呈先下降后上升趋势。2000—2009 年高温区采区所占比例大于非采区所占比例。

表 5.18　活鸡兔矿井地表温度分布等级比例

时相	极低温区/%	低温区/%	中温区/%	高温区/%	极高温区/%
2000 年采区	0	0	8.097	67.915	23.988
2000 年非采区	0.116	1.139	11.318	57.717	29.709
2002 年采区	0.344	7.099	49.847	42.328	0.382
2002 年非采区	1.891	12.781	45.139	37.056	3.132
2007 年采区	0	3.187	37.895	47.146	11.772
2007 年非采区	0.766	4.275	25.552	46.515	22.893
2009 年采区	0.172	8.232	40.823	46.513	4.260
2009 年非采区	3.215	11.971	35.622	43.567	5.624

由表 5.19 可知,2000、2002 和 2009 年三个时相采区归一化地表温度平均值均大于非采区,仅 2007 年采区小于非采区。2007 年采区与非采区归一化地表温度平均值变化比约为 6%,其他三个时相差异较小。2000—2009 年,采区与非采区温度差异性呈先上升后下降趋势,2009 年相比 2000 年变化比增加 3% 左右。

表 5.19　活鸡兔采区与非采区归一化地表温度平均值比较

时相	采区平均 N	非采区平均 N	变化比/%
2000 年	0.7433	0.7368	0.8825
2002 年	0.5642	0.5536	1.9083
2007 年	0.6286	0.6698	−6.1503
2009 年	0.5914	0.5701	3.7284

4. 乌兰木伦矿井

乌兰木伦矿井位于内蒙古鄂尔多斯市伊金霍洛旗境内,始建于 1988 年 11 月,正式投产于 1992 年 12 月,该矿井设计生产能力每年 500 万吨,2008 年生产煤炭 526 万吨。本部分对 1998 年 10 月 22 日、2002 年 8 月 6 日、2007 年 8 月 12 日和 2010 年 10 月 7 日四个时相乌兰木伦矿井采区和非采区归一化地表温度进行比较分析。

由表 5.20 可知,乌兰木伦矿井非采区极低温区和低温区所占比例均大于采区所占比例,其中极低温区差异较小,低温区 2002 年差异最大约为 14%。采区中温区所占比例小于非采区,仅 2010 年采区大于非采区。高温区采区所占比例大于非采区,仅 2007 年采区小于非采区所占比例,高温区采区与非采区面积比例差异性一直在降低。极高温区采区所占比例大于非采区,仅 2010 年采区所占比例小于非采区。

表 5.20　乌兰木伦矿井地表温度分布等级比例

时相	极低温区/%	低温区/%	中温区/%	高温区/%	极高温区/%
1998 年采区	0	0	1.869	91.589	6.542
1998 年非采区	0.433	5.844	48.824	43.111	1.788
2002 年采区	0	6.756	7.370	74.484	11.390
2002 年非采区	0.623	20.358	37.718	37.820	3.482
2007 年采区	0	0	3.854	21.110	75.037
2007 年非采区	0.057	0.671	5.505	25.382	68.385
2010 年采区	0	2.107	63.984	33.125	0.784
2010 年非采区	0.246	5.441	60.287	31.618	2.409

由表 5.21 可知,乌兰木伦矿井采区归一化地表温度平均值大于非采区归一化地表温度平均值,1998 年和 2002 年采区和非采区归一化地表温度平均值差异较大,均在 20% 以上;2007 年和 2010 年采区和非采区差异较小,均小于 3%。1998—2010 年,采区与非采区温度差异性呈先上升后下降趋势,2010 年相比 1998 年采区与非采区变化比下降了 21% 左右。

表 5.21　乌兰木伦采区与非采区归一化地表温度平均值比较

时相	采区平均 N	非采区平均 N	变化比/%
1998 年	0.7159	0.5829	22.8261
2002 年	0.6957	0.5461	27.3855
2007 年	0.8565	0.8364	2.4080
2010 年	0.5770	0.5681	1.5696

5. 榆家梁矿井

榆家梁矿井位于陕西省神木市店塔镇,1999 年通过整合 18 座周边小煤窑改扩建,并于 2001 年 1 月正式投产。目前榆家梁矿井是神东矿区唯一 3 层煤同时开采的矿井。对本部分 2002 年 8 月 6 日、2007 年 8 月 12 日和 2010 年 10 月 7 日三个时相榆家梁矿井采区和非采区归一化地表温度进行分析。

从表 5.22 可知,榆家梁矿井采区极低温区所占比例小于非采区,仅 2007 年采区大于非采区。采区低温区所占比例小于非采区,仅 2010 年采区大于非采区。采区中温区所占比例小于非采区,仅 2002 年采区大于非采区。高温区采区所占比例大于非采区,仅 2010 年小于非采区。极高温区采区 2002 年所占比例大于非采区,2010 年小于非采区。总体来看,采区和非采区极高温区所占比例均很少。

表 5.22　榆家梁矿井地表温度分布等级比例

时相	极低温区/%	低温区/%	中温区/%	高温区/%	极高温区/%
2002 年采区	16.876	57.103	23.698	2.256	0.067
2002 年非采区	24.040	57.122	18.508	0.326	0.004
2007 年采区	48.081	48.899	2.961	0.059	0
2007 年非采区	39.897	56.603	3.492	0.008	0
2010 年采区	6.929	28.129	44.474	20.012	0.456
2010 年非采区	8.081	24.393	45.545	21.367	0.613

由表 5.23 可知,非采区归一化地表温度平均值大于采区,仅 2002 年采区大于非采区,2002 年采区和非采区变化比大于 10%。2002—2010 年,采区与非采区差异性逐步下降,由 2002 年采区与非采区的变化比 10.7419% 下降到 2010 年的 1.0542%,下降了 9% 左右。

表 5.23　榆家梁采区与非采区归一化地表温度平均值比较

时相	采区平均 N	非采区平均 N	变化比/%
2002 年	0.3194	0.2884	10.7419
2007 年	0.2050	0.2225	−7.8940
2010 年	0.4535	0.4584	−1.0542

6. 大柳塔矿井

大柳塔矿井位于陕西省神木市大柳塔镇乌兰木伦河畔,是神东煤炭集团所属的年产两千万吨的特大型现代化高产高效矿井,始建于 1987 年 10 月,于 1996 年正式投产。2002 年,大柳塔井生产 1086 万吨原煤,成为全国范围第一个一井一面年产过千万吨的矿井。本部分对 1998 年 10 月 22 日、2000 年 8 月 24 日、2002 年 8 月 6 日、2007 年 8 月 12 日、2010 年 10 月 7 日和 2013 年 9 月 29 日六个时相大柳塔矿井采区和非采区归一化地表温度进行分析。

由表 5.24 可知,采区极低温区和低温区所占比例均小于非采区所占比例,极低温区采区与非采区面积比例差异小,低温区最大差异约为 12%。中温区采区所占比例小于非采区,仅 2010 年采区大于非采区,其中 2007 年差异最大约为 24%。采区高温区所占比例大于非采区,仅 2007 年小于非采区所占比例,采区高温区所占比例与非采区最大相差 30% 以上。采区 1998、2000 和 2010 年极高温区所占比例小于非采区,采区 2002、2007 和 2013 年极高温区所占比例大于非采区。采区和非采区中温区和高温区所占比例均较高。1998—2013 年,中温区、高温区和极高温区采区与非采区差异性均降低,极低温区和低温区两者差异性变化不大。

表 5.24 大柳塔矿井地表温度分布等级比例

时相	极低温区/%	低温区/%	中温区/%	高温区/%	极高温区/%
1998 年采区	0	0.891	10.075	76.628	12.406
1998 年非采区	2.229	8.051	23.661	44.686	21.372
2000 年采区	0	0	4.459	84.750	10.790
2000 年非采区	0.632	5.363	20.060	53.886	20.059
2002 年采区	0.137	2.214	15.909	62.207	19.533
2002 年非采区	2.885	12.197	27.255	40.522	17.141
2007 年采区	0	0.122	3.067	34.686	62.125
2007 年非采区	1.517	12.819	27.065	38.750	19.849
2010 年采区	0.219	11.182	71.542	16.878	0.180
2010 年非采区	4.474	23.570	57.289	14.223	0.443
2013 年采区	0.104	3.579	20.809	56.432	19.075
2013 年非采区	1.796	11.677	29.019	43.634	13.874

表 5.25 大柳塔采区与非采区归一化地表温度平均值比较

时相	采区平均 N	非采区平均 N	变化比/%
1998 年	0.7003	0.6541	7.0592
2000 年	0.7346	0.6799	8.0422
2002 年	0.6926	0.6112	13.3138
2007 年	0.8140	0.6227	30.7124
2010 年	0.5145	0.4629	11.1485
2013 年	0.6845	0.6120	11.8447

由表 5.25 可知,大柳塔矿井采区归一化地表温度平均值均大于非采区归一化地表温度平均值,采区与非采区的归一化地表温度差异性呈先上升后下降趋势。1998 年采区与非采区差异仅为 7%左右,到 2007 年两者差异为 30.71%,增大了 23%左右,到 2013 年两者差异又减少至 11.84%左右。

7. 锦界矿井

锦界矿井位于榆林市神木市,于 2004 年 4 月开工建设,2006 年建成并试生产,远景计划达到 2000 万吨。本部分对 2007 年 8 月 12 日和 2010 年 10 月 7 日两个时相锦界矿井采区和非采区归一化地表温度进行分析。

由表 5.26 可知,采区极低温区、低温区和极高温区所占比例均小于非采区所占比例;采区中温区 2007 年所占比例小于非采区,2010 年大于非采区;采区高温区所占比例大于非采区。

表 5.26　锦界矿井地表温度分布等级比例

时相	极低温区/%	低温区/%	中温区/%	高温区/%	极高温区/%
2007 年采区	0	0	9.865	83.784	6.351
2007 年非采区	1.358	6.357	18.117	39.015	35.152
2010 年采区	0	0	4.908	62.342	32.750
2010 年非采区	0.015	0.508	2.887	48.100	48.490

　　由表 5.27 可知,2007 年采区归一化地表温度平均值大于非采区,2010 年小于非采区;采区和非采区归一化地表温度平均值差异较小;采区与非采区地表温度差异性上升。

表 5.27　锦界采区与非采区归一化地表温度平均值比较

时相	采区平均 N	非采区平均 N	变化比/%
2007 年	0.7074	0.6970	1.4971
2010 年	0.7575	0.7957	−4.7934

8. 上湾矿井

　　上湾矿井位于乌兰木伦河西侧,2000 年建成投产,本部分对 2007 年 8 月 12 日和 2010 年 10 月 7 日两个时相上湾矿井采区和非采区归一化地表温度进行比较分析。

　　由表 5.28 可知,上湾矿井采区极低温区所占比例小于非采区;采区极高温区所占比例大于非采区;采区低温区 2007 所占比例小于非采区,2010 年大于非采区;中温区和高温区 2007 年所占比例大于非采区,2010 年小于非采区。

表 5.28　上湾矿井地表温度分布等级比例

时相	极低温区/%	低温区/%	中温区/%	高温区/%	极高温区/%
2007 年采区	0.322	30.174	54.603	14.697	0.205
2007 年非采区	4.658	50.409	38.886	6.005	0.042
2010 年采区	0.045	14.429	49.994	29.752	5.779
2010 年非采区	0.233	8.841	52.288	37.177	1.460

　　由表 5.29 可知,上湾矿井采区 2007 年归一化地表温度平均值大于非采区归一化地表温度平均值,且差异较大;2010 年采区归一化地表温度平均值小于非采区归一化地表温度平均值,差异较小;采区与非采区地表温度差异性下降。

表 5.29　上湾采区与非采区归一化地表温度平均值比较

时相	采区平均 N	非采区平均 N	变化比/%
2007 年	0.4666	0.3908	19.3964
2010 年	0.5547	0.5601	−0.9733

9. 石圪台矿井

　　石圪台矿井始建于 20 世纪 80 年代,2004 年 10 月改扩建,2006 年 1 月 15 日正式生产。本部分对 2007 年 8 月 12 日和 2010 年 10 月 7 日两个时相石圪台矿井采区和非采区归一化地表温度进行分析。

由表 5.30 可知,石圪台矿井采区极低温区所占比例小于非采区;低温区、高温区和极高温区采区 2007 年所占比例均大于非采区,2010 年均小于非采区;采区中温区所占比例 2007 年小于非采区,2010 年则大于非采区。

表 5.30　石圪台矿井地表温度分布等级比例

时相	极低温区/%	低温区/%	中温区/%	高温区/%	极高温区/%
2007 年采区	0.994	22.234	22.610	46.858	7.304
2007 年非采区	2.010	20.994	41.614	31.914	3.468
2010 年采区	0.013	17.901	67.647	14.374	0.065
2010 年非采区	1.394	18.954	61.870	17.430	0.351

由表 5.31 可知,石圪台矿井采区 2007 年归一化地表温度平均值大于非采区归一化地表温度平均值,且差异较大;2010 年采区归一化地表温度平均值略小于非采区归一化地表温度平均值;采区与非采区地表温度差异性下降。

表 5.31　石圪台采区与非采区归一化地表温度平均值比较

时相	采区平均 N	非采区平均 N	变化比/%
2007 年	0.5687	0.5233	8.6662
2010 年	0.4958	0.4965	−0.1516

5.4　本章小结

本章首先介绍了地表温度的反演方法,其次将地表温度反演方法在神东矿区的应用中做了精度对比,最后对神东矿区 1989—2019 年地表温度进行研究分析。结果表明,矿区尺度上,1989—2015 年,神东矿区地表温度有所增大,总体来看极低温区和极高温区所占比例最小,低温区所占比例较小,中温区、高温区所占比例略有增大,地表温度主要集中于中温区和高温区;2016—2019 年,神东矿区地表温度主要以温度较低区域为主;2018—2019 年,低温区域以及中温区域面积相较于 2017 年有所增加,高温及极高温区域面积逐渐减少。从矿井尺度来看,对于神东矿区 9 个主要矿井,随着采区面积逐年增大,采区和非采区的中温区、高温区面积所占比例也逐年增大;补连塔矿井初始状态下采区温度小于非采区,之后差异增大,2002 年后开始减小;活鸡兔矿井除 2010 年差异性下降之外,2010 年以前差异性一直在提高;乌兰木伦矿井采区归一化地表温度平均值大于非采区,2002 年后差异性一直下降;榆家梁矿井采区与非采区差异性下降;大柳塔矿井 2007 年以前差异性呈上升趋势,之后呈下降趋势;锦界、上湾和石圪台三个矿井 2007 年以前采区归一化地表温度平均值均大于非采区,2010 年采区归一化地表温度平均值小于非采区。综合神东矿区 9 个主要矿井进行分析,采区与非采区的地表温度差异性基本上呈先上升后下降趋势。

本章参考文献

白洁,刘绍民,扈光,2008. 针对 TM/ETM＋遥感数据的地表温度反演与验证[J]. 农业工程学报,24(9):148-154.

丁凤，徐涵秋，2006. TM 热波段图像的地表温度反演算法与实验分析[J]. 地球信息科学学报，8(3)：125 - 130.

樊辉，2009. 基于 Landsat TM 热红外波段反演地表温度的算法对比分析[J]. 遥感信息(1)：36 - 40.

徐涵秋，林中立，潘卫华，2015. 单通道算法地表温度反演的若干问题讨论：以 Landsat 系列数据为例[J]. 武汉大学学报(信息科学版)，40(4)：487 - 492.

徐涵秋，2015. 新型 Landsat 8 卫星影像的反射率和地表温度反演[J]. 地球物理学报，58(3)：741 - 747.

谢苗苗，白中科，付梅臣，等，2011. 大型露天煤矿地表扰动的温度分异效应[J]. 煤炭学报，36(4)：643 - 647.

蒋大林，匡鸿海，曹晓峰，等，2015. 基于 Landsat 8 的地表温度反演算法研究：以滇池流域为例[J]. 遥感技术与应用，30(3)：448 - 454.

柳菲，王新生，徐静，等，2012. 基于 NDVI 阈值法反演地表比辐射率的参数敏感性分析[J]. 遥感信息，27(4)：3 - 12.

李恒凯，杨柳，雷军，等，2016. 基于温度分异的稀土矿区地表扰动分析方法[J]. 中国稀土学报(3)：373 - 384.

李恒凯. 南方稀土矿区开采与环境影响遥感监测与评估研究[D]. 北京：中国矿业大学，2016.

李恒凯，阮永俭，杨柳，2017. 离子稀土矿区地表扰动温度分异效应分析：以岭北矿区为例[J]. 中国稀土学报，38(1)：134 - 142.

邱文玮，侯湖平，2013. 基于 RS 的矿区生态扰动地表温度变化研究[J]. 矿业研究与开发(2)：68 - 71.

秦福莹，2008. 热红外遥感地表温度反演方法应用与对比分析研究[D]. 呼和浩特：内蒙古师范大学.

覃志豪，李文娟，徐斌，等，2004. 利用 Landsat TM6 反演地表温度所需地表辐射率参数的估计方法[C]// 第十四届全国遥感技术学术交流会论文选集：138 - 146.

宋挺，段峥，刘军志，等，2015. Landsat 8 数据地表温度反演算法对[J]. 遥感学报，19(3)：451 - 464.

王倩倩，覃志豪，王斐，2012. 基于多源遥感数据反演地表温度的单窗算法[J]. 地理与地理信息科学，28(3)：24 - 26.

杨槐，2014. 从 Landsat 8 影像反演地表温度的劈窗算法研究[J]. 测绘地理信息，39(4)：73 - 77.

张黎，2016. 贵州铜仁万山汞矿区地表温度反演分析[J]. 云南地质，35(3)：393 - 398.

朱文娟，潘剑君，宋刚贤，2008. 基于空间建模的南京地区 ETM＋遥感影像地表温度反演研究[J]. 遥感信息(4)：50 - 55.

郑文武，曾永年，2011. 地表温度的多源遥感数据反演算法对比分析[J]. 地球信息科学学报，13(6)：840 - 847.

ASGARIAN A，AMIRI B J，SAKIEH Y，2015. Assessing the effect of green cover spatial patterns on urban land surface temperature using landscape metrics approach. [J]. Urban Ecosystems，18(1)：209 - 222.

BARDUCCI A, PIPPI I, 1996. Temperature and emissivity retrieval from remotely sensed images using the "grey body emissivity"method[J]. IEEE Transactions on Geoscience and Remote Sensing, 34(3): 681 - 695.

BEKTAS B F, ERGENE E M, 2016. Determining the impacts of land cover/use categories on land surface temperature using Landsat 8-OLI[J]. ISPRS-International Archives of the Photogrammetry. Remote Sensing and Spatial Information Sciences(XLI-B8): 251 - 256.

BOREL C C, 2008. Error analysis for a temperature and emissivity retrieval algorithm for hyperspectral imaging data[J]. International Journal of Remote Sensing, 29(17 - 18): 5029 - 5045.

CASELLES V, COLL C, VALOR E, 1997. Land surface emissivity and temperature determination in the whole HAPEX-Sahel area from AVHRR data[J]. International Journal of Remote Sensing, 18(5): 1009 - 1027.

CHENG J, LIANG S L, WANG J D, et al,2010. A stepwise refining algorithm of temperature and emissivity separation for hyperspectral thermal infrared data[J]. IEEE Transactions on Geoscience and Remote Sensing, 48(3): 1588 - 1597.

CONNORS J P, GALLETTI C S, CHOW W T L, 2013. Landscape configuration and urban heat island effects: assessing the relationship between landscape characteristics and land surface temperature in Phoenix, Arizona[J]. Landscape Ecology, 28(2): 271 - 283.

GILLESPIE A R, ROKUGAWA S, HOOK S J, et al, 1996. Temperature/emissivity separation algorithm theoretical basis document[M]. Maryland:NASA/GSFC: 1 - 64.

INGRAM P M, MUSE A H, 2001. Sensitivity of iterative spectrally smooth temperature/emissivity separation to algorithmic assumptions and measurement noise[J]. IEEE Transactions on Geoscience and Remote Sensing, 39(10): 2158 - 2167.

JIMENEZ-MUNOZ J C, SOBRINO J A, SKOKOVIC D, et al, 2014. Land surface temperature retrieval methods from Landsat - 8 thermal infrared sensor data[J]. IEEE Geoscience & Remote Sensing Letters, 11(10): 1840 - 1843.

KAMRAN K V, PIRNAZAR M, BANSOULEH V F, 2015. Land surface temperature retrieval from Landsat 8 TIRS: comparison between split window algorithm and SEBAL method [C]// Proceedings of Spie the International Society for Optical Engineering: 1 - 12.

LI Z L, TANG B H, WU H, et al, 2013. Satellite-derived land surface temperature: current status and perspectives[J]. Remote Sensing of Environment, 131(8): 14 - 37.

MAIMAITIYIMING M, GHULAM A, TIYIP T, et al, 2014. Effects of green space spatial pattern on land surface temperature: implications for sustainable urban planning and climate change adaptation[J]. Isprs Journal of Photogrammetry & Remote Sensing, 89(3): 59 - 66.

MALLICK J, KANT Y, BHARATH B D, 2008. Estimation of land surface temperature over Delhi using landsat-ETM+[J]. Indian Geophys Union(12): 131 - 140.

MCMILLIN L M, 1975. Estimation of sea surface temperatures from two infrared window measurements with different absorption [J]. Journal of Geophysical Research, 80(36):

5113 – 5117.

OFFER R，QIN Z H，DERIMIAN Y，et al，2014. Derivation of land surface temperature for Landsat – 8 TIRS using a split window algorithm[J]. Sensors，14(4)：5768 – 5780.

OUYANG X Y，WANG N，WU H，et al，2010. Errors analysis on temperature and emissivity determination from hyperspectral thermal infrared data[J]. Remote Sensing of Environment，18(2)：544 – 550.

PERES L F，DACAMARA C C，2004. Land surface temperature and emissivity estimation based on the two-temperature method：sensitivity analysis using simulated MSG/SEVIRI data[J]. Remote Sensing of Environment，91(3 – 4)：377 – 389.

PRATA A J，1993. Land surface temperatures derived from the advanced very high resolution radiometer and the along-track scanning radiometer：theory[J]. Journal of Geophysical Research-Atmospheres，98(D9)：16689 – 16702.

PRATA A J，1994. Validation data for land surface temperature determination from satellites[J]. Technical Paper-CSIRO Division of Atmospheric Research(33)：1 – 36.

PRICE J C，1984. Land surface temperature measurements from the split window channels of the NOAA 7 advanced very high resolution radiometer[J]. Journal of Geophysical Research Atmospheres，89(D5)：7231 – 7237.

PULLIAINEN J T，GRANDELL J，HALLIKAINEN M T，1997. Retrieval of surface temperature in boreal forest zone from SSM/I data[J]. IEEE Transactions on Geoscience & Remote Sensing，35(5)：1188 – 1200.

QIN Z，KARNIELI A，BERLINER P，2001. A mono-window algorithm for retrieving land surface temperature from landsat TM data and its application to the Israel-Egypt border region[J]. International Journal of Remote Sensing，22(18)：3719 – 3746.

ROZENSTEIN O，QIN Z，DERIMIAN Y，et al，2014. Derivation of land surface temperature for Landsat – 8 TIRS using a split window algorithm[J]. Sensors，14(4)：5768 – 5780.

ŞEKERTEKIN A，KUTOGLU Ş H，KAYA S，et al，2015. Analysing the effects of different land cover types on land surface temperature using satellite data[J]. International Archives of the Photogrammetry Remote Sensing & S，40(1 – W5)：665 – 667.

SOBRINO J A，LI Z L，STOLL M P，et al，1996. Multi-channel and multi-angle algorithms for estimating sea and land surface temperature with ATSR data[J]. International Journal of Remote Sensing，17(11)：2089 – 2114.

SOBRINO J A，JIMéNEZ-MUñOZ J C，PAOLINI L，2004. Land surface temperature retrieval from landsat TM 5[J]. Remote Sensing of Environment，90(4)：434 – 440.

SOBRINO J A，JIMéNEZ-MUñOZ J C，2005. Land surface temperature retrieval from thermal infrared data：an assessment in the context of the surface processes and ecosystem changes through response analysis (SPECTRA) mission[J]. Journal of Geophysical Research-Atmospheres，110(D16)：1 – 10.

SUN D L，PINKER R T，2003. Estimation of land surface temperature from a Geostationary Operational Environmental Satellite (GOES-8)[J]. Journal of Geophysical Research

Atmospheres, 108(D11): 1 - 15.

VAN D G A A, OWE M, 1993. On the relationship between thermal emissivity and the normalized difference vegetation index for natural surfaces[J]. International Journal of Remote Sensing, 14(6): 1119 - 1131.

WAN Z M, LI Z L, 1997. A physics-based algorithm for retrieving land-surface emissivity and temperature from EOS/MODIS data[J]. IEEE Transactions on Geoscience and Remote Sensing, 35(4): 980 - 996.

WANG N, WU H, NERRY F, et al, 2011. Temperature and emissivity retrievals from hyperspectral thermal infrared data using linear spectral emissivity constraint[J]. IEEE Transactions on Geoscience and Remote Sensing, 49(4): 1291 - 1303.

WATSON K, 1992. Spectral ratio method for measuring emissivity[J]. Remote Sensing of Environment, 42(2): 113 - 116.

WENG Q, LU D, SCHUBRING J, 2004. Estimation of land surface temperature-vegetation abundance relationship for urban heat island studies[J]. Remote Sensing of Environment, 89(4): 467 - 483.

WINDAHL E, BEURS K D, 2016. An intercomparison of landsat land surface temperature retrieval methods under variable atmospheric conditions using in situ skin temperature[J]. International Journal of Applied Earth Observation & Geoinformation(51): 11 - 27.

YU X, GUO X, WU Z, 2014. Land surface temperature retrieval from landsat 8 TIRS-comparison between radiative transfer equation-based method, split window algorithm and single channel method[J]. Remote Sensing, 6(10): 9829 - 9852.

第6章 矿区土壤湿度遥感监测与应用

6.1 土壤湿度遥感监测基础知识

土壤湿度即土壤含水量,是连接大气水、地表水、地下水的纽带,并作为一个重要参数参与到水文、气象、农业生产等过程中。植被能够吸收利用的水分主要来自大气降水、土壤水、地表径流和地下水,而大气降水、地表径流、地下水只有转化成土壤水才能被植物吸收利用。土壤湿度的变化会对地表能量平衡、地区径流和植被产量等产生深远影响,因而,对土壤湿度的时空分布及变化特征进行监测具有十分重要的意义(Nicolai et al.,2017)。

6.1.1 土壤的反射光谱特征

土壤的波谱特性主要包括土壤反射光谱特性、土壤热红外与微波的辐射散射特性等,应用最多的是土壤反射光谱特性。总的来说,土壤的主要物质组成与岩矿一脉相承,因而土壤和岩矿的光谱反射特性在整体上基本一致,即反射率从可见光的短波段起随波长的增加而逐渐抬升。自然状况的土壤表面的反射率没有明显的峰值和谷值(见图6.1),一般来说,土质越细,反射率越高;有机质含量和含水量越高,反射率越低。此外,土壤的肥力也会对反射率产生影响(刘焕军 等,2008)。

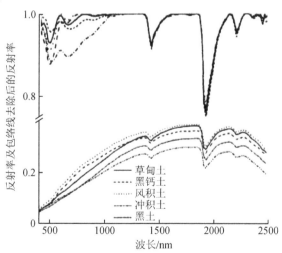

图 6.1 典型土壤光谱曲线及对应包络线去除曲线

土壤类别是多种多样的,其光谱反射特性也必然相应地发生许多变化,就其光谱曲线在可见光至近红外区的整体形态与斜率变化情况看,均可归纳为平直形、缓斜形、陡坎形和波浪形四大类。总的来说,土壤光谱反射特性的差异与变化都取决于土壤的组成与表面状态,其中最为重要的是腐殖质含量。腐殖质含量愈高,反射率愈低,光谱曲线愈趋低平,这是总的规律。

但应注意腐殖质的组分如胡敏酸、富里酸等之间的光谱特性差异较大,对土壤光谱特性的影响有所不同。此外,土壤湿度对反射特性的影响绝对不能忽视,同时土壤的机械组成即质地与表面状况对光谱反射率也有明显影响。

6.1.2 土壤湿度相关概念

1. 土壤水

自然界中的土壤是由不同颗粒大小的固态土粒、水分、空气三部分组成的混合物。这三部分组成成分因比例和结构的不同,使得土壤具有不同的物理、化学和生物特性。土壤质地(也叫土壤的机械组成)是指壤土粒、黏土粒和砂土粒等不同颗粒大小的粒级土类在土壤中所占重量多少或相对比例的大小。土壤水是土壤三大组成成分之一,其存在于土壤颗粒之间的土壤孔隙里。土壤水有固态、气态、液态三种形式,主要来源于大气降水、地表灌溉水、地下水及大气中的气态凝结水。

2. 土壤水的表示方法

土壤湿度(Soil Moisture,SM)也称土壤含水量(Soil Water Content,SWC),是表征土壤水分多寡及其对植物有效性的指标,并用来说明土壤中水分的含量和持水能力。土壤水的表示方法有很多种。

(1)土壤重量含水量(重量百分数)。土壤重量含水量是土壤含水量最基本的表示方法,是指土壤水重量占烘干土重的百分比,无量纲。其计算公式为

$$土壤重量含水量(\%) = \frac{土壤水重量}{烘干土重量} = \frac{W_1 - W}{W} \times 100\% \tag{6.1}$$

式中,W_1 为原样土重;W 为烘干土重。

(2)土壤体积含水量(容积百分数)。土壤体积含水量是指土壤水容积占土壤容积的百分比。其表征土壤水分填充土壤孔隙的程度,由它可知土壤中气相、固相、液相三相物质的组成比例。其计算公式为

$$土壤容积百分比(\%) = \frac{土壤重量含水量(\%)}{\rho_s} = \frac{\left(\dfrac{W_1 - W}{W}\right)}{\rho_s} \times 100\% \tag{6.2}$$

式中,ρ_s 为土壤容重(土壤的体密度),是指单位体积的原状土体(包括固体和空隙在内)的干土重(g/cm^3)。

(3)土壤水贮量。土壤水贮量是指一定厚度土层内土壤水的总贮量。为了便于与降水量和蒸发量相比,土壤水贮量常用水层毫米数来表示。其计算公式为

$$土壤水贮量(mm) = 土壤重量含水量(\%) \times H \times \rho_s \times 10 \tag{6.3}$$

式中,H 为土层厚度(cm);ρ_s 为土壤容重。

(4)土壤相对含水量。土壤相对含水量是指土壤水分含量与田间持水量之比。

(5)土壤有效含水量。土壤有效含水量是指土壤中能被植物吸收的有效水分与最大有效含水量之比,最大有效含水量通常为凋萎点与田间持水量之间的土壤水分。

(6)田间持水量。田间持水量是指在地下水位较低的情况下,土壤所能保持的毛管悬着水的最大值,是植物有效水的上限,并可用来衡量土壤的保水性能。田间持水量多采用田间小区灌水法来测定,当土壤排除重力水后,测定的土壤湿度即为田间持水量。

(7)凋萎系数。凋萎系数指植物永久萎蔫时的土壤含水量。

6.1.3　土壤水分测定方法

关于土壤含水量测定方法的分类,各学者因研究目的、手段、途径和对象尺度不同而提出的分类原因和方法不尽相同,没有统一的标准。随着土壤物理学的发展和人们对土壤水分的深入研究,土壤含水量的监测方法与手段越来越多。根据相关文献的检索与研究分析,参考相关研究结果,杨涛等(2010)将土壤水分测定方法从研究手段和范围(尺度)上划分为三大类:田间实测法、土壤水分模型法和遥感法。

(1)田间实测法。该方法是获取土壤含水量的传统方法,主要有重量法、中子仪法、快速烘干法、电阻法、张力计法、伽马射线衰减法、电磁技术和湿度计法等。这些方法虽然能获取较为准确的土壤剖面含水量,但是获取的数据为单点数据,且土壤湿度在空间上分布不均匀并处于不断变化的过程中,因而获取的数据缺乏代表性,且存在采样速度慢、需花费大量人力物力、使用范围有限等缺点,难以满足实时、大范围监测的需要。

(2)土壤水分模型法。该方法是根据能量平衡原理,在获取影响土壤水分状况的驱动因子基础上,通过建立水分平衡方程来求解土壤湿度。常用的土壤水分模型有农田蒸散双层模型、植被缺水指数法等。这些方法所需参数多且确定困难,计算过程复杂,需要常规气象和地面气象台站观测资料的配合,而且其精度在很大程度上依赖于地面台站的观测数据。

(3)遥感法。遥感具有多时相、多光谱、多分辨率等特点,能够反映大面积地表信息,使得快速、及时、动态监测土壤水分状况和干旱成为可能。遥感法是在获取土壤表面发射或反射的电磁能量的基础上,通过构建土壤湿度与遥感参数的关系模型,反演得到地表土壤含水量。根据用来反演土壤湿度的光谱波段的不同,遥感监测土壤水分的方法有可见光法、近红外法、热红外法及微波遥感法,在使用过程中往往是几种方法的混合或多源数据的结合来监测和反演地表土壤湿度状况。

6.2　土壤湿度遥感监测的主要方法

土壤湿度作为陆面水资源形成、转化、消耗过程中的基本参数,对气候变化起着非常重要的作用(徐沛 等,2015),因此,对土壤湿度的时空分布及其变化过程进行监测具有十分重要的意义。土壤湿度的遥感监测已经成为全世界研究的重点。目前,遥感监测土壤湿度的方法有:热惯量法(Price,1985)、植被供水指数法(曹广真 等,2010)、温度植被干旱指数法(Sandholt et al.,2002)、距平植被指数法(徐英 等,2005)、条件植被指数法(Patel et al.,2012)、植被温度条件指数法(陈怀亮 等,2005)、微波遥感法(赵少华 等,2010)、光谱特征空间法(Abduwasit et al.,2008)等。

本节主要介绍利用温度植被干旱指数法和光谱特征空间法监测土壤湿度的原理,并在6.3 节以神东矿区土壤湿度遥感监测为例进行研究。

6.2.1　温度植被干旱指数

1. 基于三角形 T_s-NDVI 特征空间的土壤湿度反演模型

Sandholt 等(2002)基于 T_s-NDVI 特征空间,提出了一种简化的温度植被干旱指数TVDI,

表示为

$$\text{TVDI} = \frac{T_s - T_{s\min}}{T_{s\max} - T_{s\min}} \tag{6.4}$$

式中，T_s 为地表温度（K 或 ℃）；$T_{s\min}$ 为相同 NDVI 值对应的最小地表温度，为 T_s-NDVI 特征空间的湿边；$T_{s\max}$ 为相同 NDVI 值对应的最大地表温度，为 T_s-NDVI 特征空间的干边。TVDI 的取值范围为 0～1，TVDI 的值越大，T_s 越接近干边，土壤湿度越低；反之，TVDI 越小，T_s 越接近湿边，土壤湿度越高。$T_{s\min}$ 和 $T_{s\max}$ 可以通过 T_s-NDVI 特征空间的干、湿边散点图获取，即

$$T_{s\max} = a_1 + b_1 \times \text{NDVI} \tag{6.5}$$
$$T_{s\min} = a_2 + b_2 \times \text{NDVI} \tag{6.6}$$

式中，a_1、b_1 是干边拟合方程的系数；a_2、b_2 是湿边拟合方程的系数。

2. 基于双抛物线形 T_s-NDVI 特征空间的土壤湿度反演模型

三角形或梯形 T_s-NDVI 特征空间计算 TVDI 原理是：随着 NDVI 增加，$T_{s\max}$ 呈线性减小趋势；在某些研究中，当 NDVI<0.15 时，认为陆地表面是裸地，无植被覆盖，在线性拟合 $T_{s\max}$ 时不予考虑。刘英等（2010）研究发现，T_s-NDVI 特征空间呈双抛物线形，随着 NDVI 增加，$T_{s\max}$ 呈非线性减小趋势，与 T_s-NDVI 三角形或梯形特征空间并不一致。但是，若将双抛物线形特征空间中的干、湿边在拟合时不考虑 NDVI<0.15 部分，则 T_s-NDVI 散点图呈三角形。将 NDVI 扩展到 0.15 以内，构建双抛物线形 T_s-NDVI 特征空间，相应的 TVDI 干、湿边拟合算法如下

$$T_{s\max} = a_1 \times \text{NDVI}^2 + b_1 \times \text{NDVI} + c_1 \tag{6.7}$$
$$T_{s\min} = a_2 \times \text{NDVI}^2 + b_2 \times \text{NDVI} + c_2 \tag{6.8}$$

式中，a_1、b_1 和 c_1 是干边拟合方程的系数；a_2、b_2 和 c_2 是湿边拟合方程的系数。

6.2.2　基于光谱特征空间的土壤湿度遥感监测方法

光谱特征空间法因其简单易操作而得到了进一步的拓展和应用，下面介绍基于二维光谱特征空间的垂直干旱指数（Perpendicular Drought Index，PDI）、改进的垂直干旱指数（Modified Perpendicular Drought Index，MPDI）、土壤湿度监测指数（Soil Moisture Monitoring Index，SMMI）和改进的土壤湿度监测指数（Modified Soil Moisture Monitoring Index，MSMMI）的基本原理及应用。

1. PDI 和 MPDI 的基本原理

2007 年，Ghulam 等基于 NIR-Red 特征空间，提出了能够简单有效监测土壤湿度的垂直干旱指数，计算公式为

$$\text{PDI} = \frac{\rho_{\text{red}} + M \times \rho_{\text{NIR}}}{\sqrt{M^2 + 1}} \tag{6.9}$$

式中，ρ_{red} 和 ρ_{NIR} 分别表示 NIR-Red 光谱特征空间中红光波段和近红外波段的反射率；M 为土壤线 BC 的斜率。PDI 原理图如图 6.2 所示，任意一点到过原点且垂直于土壤线的距离（即线段 EF）表征为 PDI 的值，这个值越大，表示该点的土壤湿度越小；反之亦然。

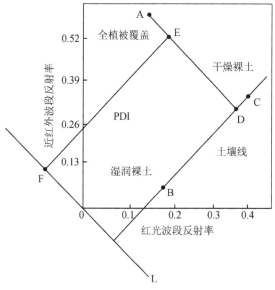

图 6.2 PDI 原理示意图

　　然而 PDI 在植被覆盖区的监测精度并不理想,Ghulam 等在 PDI 的基础上引入植被覆盖度(FVC),提出了改进型垂直干旱指数。MPDI 的物理意义是:在 NIR-Red 特征空间中,任意一点旱情都由 PDI 和垂直植被指数(Perpendicular Vegetation Index,PVI)两个因子共同决定,土壤含水量越小,则像元离坐标原点的距离就越远,MPDI 值越大,旱情越严重;反之亦然,其计算公式为

$$\text{MPDI} = \frac{\rho_{\text{red}} + M \times \rho_{\text{NIR}} - \text{FVC} \times (\rho_{v,\text{red}} + M \times \rho_{v,\text{NIR}})}{(1 - \text{FVC}) \times \sqrt{M^2 + 1}} \tag{6.10}$$

式中,ρ_{red} 和 ρ_{NIR} 分别表示 NIR-Red 光谱特征空间中红光波段和近红外波段的反射率;M 为土壤线 BC 的斜率;FVC 为植被覆盖度;$\rho_{v,\text{red}}$ 和 $\rho_{v,\text{NIR}}$ 分别为植被红光波段的反射率和近红外波段的反射率,一般取 0.05 和 0.5(Ghulam et al.,2007)。

　　MPDI 和 PDI 的区别在于,MPDI 的大小由植被覆盖程度以及土壤水分含量两个因素决定,无植被覆盖下裸土表面的土壤水分含量对 MPDI 的影响相对于 PDI 的影响是较大的。然而,在监测植被覆盖下地表或农田的干旱程度时,植被覆盖程度的大小影响着 MPDI 的大小。植被覆盖度是垂直投影面积与植被总面积的比值,这是描述植被冠层反射率的一个重要因素。当地表不是全植被覆盖时,土壤背景反射率会对遥感影像所接收的植被冠层反射率信号产生影响。因此,引入植被覆盖度的 MPDI 可以最大限度地消除植被覆盖度的影响。土壤水分含量和植被覆盖的增加都会使 MPDI 的值下降,即表示土壤表层水分含量较大,地表湿润(Ghulam et al.,2007)。

　　2. SMMI 和 MSMMI 的基本原理

　　由 SMMI 和 PDI 原理图(见图 6.3)可知,NIR-Red 特征空间呈三角形且存在一条固定的土壤线,而土壤线受土壤质地、肥力等因素的影响而变化,影响土壤湿度的监测精度。为了减小土壤线的影响,刘英等于 2013 年提出了不基于土壤线的土壤湿度监测指数(SMMI)。

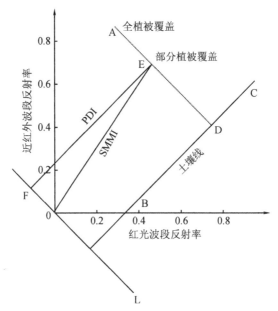

图 6.3　SMMI 和 PDI 原理示意图

由图 6.3 可知,特征空间中任意点到原点的距离反映该点的土壤湿度,当该点位于点 B 时,距原点距离近,说明该区域的土壤越湿润;当任意点位于点 D 时,距原点距离远,说明该区域的土壤越干旱;当任意点位于原点时,该区域为水体或极其湿润的区域。因此,任意点到原点的距离越小,土壤湿度越大。选择 OB 与 OD 的比值作为土壤湿度的表征指数,其中 OD 的距离为固定值 $\sqrt{2}$,故土壤湿度监测指数(SMMI)的公式如下

$$\text{SMMI} = \frac{\text{OB}}{\text{OD}} = \frac{\sqrt{\rho_{\text{red}}{}^2 + \rho_{\text{NIR}}{}^2}}{\sqrt{2}} \tag{6.11}$$

式中,ρ_{red} 和 ρ_{NIR} 分别表示 NIR-Red 光谱特征空间中红光波段和近红外波段的反射率。

SMMI 直接利用特征空间中任意点到原点距离的大小来表征研究区土壤湿度状况。Ying 等(2018)在 SMMI 的基础上引入植被覆盖度(FVC),提出了改进型土壤湿度监测指数(MSMMI),其公式如下

$$\text{MSMMI} = \frac{\sqrt{(\rho_{\text{NIR}} - \text{FVC} \times \rho_{v,\text{NIR}})^2 + (\rho_{\text{red}} - \text{FVC} \times \rho_{v,\text{red}})^2}}{\sqrt{2} \times (1 - \text{FVC})} \tag{6.12}$$

式中,ρ_{red} 和 ρ_{NIR} 分别表示 NIR-Red 光谱特征空间中红光波段和近红外波段的反射率;FVC 为植被覆盖度;$\rho_{v,\text{red}}$ 和 $\rho_{v,\text{NIR}}$ 分别为植被的红光波段反射率和近红外波段反射率,一般取 0.05 和 0.5(Ying et al.,2018)。

6.3　神东矿区土壤湿度遥感监测

6.3.1　基于矿区尺度的矿区土壤湿度遥感监测

处于干旱半干旱地区的神东矿区,生态环境脆弱,植被以沙生灌木和草本植物为主,其根

系分布在 0～5 m 范围内(崔利强 等，2010)，采前地下水位埋深为 8～35 m(推断出该区植被利用不了地下潜水)，且该矿区降水稀少，降水季节分配不均，蒸发强烈，地表水资源匮乏，因此土壤湿度成为矿区植被生长和恢复的主导因子。大量研究指出，神东矿区地下采矿活动导致了地表裂缝和塌陷、地下水位下降、井田干涸、植被枯死、水土流失和土地荒漠化加剧等问题。地表浅层土壤湿度遥感及其空间分布规律研究是矿区环境监测的主要内容之一，对判别地下采矿活动扰动地表程度具有重要的意义。本节利用遥感数据，结合实地调查土壤湿度数据，建立土壤湿度遥感反演模型，分析矿区尺度地表浅层土壤湿度的空间分布规律。本节技术路线见图 6.4。

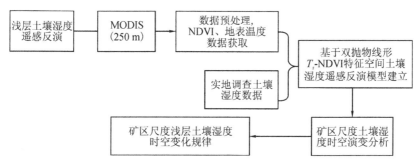

图 6.4　神东矿区土壤湿度遥感反演及时空变异规律研究路线

1. 矿区尺度下矿区土壤湿度时空分布特征

选用 2000—2019 年 MOD13Q1 产品中 16 天合成的 250 m 分辨率 NDVI 数据和 MOD11A2 产品中 8 天合成的 1000 m 分辨率地表温度数据作为利用 MODIS 数据进行矿区尺度土壤湿度遥感反演的数据源。NDVI 数据的预处理包括：①利用 MRT(MODIS Reprojection Tool，MRT)软件对 MODIS 数据进行批量投影转换，将正弦曲线投影转换为以 WGS84 为基准面的 UTM49N 投影，并提取 NDVI 和 EVI 影像；②利用 ENVI 对影像进行批量裁剪，并将裁剪后的影像乘以比例因子 0.0001，使植被指数的数值在 -1 至 1 之间；③通过 IDL 编程采用最大合成法合成每年 250 m 最大化 NDVI 影像。地表温度数据的处理方式与植被指数产品类似，只是影像的比例因子为 0.02，最终也采用最大合成法得到每年最大化 1000 m 分辨率地表温度影像并以最邻近域法将其重采样至 250 m 分辨率。

求取双抛物线形 T_s-NDVI 特征空间的干、湿边拟合方程，并结合方程计算 2000—2019 年神东矿区 TVDI，分析 20 年间矿区土壤湿度时空变化规律。由 2000—2019 年神东矿区 T_s-NDVI 特征空间干、湿边拟合散点图(见图 6.5)和干、湿边拟合方程及相关关系表(见表 6.1)可以看出，双抛物线形 T_s-NDVI 特征空间呈现干边开口向下和湿边开口向下的形状，且各个方程的拟合系数较高。

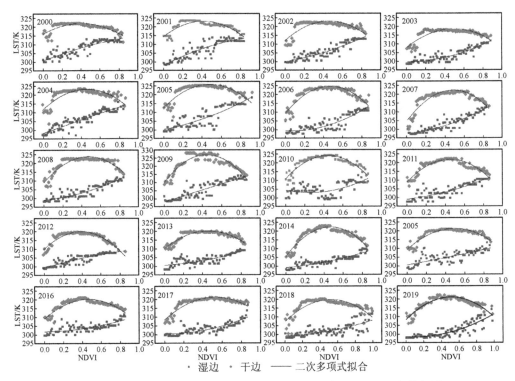

图 6.5　2000—2019 年神东矿区 T_s-NDVI 特征空间干、湿边拟合散点图

表 6.1　T_s-NDVI 特征空间干湿边拟合方程及相关关系

年份	干边		湿边	
	拟合方程	R^2	拟合方程	R^2
2000	$y=-37.645x^2+30.414x+315.68$	0.6393	$y=-6.5182x^2+20.968x+300.45$	0.7799
2001	$y=-50.356x^2+42.016x+314.11$	0.72	$y=-11.07x^2+27.752x+297.76$	0.7823
2002	$y=-52.663x^2+48.365x+311.77$	0.6542	$y=9.92x^2+8.7243x+299.77$	0.8331
2003	$y=-44.477x^2+43.812x+307.62$	0.7276	$y=14.575x^2+0.964x+299.3$	0.8261
2004	$y=-45.907x^2+46.808x+311.25$	0.6613	$y=-1.1238x^2+18.176x+297.89$	0.8388
2005	$y=-56.069x^2+54.274x+312.51$	0.7346	$y=10.801x^2+10.127x+300.15$	0.7373
2006	$y=-70.029x^2+65.645x+309.13$	0.8299	$y=21.229x^2-2.6769x+299.27$	0.7607
2007	$y=-74.838x^2+72.472x+304.59$	0.8314	$y=14.187x^2+5.8526x+297.47$	0.8629
2008	$y=-67.28x^2+63.566x+308.74$	0.832	$y=12.187x^2+5.1334x+298.97$	0.8281
2009	$y=-86.276x^2+76.926x+309.77$	0.8355	$y=0.1107x^2+18.432x+297.89$	0.7995
2010	$y=-67.425x^2+59.881x+310.8$	0.8236	$y=22.07x^2-11.375x+304.44$	0.3639
2011	$y=-64.284x^2+57.961x+308.74$	0.8529	$y=8.5716x^2+7.0477x+298.93$	0.7671
2012	$y=-55.461x^2+48.311x+309.27$	0.8682	$y=-4.3651x^2+14.62x+298.93$	0.8004
2013	$y=-47.77x^2+44.037x+309.85$	0.8403	$y=8.4821x^2+2.9371x+300.47$	0.6492
2014	$y=-77.563x^2+72.315x+305.29$	0.8821	$y=6.6432x^2+5.0811x+298.97$	0.7719

年份	干边		湿边	
	拟合方程	R^2	拟合方程	R^2
2015	$y=-49.491x^2+48.666x+309.21$	0.8411	$y=1.4911x^2+9.7342x+300.4$	0.5714
2016	$y=-51.998x^2+48.371x+308.93$	0.8191	$y=8.7811x^2+0.624x+301.67$	0.5401
2017	$y=-45.879x^2+48.674x+308.29$	0.8251	$y=14.261x^2-1.5284x+300.49$	0.6889
2018	$y=-45.918x^2+47.834x+307.29$	0.6703	$y=7.233x^2+1.9305x+298.94$	0.5119
2019	$y=-48.576x^2+49.631x+308.37$	0.8256	$y=15.469x^2-2.2597x+298.28$	0.7231

根据一定的分级标准,刘英等(2011)对反演的 TVDI 进行等级划分:①极湿润(0<TVDI≤0.2),②湿润(0.2<TVDI≤0.4),③正常(0.4<TVDI≤0.6),④干旱(0.6<TVDI≤0.8),⑤极干旱(0.8<TVDI≤1.0),得到 2000—2019 年神东矿区 TVDI 等级空间分布图(见图6.6)。由图6.6 可以看出,2000—2005 年矿区 TVDI 等级空间分布特征类似,极干旱区域主要位于矿区西南部和北部地区,正常区域主要位于矿区东部;2006—2009 年,矿区整体的干旱情况有所缓解,矿区北部干旱和极干旱区域的面积明显缩减,西南部干旱和极干旱区域的面积略微缩减,东部正常和湿润区域的面积明显扩大;2010 年,矿区西北部出现极干旱区域;2011—2014 年,矿区整体的干旱情况进一步得以缓解,矿区北部极干旱区域逐渐减小直至基本消失,东部湿润和极湿润区域的面积不断扩大,矿区西南部仍处于干旱和极干旱状态;2015—2019 年,矿区整体的干旱情况有所恶化,干旱区域不断扩张,新增的极干旱区域主要位于矿区北部,到 2018 年达到了扩张的峰值阶段。矿区东部基本处于正常状态,其中零星分布着湿润和极湿润的区域。

通过对比矿区 2004 年、2009 年 Landsat 5 影像,2014 年 Landsat 8 影像以及 2018 年 Sentinel-2 影像(见图6.7),整体上,对应年份 TVDI 等级分布状况与矿的地貌分布类型基本一致:①矿区西南部地貌类型为沙漠滩地,此区被风沙土覆盖,土壤毛管力弱,易受流水和风的侵蚀;②矿区东部的地貌类型为黄土丘陵区,此区被黄土覆盖,植被状况较好,土壤的毛管力和持水能力均大于风沙土;③矿区西北部和中部的地貌类型主要为流动沙及半固定沙的荒漠化草原。

从 TVDI 的均值来看,整体上,矿区 TVDI 均值的变化规律分为两个阶段:①2000—2014年,矿区 TVDI 的均值呈现波动下降的趋势,2000 年的数值最高,即这一年的干旱程度最严重,2014 年的数值最低;②2014—2019 年,矿区 TVDI 的均值呈现波动上升的趋势,这一阶段,2018 年的数值最高。这就表明,2000—2014 年矿区的干旱情况有所好转,而 2015—2019 年矿区旱情越来越严重。植被覆盖的变化受自然和人为的双重影响,近 20 年来,神东矿区植被覆盖度整体呈现上升的趋势,而土壤湿度却呈先增后降的趋势。可见,矿业公司的综合环境治理以及政府主导的退耕还林、退牧还草、封山育林等生态恢复和水土流失治理工程效果很明显。但是,这些植被的涵养水分的能力并不能单一地通过植被覆盖的增加来表明,矿区开采活动造成的地表形变的影响也是不可忽视的,需进一步研究。

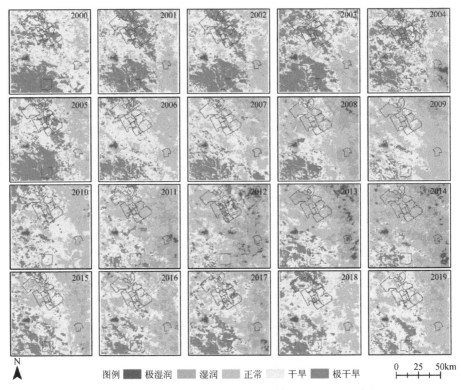

图 6.6　2000—2019 年神东矿区双抛物线形 TVDI 空间分布

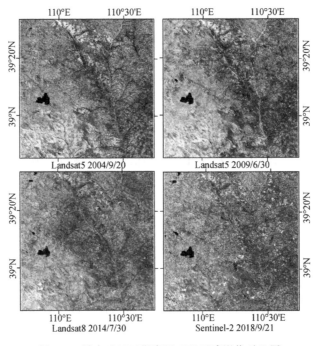

图 6.7　神东矿区四期资源卫星遥感影像对比图
（假彩色 RGB 合成方式：SWIR2、NIR、Red）

由 2000—2019 年 TVDI 累积百分比变化趋势图(见图 6.8)可以看出,2000—2014 年矿区干旱和极干旱区域的占比呈波动减小的趋势,峰值出现在 2000 年,为 87.75%,谷值出现在 2014 年,为 19.86%,2015—2019 年有所增大;矿区正常区域的占比从 2000 年开始逐年增大,到 2009 年达到了峰值,为 56.11%,之后波动性变化但幅度较小;矿区湿润和极湿润区域的占比在 2000—2010 年极低,仅在 2008 年达到约 20%,大部分年份的占比小于 5%,2011—2014 年明显增大,到 2014 年达到了峰值,约 35%,2015—2019 年呈波动减小的趋势。2000—2019 年干旱区和极干旱区的 TVDI 均值都呈波动性增加的趋势,正常区的均值整体上有增有减但变化不大,湿润区的均值呈波动上升的趋势,极湿润区的均值呈波动性略微减小的趋势。这表明,20 年来,尽管神东矿区的干旱和极干旱区的占比不断变小,但其土壤湿度仍处于减小的趋势,这是由于这些区域无植被覆盖,土壤涵养水源的能力有限;正常区和湿润区的占比不断扩大,其土壤湿度呈上升的趋势,这是由于这些区域植被覆盖增多,土壤涵养水源的能力得以加强。

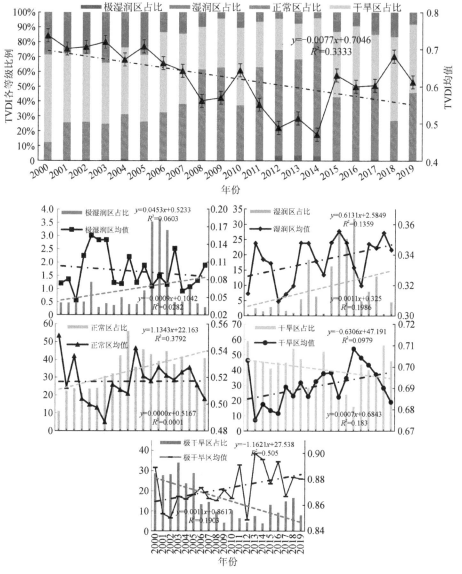

图 6.8　2000—2019 年 TVDI 累积百分比、TVDI 各分级占比及其均值的变化趋势

2. 矿区土壤湿度原因分析

由于 TVDI 的数值与土壤湿度的大小是呈负相关关系的,故用 1－TVDI 代表矿区整体的平均土壤湿度,由图 6.9 可知,2000—2019 年神东矿区平均土壤湿度有增有减,但总体趋势是增加的,大致分为两个阶段:①2000—2014 年,呈波动上升的趋势,增幅为 0.0186/a;②2014—2019 年,呈波动下降的趋势,减幅为 0.0246/a。将研究区 2000—2019 年双抛物线形 TVDI 均值与植被指数(NDVI、EVI)、气象因子(年降雨量、年蒸发量、年均气压、年均湿度、年均温度、年均风速和年太阳辐射强度)以及原煤产量之间进行相关性分析,结果表明,TVDI 与 250 m 分辨率年最大化 NDVI/EVI、原煤产量之间显著相关,相关性分别为 －0.568、－0.491 及 0.902;TVDI 与年降雨量、年蒸发量、年均气压、年均湿度、年均气温和年太阳辐射强度未通过显著性检验,相关性分别为 －0.342、－0.043、－0.179、0.094、0.063 和 －0.016,表明降雨是影响矿区土壤湿度的一个重要气象因子。由 TVDI 与植被指数、年降雨量、原煤产量的关系图可以看出(见图 6.9),土壤湿度平均值变化趋势与植被指数、年降雨量具有相似的变化特征,当降雨量较大时,同期的植被指数和土壤湿度也相对较高。

2000—2014 年,神东矿区原煤产量是逐年增加的,土壤湿度和植被指数总体上也呈波动增加的趋势,两者并没有因为煤矿资源开采力度的加大而减少,这就说明地下采矿活动并没有导致矿区土壤湿度和植被出现明显的退化趋势。这可能与神东煤炭分公司提出的一吨煤要提取 0.45 元投入矿区环境保护中的政策及卓有成效的矿区环境治理工作密切相关。随着矿区煤炭产量的持续上升,用于矿区环境保护的资金也同比上升,保障了矿区绿化与生态环境治理工作的持续与强化,这对于提高神东矿区植被覆盖度、防止土地沙化起到了重要作用。矿区植被覆盖度的提高也有利于矿区水体保持,并对提高矿区浅层土壤湿度起到了积极作用。而 2015—2019 年,矿区植被指数呈增加趋势,土壤湿度呈下降趋势,其原因仍需要进一步研究。

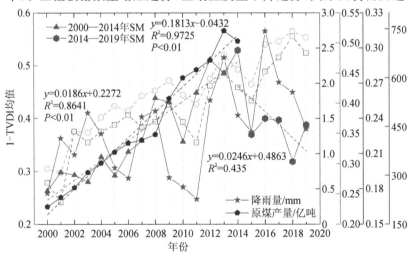

图 6.9　TVDI 与植被指数、年降雨量、原煤产量的关系

6.3.2　基于矿井尺度的矿区土壤湿度遥感监测

为进一步分析地下采矿活动对矿区地表浅层土壤湿度的影响,将研究尺度从矿区大尺度转为矿井尺度,基于二维光谱特征空间建立浅层土壤湿度遥感监测模型,并利用实测土壤湿度

数据对其进行验证。基于 Landsat 和 HJ（环境减灾卫星）－CCD 数据，利用 SMMI 及尺度化
SMMI 反演 1989—2013 年 12 个时期矿区浅层土壤湿度，分析其时空演变规律。在分析矿区
土壤湿度与区域地形、植被等因素关系的基础上，对比大柳塔、榆家梁、补连塔、锦界、上湾、哈
拉沟、石乾台和活鸡兔等主要矿井采区与非采区成层土壤湿度差异情况，研究地下开采扰动活
动对地表浅层土壤湿度的影响。

1. 基于 NIR-Red 特征空间的 SMMI 与尺度化 SMMI 的神东矿区土壤湿度监测

本研究主要对比了基于 TM 影像不同波段组合下不同二维光谱特征空间的 SMMI 对土
壤湿度反演的相关性，并基于尺度化 SMMI 对矿区 1989—2013 年累计 25 年共 12 期的卫星
遥感数据进行了土壤湿度反演，揭示其时空发展变化规律。

1）基于 NIR-Red 特征空间的 SMMI 的神东矿区土壤湿度监测

利用 2010 年 10 月 7 日卫星同步实测 0～5 cm 和 10 cm 深土壤湿度数据来验证 SMMI 模
型的有效性。以 TM band3（红光波段/0.62～0.69 μm）、band4（近红外波段/0.76～0.96 μm）、
band5（短波红外/1.55～1.75 μm）和 band7（短波红外波段/2.08～3.35 μm）得到 SMMI（4,3）、
SMMI（5,3）、SMMI（7,3）、SMMI（5,4）、SMMI（7,4）和 SMMI（7,5）分别为纵坐标，SM 为横
坐标，构建 SMMI-SM 散点图并计算其决定系数表。

SMMI 与土壤湿度的决定系数表（见表 6.2）表明：随着 SMMI 增大，土壤湿度均呈明显减
小趋势。经过 F 检验发现，0～5 cm 和 10 cm 深的 SMMI 和 SM 的回归方程均通过了显著性
检验（$P<0.05$）。在监测 0～5 cm 深度土壤湿度方面，SMMI（7,4）与 SM 的拟合度最高（$R^2=$
0.5410）；在监测 10 cm 深度土壤湿度方面，SMMI（7,5）与 SM 的拟合度最高（$R^2=0.2254$），
且所有 SMMI 与表层 0～5 cm 深度土壤湿度的相关系数明显高于与 10 cm 深度土壤湿度的
相关性。这就表明，光学遥感更适宜监测表层土壤湿度。

表 6.2　SMMI 与土壤湿度的决定系数（R^2）

SMMI	0～5 cm 的 SM	10 cm 的 SM
SMMI（4,3）	0.4991***	0.1556**
SMMI（5,3）	0.5334***	0.2107***
SMMI（7,3）	0.4624***	0.1660**
SMMI（5,4）	0.5304***	0.1884***
SMMI（7,4）	0.5410***	0.1967***
SMMI（7,5）	0.5369***	0.2254***

注：***、** 分别表示通过 99%、95% 显著性检验。

以上分析表明，基于 TM 波段真实地表反射率数据建立的土壤湿度反演模型——土壤湿
度监测指数（SMMI）具有可靠性，可以用来监测地表浅层 0～5 cm 深度土壤湿度状况。

基于双抛物线形特征 T_s-NDVI 空间的温度植被干旱指数（TVDI）中涉及的主要参数为地
表温度 T_s 和 NDVI，而利用 TM/ETM＋/OLI 等影像近红外和红光波段可以获得 NDVI 数
据，亦可以利用各自的热红外波段通过一定的反演方法（如单窗算法、辐射传输方程法）获得地
表温度。因此，从理论上讲利用 TM/ETM＋/OLI 等影像也可以计算矿区的温度植被干旱指
数，但是利用热红外波段进行温度反演过程复杂，反演过程中涉及地表比辐射率、大气透过率

等参数的确定问题,而这些参数的确定一般是通过经验模型确定,这降低了反演的精度(Wan et al.,2004)。

2)基于尺度化 SMMI 的神东矿区长时间序列土壤湿度监测

选取 1989—2013 年累计 25 年共 12 期的卫星遥感数据进行分析,包括 1989/9/11 TM、1998/7/2 TM、2000/7/31 ETM+、2001/5/31 ETM+、2002/8/6 ETM+、2003/5/21 ETM+、2006/9/10 TM、2007/8/12 TM、2009/6/30 TM、2013/9/13 OLI 以及 2010/8/5 HJ-CCD 和 2011/7/30 HJ-CCD 数据,时间主要集中在天气晴朗无云的夏季。由于 Landsat 和 HJ 卫星的重访周期分别是 16 天和 2 天,加之云覆盖等影响,因而很难得到时相完全一致的遥感影像。Landsat 数据主要下载于国际科学数据服务平台、美国马里兰大学全球土地覆盖数据库(GLCF)交换站点和中国科学院遥感与数字地球研究所的对地观测数据共享计划;HJ-CCD 数据下载于中国资源卫星应用中心。数据处理包括:①辐射定标,使影像图像灰度值转换为辐射亮度值;②大气校正,得到地表真实反射率;③以 2009/6/30 TM 影像为基准对 HJ-CCD 影像进行几何配准,误差在 1 个像元内。

刘英等(2011)指出,NDVI 的绝对值由于时相不一致而不同,为消除时相差异便于对比,其提出了尺度化 NDVI(scaled NDVI)的计算方法,即

$$S_{NDVI} = \frac{NDVI - NDVI_0}{NDVI_s - NDVI_0} \qquad (6.13)$$

式中,NDVI 指某一个像元所对应的 NDVI 值;$NDVI_0$ 指某一区域裸地所对应的 NDVI 值;$NDVI_s$ 指全植被覆盖区域所对应的 NDVI 值。本节参考 Gutmanet 等(1988)和李苗苗等(2004)提出的估算 $NDVI_0$ 和 $NDVI_s$ 的方法,结合研究区实际,根据整幅影像上 NDVI 的灰度直方图分布,以 1% 和 99% 累计频率置信度截取 NDVI 的上、下限阈值分别近似代表 $NDVI_0$ 和 $NDVI_s$。由于本节所使用 12 期遥感影像在时相上不完全一致,为消除时相差异,在 Gillies 等提出的尺度化 NDVI 的基础上(Gillies et al.,1997),将 SMMI 进行无量纲化,即

$$S_{SMMI} = \frac{SMMI - SMMI_0}{SMMI_s - SMMI_0} \qquad (6.14)$$

式中,SMMI 为某一个像元所对应的 SMMI 值;$SMMI_0$ 为饱和裸土区域所对应的 SMMI 值;$SMMI_s$ 指干燥裸土区域所对应的 SMMI 值。确定 $SMMI_0$ 和 $SMMI_s$ 的方法主要有 3 种:一是利用地物光谱仪实测饱和裸土与干燥裸土在红光和近红外波段上的反射率;二是通过研究区高分辨率影像求取饱和裸土与干燥裸土像元在红光和近红外波段上的反射率均值;三是利用每期影像 SMMI 累积频率置信度区间来近似获取。借鉴 $NDVI_0$ 和 $NDVI_s$ 的确定方法,结合研究区实际,选取每期影像 SMMI 累积频率置信度为 1% 时所对应的 SMMI 值作为 $SMMI_0$ 的值,SMMI 累积频率置信度为 99% 时所对应的 SMMI 值为 $SMMI_s$ 的值。

2. 矿井尺度下矿区土壤湿度时空分布特征

基于尺度化 SMMI 12 期遥感影像获取神东矿区土壤湿度变化数据,将土壤湿度状况划分为 6 类,即饱和水(S_{SMMI} 为 0),极湿润(S_{SMMI} 为 0~0.2),湿润(S_{SMMI} 为 0.2~0.4),正常(S_{SMMI} 为 0.4~0.6),干旱(S_{SMMI} 为 0.6~0.8),极干旱(S_{SMMI} 为 0.8~1.0)。然后利用 ArcGIS 软件,分析得到了神东矿区 25 年土壤湿度时空分布特征(见图 6.10),并分别求取了矿区 12 期 S_{SMMI} 的均值,得到了研究区 25 年土壤湿度的变化趋势(见图 6.11)。

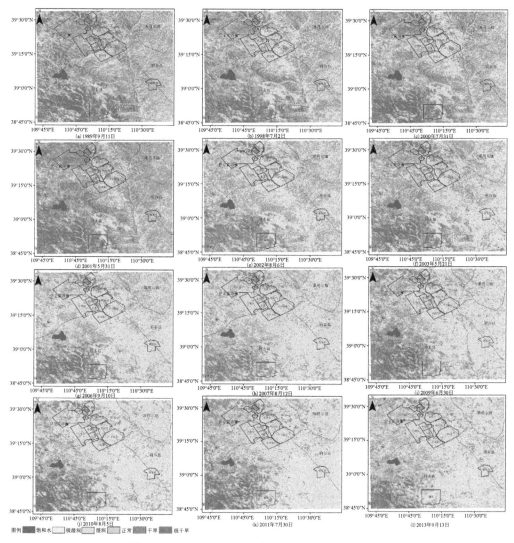

图例 ▮饱和水 □极湿润 ▨湿润 □正常 ▨干旱 ▮极干旱

图 6.10　神东矿区 25 年来土壤湿度时空分布特征

空间上,研究区土壤湿度分布均存在以下特点:矿区西部和西南部最干旱,土壤湿度最小,这是由于该区为沙漠滩地,被风沙土覆盖,植被覆盖度低,土壤持水能力差,易遭受流水侵蚀和风蚀;矿区东部和东南部较湿润,土壤湿度最大,这是由于该区为黄土丘陵区,植被覆盖度较高,土壤持水能力较强;矿区西北部与东北部土壤湿度处于中间水平,这是由于矿区西北部为流动沙及半固定沙的荒漠化草原,东北部为典型草原。可见,利用 S_{SMMI} 监测土壤湿度状况与矿区地貌类型基本一致,具有一定的可靠性和可信性。

时间上,25 年来矿区的 S_{SMMI} 均值总体呈下降趋势,由于 S_{SMMI} 与实测土壤湿度之间呈负相关关系,因而矿区土壤湿度呈上升趋势。将 12 期研究区 S_{SMMI} 均值的变化与相应 S_{NDVI} 均值的变化进行对比分析(见图 6.11),随着 S_{NDVI} 均值的增加,S_{SMMI} 均值减小,而土壤湿度增大;S_{SMMI} 与 S_{NDVI} 之间存在显著的负相关关系。这表明,过去 25 年矿区植被覆盖度的增加与土壤湿度的上升有一定的正相关关系。

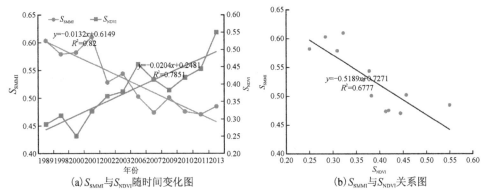

图 6.11　神东矿区 25 年来土壤湿度变化与植被指数的关系

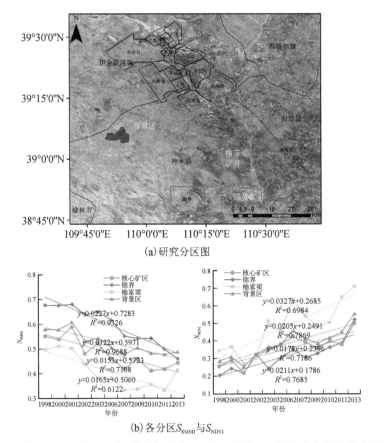

图 6.12　核心矿区、锦界矿井、榆家梁矿井、背景区(黑框)土壤湿度与植被指数的差异

　　为了对比分析矿区内外土壤湿度的差异,将研究区分为核心矿区、锦界矿井、榆家梁矿井、背景区(见图 6.12),并分别统计 4 个区域 25 年来土壤湿度和植被指数的变化趋势。结果显示:25 年来,4 个区域 S_{SMMI} 均呈下降趋势,由此可得土壤湿度呈上升趋势,S_{NDVI} 呈上升趋势。4 个区域土壤湿度的大小顺序为榆家梁矿井>核心矿区>背景区>锦界矿井,植被指数的大小为榆家梁矿井>背景区>核心矿区>锦界矿井,表明植被覆盖度与土壤湿度之间存在一定的相关关系。锦界矿井土壤湿度上升趋势最明显($R^2 = 0.9326$),该矿井 S_{SMMI} 与 S_{NDVI} 之间存

在显著的负相关关系,其拟合相关系数大于其余 3 个区域,说明植被覆盖度的提高与土壤湿度的上升存在较强的正相关关系。

可见,利用 S_{SMMI} 监测矿区土壤湿度状况与矿区地貌类型基本一致。从 12 个时相土壤湿度监测结果来看,1989—2013 年,矿区整体的土壤湿度是增加的,并没有因为地下采矿力度的加大而发生明显减小的现象,这可能与矿区环境治理及矿井水循环利用有关。

3. 土壤湿度与高程、植被之间的关系

刘英等(2013)指出土壤湿度(SM)与 SMMI(4,3)之间存在以下关系:

$$SM = -36.695 \times SMMI(4,3) + 9.3198 \qquad (6.15)$$

由公式(6.15)可反演得到 2010 年 8 月 5 日的矿区土壤湿度分布图,可将研究区等高线矢量数据(来自 ASTER GDEM 数据)分别与 SM 分布图和 NDVI 分布图套合,并分别统计每条等高线上 SM 和 NDVI 的均值,进而分析 SM 与地表高程、NDVI 之间的关系。

图 6.13 为 SM 与地表高程之间的关系图,由图 6.13(a)可见,当高程为 830~1000 m 时,SM 随着高程的增加而增加,而当高程为 1000~1100 m 时,SM 维持在一个较高的稳定水平,原因在于流经矿区的主要河流(乌兰木伦河、窟野河及秃尾河)的高程主要集中在 830~1100 m,此高程范围位于容易得到地表水和雨水补给的地势低洼处。随后,当高程为 1110~1400 m 时,随着高程的增加,SM 呈线性递减趋势,原因在于:水往低处流,地势越高越不容易汇集水量;另外,由于受到风沙活动的影响,地势越高土壤水分越容易蒸发。当高程为 1400~1500 m 时,SM 随着高程的增加而增加,原因在于:一方面此高程范围主要位于布尔台煤矿南侧呼和乌素沟及其支流的末端,土壤湿度容易得到河水的补给;另一方面该高程范围内植被覆盖度较高,植被对涵养水源起到了一定作用。

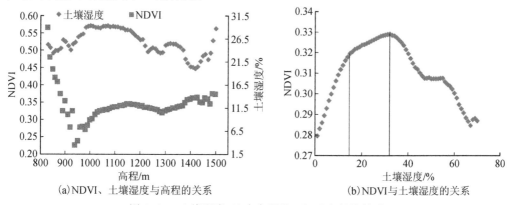

(a)NDVI、土壤湿度与高程的关系　　　　　　(b)NDVI 与土壤湿度的关系

图 6.13　土壤湿度、地表高程及 NDVI 之间的关系

由图 6.13(b)可知,随着 SM 的增加,NDVI 并不是一直持续增大,而是在 SM 为 15% 和 32% 处出现拐点。当 SM 为 0~15% 时,NDVI 随着 SM 的增加而快速增加,也就是说,SM 小于 15% 将引起 NDVI 值的快速下降;当 SM 为 16%~32% 时,NDVI 随着 SM 的增加呈缓慢增加趋势,表明 NDVI 对 SM 的敏感性降低;当 SM 大于 32% 后,NDVI 随着 SM 的进一步增加反而总体上呈线性减少趋势,原因在于 SM 大于 32% 的区域(占矿区总面积的 19.76%)主要位于地势低洼处,该处集中了大量的居住用地、工业用地及建筑用地,受人类活动的影响强烈,导致 NDVI 偏低。

通过上述分析可得,地表高程、NDVI 及 SM 三者之间相互影响、相互协同。一方面,在矿区生态恢复建设过程中,可优先在具有良好土壤湿度条件的地势低洼处展开,由点及面逐步扩展到其他相应区域;另一方面,在矿区开采过程中要注意使 SM 保持在 15％以上,因为在干旱环境下,SM 小于 15％将引起 NDVI 的快速降低。

在分析矿区 25 年来土壤湿度变化规律及其与地表高程、NDVI 关系的基础上,本节提出以下合理开发、环境保护的建议:

(1)25 年来土壤湿度的增加与矿区植被建设具有正相关关系,植被对涵养水源起到了一定作用,因此矿区应继续开展植被生态恢复建设工作。

(2)在矿区生态恢复建设中,可优先考虑高程为 830～1290 m 的 SM 较高的区域,然后由点及面逐步展开。

(3)在矿区开采过程中,当某一区域 SM 小于 15％时,应采取滞后开采并控制开采力度的措施,并加强矿井水的循环利用,提高土壤含水量,避免植被因 SM 的迅速减少而恶化。注意,本研究中所涉及遥感数据主要集中在夏季,且土壤湿度会随季节变化而变化,今后可以考虑用遥感影像提取土壤湿度的季节变化特征。

6.4　本章小结

本章主要介绍了土壤湿度遥感监测的基础知识及其主要方法,介绍了光谱特征空间指数法和温度植被空间指数法的基本原理。并以神东矿区为例,分析了神东矿区 2000—2019 年矿区尺度和矿井尺度土壤湿度变化规律及其影响因子,然后根据 DEM 和矿井边界等信息,分析了矿区采矿活动及地形因素对土壤湿度的影响。

本章参考文献

曹广真,侯鹏,范锦龙,等,2010. TM 与 MODIS 植被供水指数反演及对比分析[J]. 遥感技术与应用,25(1):63-68.

陈怀亮,邹春辉,邓伟,等,2005. 植被温度条件指数在土壤墒情遥感监测中的应用[J]. 气象科技(S1):148-150.

崔利强,吴波,杨文斌,等,2010. 毛乌素沙地东南缘不同植被盖度下土壤水分特征分析[J]. 干旱区资源与环境,24(02):177-182.

刘焕军,张柏,张渊智,等,2008. 基于反射光谱特性的土壤分类研究[J]. 光谱学与光谱分析(3):624-628.

刘英,吴立新,马保东,2013. 基于 TM/ETM＋光谱特征空间的土壤湿度遥感监测[J]. 中国矿业大学学报,42(2):296-301.

刘英,吴立新,马保东,等,2011. 神东矿区土壤湿度遥感监测与双抛物线形 NDVI-Ts 特征空间[J]. 科技导报,29(35):39-44.

徐沛,张超,2015. 土壤水分遥感反演研究进展[J]. 林业资源管理(4):151-156.

徐英,吴明阳,李秀芬,等,2005. NOAA/AVHRR 资料在黑龙江省干旱监测中的应用研究[J].哈尔滨理工大学学报(2):51-53.

杨涛,宫辉力,李小娟,等,2010. 土壤水分遥感监测研究进展[J]. 生态学报,30(22):6264-6277.

赵少华,秦其明,沈心一,等,2010. 微波遥感技术监测土壤湿度的研究[J]. 微波学报,26

(2):90 - 96.

ABDUWASIT G, LI Z L, QIN Q, et al, 2008. Estimating crop water stress with ETM+ NIR and SWIR data[J]. Agricultural & Forest Meteorology, 148(11):1679 - 1695.

GHULAM A, QIN Q, TEYIP T, et al, 2007. Modified perpendicular drought index (MPDI):a real-time drought monitoring method[J]. Journal of Photogrammetry & Remote Sensing, 62(2):150 - 164.

GHULAM A, QIN Q, ZHAN Z, 2007. Designing of the perpendicular drought index[J]. Environmental Geology, 52(6):1045 - 1052.

GILLIES RR, CARLSON T N, CUI J, et al, 1997. A verification of the triangle' method for obtaining surface soil water content and energy fluxes from remote measurements of the normalized difference vegetation index (NDVI) and surface radiant temperature[J]. International Journal of Remote Sensing, 18(5):3145 - 3166.

GUTMAN G, IGNATOV A, 1998. The derivation of the green vegetation fraction from NOAA/AVHRR data for use in numerical weather prediction models[J]. International Journal of Remote Sensing, 19(8):1533 - 1543.

LIU Y, LI Y, LU Y, et al, 2018. Comparison and application of MPDI and MSMMI for drought monitoring in desert mining area[C]// IOP Conference Series:Earth and Environmental Science:1 - 5.

NICOLAI-SHAW N, ZSCHEISCHLER J, HIRSCHI M, et al, 2017. A drought event composite analysis using satellite remote-sensing based soil moisture[J]. Remote Sensing of Environment(203):216 - 225.

PATEL N R, PARIDA B R, VENUS V, et al, 2012. Analysis of agricultural drought using vegetation temperature condition index (VTCI) from Terra/MODIS satellite data[J]. Environmental Monitoring & Assessment, 184(12):7153.

PRICE J C, 1985. On the analysis of thermal infrared imagery:the limited utility of apparent thermal inertia[J]. Remote Sensing of Environment, 18(1):59 - 73.

SANDHOLT I, RASMUSSEN K, ANDERSEN J, 2002. A simple interpretation of the surface temperature/vegetation index space for assessment of surface moisture status[J]. Remote Sensing of Environment(79):246 - 263.

WAN Z, WANG P, LI X, 2004. Using MODIS land surface temperature and normalized difference vegetation index products for monitoring drought in the southern great plains, USA[J]. International Journal of Remote Sensing, 25(1):61 - 72.

第 7 章　矿区土壤侵蚀遥感监测与应用

土壤资源是地球表面中维持生态系统的重要组成部分,在自然状态下,土壤会发生缓慢的自然侵蚀,这种侵蚀在土壤的自然形成过程中能够得到补偿,使土壤生态系统基本处于平衡状态;当自然侵蚀在自然环境下不断加速或土壤生态系统遭到人为活动的过度干扰时,土壤生态系统会处于失衡状态,就形成了土壤侵蚀。我国是世界上土壤侵蚀最为严重的国家之一,第一次全国水利普查水土保持情况公报显示,我国土壤侵蚀总面积为 294.91 万 km²,占普查范围总面积的 31.12%(中华人民共和国水利部,2013)。在我国的矿产资源中,"富煤贫油少气"的特点决定了煤炭在一次能源中的重要地位,矿区大规模的煤炭开采活动为经济的长足发展提供动力的同时,对矿区土壤资源造成了巨大破坏。土壤侵蚀作为矿区重大环境问题之一,严重制约着矿区的可持续发展。对矿区土壤侵蚀进行监测和评估,因地制宜实施水土保持措施,是解决我国矿区土壤侵蚀的有利途径。本章详细介绍了土壤侵蚀和矿区土壤侵蚀的基本知识,并对矿区土壤侵蚀的遥感监测方法进行叙述及应用。

7.1　土壤侵蚀基础知识

7.1.1　土壤侵蚀的概念

"土壤侵蚀"一词出现于 20 世纪初,于 20 世纪 30 年代被广泛使用。Bennett(1939)认为土壤侵蚀是水和风力将土壤颗粒冲起或吹起并移走;美国农业部在 1979 年指出,土壤侵蚀是风和流水在地表对土壤的分离和移动;Kirkby 和 Morgan(1980)认为土壤侵蚀是雨滴和径流对土壤移动的总量,不包括其他营力的作用;《地理学词典》编制委员会(1983)定义土壤侵蚀是土壤或土体在外营力作用下,发生冲刷、剥蚀和吹蚀的现象;Lal(1994)指出土壤侵蚀就是土壤颗粒被溅离或被挟移;陈永宗等(1988)提出侵蚀是指地表物质在外营力作用下的分离、破坏和移动,外营力包括各种自然营力和人为作用;张科利等(2015)认为侵蚀是指地表组成物质在内外营力作用下被分离、搬运和沉积的过程,外营力包括自然营力和人为作用,内营力主要是指新构造运动。

全球除永冻地区外,均发生过不同程度的土壤侵蚀(卫亚星 等,2010)。狭义的土壤侵蚀仅指"土壤"在外营力作用下被分离、破坏和移动的过程;广义的土壤侵蚀指土壤、成土母质及其他地面可侵蚀物质在外营力的作用下被分离、破坏和移动的过程。人类活动对土壤侵蚀的影响日益加剧,已成为十分重要的外营力(张洪江,2000;唐克丽,2005)。吴发启等(2010)将土壤侵蚀的含义概括为:土壤或其他地面组成物质在自然营力作用下或在自然营力与人类活动的共同作用下被剥蚀、破坏、分离、搬运和沉积的过程。

7.1.2　土壤侵蚀的类型

土壤侵蚀类型的划分可揭示不同侵蚀类型的特征及其区域差异,可以了解土壤侵蚀的过程和控制机制,明确侵蚀沉积物的来源和产生(解明曙 等,1993)。根据土壤侵蚀研究和土壤侵蚀防治重点的不同,划分土壤侵蚀类型的方法也不同。

1. 根据发生时期分类

根据发生的时期,土壤侵蚀的类型可划分为古代侵蚀和现代侵蚀。古代侵蚀是指在人类活动开始影响土壤侵蚀之前的较长地质时期内发生的侵蚀,也称为地质侵蚀。现代侵蚀是人类活动对土壤侵蚀造成干扰后发生的,它在原始侵蚀的基础上增加了侵蚀的强度和速度。

2. 根据侵蚀外营力分类

土壤侵蚀的发生通常是由一种外营力或多种外营力综合作用的结果。外营力类型主要包括水力、风力、重力、温度作用力(由冻融作用而产生的作用力)、冰川作用力、化学作用力等,对应的土壤侵蚀类型包括水力侵蚀、风力侵蚀、重力侵蚀、冻融侵蚀、冰川侵蚀和化学侵蚀等。

1)水力侵蚀

水力侵蚀是指在降雨雨滴击溅、地表径流冲刷和下渗水分作用下,对土壤、土壤母体和其他地面成分造成的破坏、剥蚀、搬运和沉积的全过程,简称水蚀,包括面蚀、潜蚀、沟蚀、冲蚀和溅蚀。

面蚀:片状水流或雨滴引起的相对均匀的地面侵蚀,主要发生在植被荒芜或没有采取可靠的水土保持措施的坡地或荒坡上。面蚀是水力侵蚀中的基本形式,根据其外部表现可分为层状、结构状、鳞片状面蚀等。

潜蚀:地表径流集中到土壤内部机制中,对其进行机械侵蚀和溶蚀。千奇百怪的喀斯特溶岩地貌就是潜蚀作用造成的,此外,垂直节理发育良好的黄土地区发生潜蚀也很普遍。

沟蚀:是指集中的线性水流对地表的侵蚀,根据其发育阶段和形态特征又可细分为细沟、浅沟、切沟侵蚀。一旦形成侵蚀沟,侵蚀沟的不断扩大使得坡地上的耕地面积相应减少,大片的土地被切成碎片。

冲蚀:主要是指地表径流对土壤的冲刷、搬运、沉积作用。冲蚀是土壤侵蚀的主要过程,冲蚀的迹象是在地表形成了大小不同的沟渠。洪流和泥石流是表面侵蚀极端发展的结果。

溅蚀:主要是指雨滴溅落对土壤颗粒的冲击作用。在坡地和暴雨条件下,溅蚀非常强烈。溅蚀通常是径流冲蚀的前奏,会改变地表土壤结构,有利于地表径流的发展。

2)风力侵蚀

风力侵蚀是指土壤颗粒或沙粒在气流冲击作用下被分离、携带和累积的连续过程,以及随风运动的沙粒在打击岩石表面过程中,使岩石碎屑剥离而出现擦痕和蜂窝的现象,简称风蚀。风蚀发生的面积广泛,除一些植被良好的地方和水田外,平原、高原、山地、丘陵等都有可能发生风蚀,其强度与风力、土壤性质、植被覆盖度和地形特征密切相关,此外还受气温、降水、蒸发和人类活动状况的影响。

3)重力侵蚀

重力侵蚀是指在重力的主要作用下,陡峭上壁的风化碎屑或破裂的土石体的失稳运动现象,分为泄流、崩坍、滑坡和泥石流等类型。重力侵蚀主要发生在深沟和大谷的高陡坡度上,它是坡面表层和中浅基岩由于重力对其自身的影响失去平衡并发生位移和积聚的现象。由人工开挖坡脚形成的自由表面、渠道和道路的建设所形成的陡坡也是经常发生重力侵蚀的区域。其中,泥石流是土壤侵蚀的一种严重形式,国内大多学者将泥石流扩展到重力侵蚀范围,本教材也遵循这一分类将泥石流归为重力侵蚀。

4）冻融侵蚀

冻融侵蚀是指在冰点温度的正负条件变化下，地表物在自身重力作用下的移动。当温度在 0 ℃上下变化时，岩石孔隙或裂缝中的水在冻结成冰时体积膨胀（增大 9％左右），会对周围的岩石裂缝壁产生很大的压力，使裂缝扩展和加深；当冰融化时，水会沿着扩大的裂缝渗透到更深的岩体中，这样冻结、融化作用频繁进行，不断加深和扩展裂缝，使岩石破裂成碎片和岩屑，也称为冰融侵蚀。冻融侵蚀主要发生在我国西部的高寒地区。

5）冰川侵蚀

由冰川运动对表层土壤和岩石体导致的机械破坏引起的一系列现象称为冰川侵蚀。高山高原雪线以上的积雪在外力作用下转变为厚度为数十至数百米的层状冰川冰，冰川冰缓慢地沿着冰床作缓慢塑性流动和块体滑动，冰川中包含的碎石及其底部连续不断地锉磨冰床。同时，由于冰川下的节理发育而松动的岩石块的突出部分可能会随冰川冻结，当冰川移动时岩石块被拉出并带走。现代冰川地区的冰川侵蚀很活跃，我国主要发生在青藏高原和高山雪线以上。

6）化学侵蚀

土壤中的各种营养物质在下渗水分作用下会发生化学变化和溶解损失，从而降低土壤肥力的过程称为化学侵蚀。在酸性条件下，碳酸盐岩在地表径流作用下的溶解也属于化学侵蚀类型。

3. 根据土壤侵蚀发生的速率分类

1）自然侵蚀

自然侵蚀是自然营力导致土壤物质与母体物质的分离、破坏和运动的现象。地表陆地形态中，山地、丘陵甚至平原都会发生自然侵蚀，它进行得非常缓慢，并且产生的侵蚀量通常等于或小于土壤形成过程中所形成的物质的量，因此它可以形成"正常"的土壤外观。例如，不受人为因素影响的自然界（如原始森林）中土壤表面的水力侵蚀、戈壁沙漠地区的风蚀以及高山和亚高山地区的冻融侵蚀，都属于自然侵蚀的范畴。

2）加速侵蚀

加速侵蚀是指侵蚀速率超过自然侵蚀速率或侵蚀速率随着时间推移逐渐增强的侵蚀，可分为自然加速侵蚀和人为加速侵蚀（景可 等，2007）。自然加速侵蚀是指自然本身某些条件的变化引起的侵蚀量的增加，如大型滑坡、火山活动、森林火灾，或者沟头的溯源发展和侵蚀临空面的增加，都能引起侵蚀量的增加。人为加速侵蚀是在自然侵蚀的基础上叠加了人类不合理的生产活动或突发性自然灾害破坏生态平衡所引起的侵蚀过程，破坏了自然界的生态平衡，加速了土壤侵蚀的过程，加剧了侵蚀的强度，且侵蚀的速度远大于土壤形成的速度，对人类生活环境造成极大危害。

一般情况下，自然侵蚀的区域在人类活动的干扰下发展为加速侵蚀，当人们停止不合理的活动并采取适当的控制措施时，地表的加速侵蚀有可能逐渐恢复为自然侵蚀。但是地球上所有自然侵蚀的地区都会在人为作用下发展成加速侵蚀，相反，人为加速侵蚀不一定都能恢复到自然侵蚀过程，至少是很难或者需要漫长的时间（景可 等，2007）。

7.1.3　土壤侵蚀强度及程度

土壤侵蚀程度是指某种土壤侵蚀形式在特定外营力作用和一定环境条件影响下,土壤侵蚀发展相对阶段或相对强度的差异。

土壤侵蚀强度是指单位面积和时间的土壤流失量,反映了流域内细颗粒物来源的程度。

通常把土壤、母质及地表松散物质在外营力的破坏、剥蚀作用下产生分离和位移的物理量,称为土壤侵蚀量。单位面积单位时间内的土壤侵蚀量称为土壤侵蚀速率(速度),或称为土壤侵蚀模数,量纲是 $t/(km^2 \cdot a)$。

土壤侵蚀量中被输移出特定地段的泥沙量,称为土壤流失量。在特定时段内,通过小流域出口某一观测断面的泥沙总量,称为流域产沙量。土壤侵蚀区单位时间内的土壤侵蚀厚度称为侵蚀深。

允许土壤流失量(T 值)是土壤侵蚀速率与成土速率相平衡,或长时间内保持土壤肥力和生产力不下降情况下的最大土壤流失量。T 值是从永续保护土壤肥力和维持土地持续利用的角度提出来的,用以衡量自然侵蚀与加速侵蚀。确定 T 值一般有三种方法,即成土速率法、土壤条件法和通用土壤流失方程法。T 值大小与土层厚度、侵蚀程度等因素有关。在农耕地上,确定 T 值应考虑以下几个方面:①土壤流失对作物产量的影响,保持适当的土壤厚度;②流失量保持在不引起严重细沟侵蚀的数量之下;③流失量保持在不使梯田、排水渠内引起严重淤积的数量之下;④降低径流量,增加水分入渗,蓄水于土以利于植物生长;⑤保证流失量不因冲刷和淤积而引起严重损坏幼苗植株的现象。

我国主要侵蚀类型区土壤容许流失量如表 7.1 所示。

表 7.1　我国主要侵蚀类型区土壤容许流失量

类型区	土壤允许流失量/[$t/(km^2 \cdot a)$]
西北黄土高原区	1000
东北黑土区	200
北方土石山区	200
南方红壤丘陵区	500
西南土石方区	500

7.1.4　土壤侵蚀的影响因素

影响土壤侵蚀的因素分为自然因素和人为因素。自然因素是水土流失发生、发展的先决条件,或者叫潜在因素,人为因素则是加剧土壤侵蚀的主要原因。

1. 自然因素

(1)气候:气候因素,特别是季风气候与土壤侵蚀密切相关。季风气候的特点是降雨量大而集中,多暴雨,因此加剧了土壤侵蚀。

(2)地形:坡度的大小、坡长、坡形对土壤侵蚀有影响。坡度是决定径流侵蚀能力的主要因素,坡耕地植使土壤暴露于流水冲刷是土壤流失的推动因子。通常坡度越大,径流淤积越大,土壤侵蚀越大。

(3)土壤:土壤的渗透性、抗蚀性和抗冲性的特征对土壤侵蚀会产生很大影响。一般来说,具有沙质结构和松散结构的土壤易受到侵蚀。土壤抗蚀性是指土壤抵抗径流的分散和悬浮的能力,如果土壤颗粒之间的结合力强并且结构不容易分散,则土壤耐侵蚀性强。

(4)植被:植被能够分散和削弱雨滴能量,调节径流,固结土体,对土壤侵蚀的发生具有抑制作用。植物根系对土壤有很好的穿插、缠绕、固结作用,可减少土壤侵蚀。植被枯落物进入土壤,提高了土壤有机质含量,提高了土壤抗蚀性。

(5)地质:地壳隆升或下降会导致侵蚀基准面变化,从而导致侵蚀和堆积的变化,如地震造成了大量的山体滑坡、坍塌甚至泥石流。

2. 人为因素

人类活动的干扰是土壤侵蚀的主要原因,表现为土地利用结构不合理、资源开发规模过大、农林业和畜牧业的不平衡、森林植被的破坏以及在工业化过程中人为造成的加速土壤侵蚀。加之人们对水土保持工作的不重视,这些都是人为加速土壤侵蚀的重要因素。不合理的土地利用结构和地表覆盖率的降低对土壤侵蚀具有放大作用,土壤侵蚀加剧又导致土地的生产率下降(吴秀琴 等,2016;Lal et al. ,1990);能源和矿产资源开采对地表植被的破坏以及废弃物堆积都将引起严重的土壤侵蚀,在许多矿区植被覆盖率大大降低,边坡稳定性降低,土壤沉降严重,这些都对土壤侵蚀起到了加速作用;在推进工业化的进程中,人们对水土保持的认识未得到相应增强,水土保持法对人民不规范经济行为的压缩力并不明显。

7.1.5　土壤侵蚀的危害

自然界中地表物质平衡被打破后,陆地表面的阻力因素被破坏,导致土壤的表面侵蚀,不可避免地会导致各种环境问题。土壤侵蚀造成的一系列不良后果是多方面的,主要表现在以下几个方面。

(1)严重破坏土壤资源,导致土地贫瘠化。土壤侵蚀会导致大量土壤有机质和养分流失,土壤理化性质恶化,通气性和渗透性下降,肥力下降。地表遭受侵蚀以后,不仅会引起地形平面的变化,而且还会造成沟壑面积的扩大,如黄土高原经过侵蚀,将地表切割得支离破碎,沟谷纵横交错。

(2)加剧生态环境的恶化。土壤侵蚀将导致土壤沙化,加剧沙尘暴程度,导致地表植被被严重破坏,自然生态环境恶化,洪涝、干旱、冰雹等自然灾害接踵而来,特别是干旱的威胁日趋加剧;土壤侵蚀导致大量坡面泥沙被冲刷、搬运和沉积在下游河道中,削弱了河道的泄洪能力,加重了洪涝灾害(张洪江 等,2014);土壤侵蚀会引起大面积农田和河流水体的污染。

(3)破坏公共设施,威胁交通和通信保障。由土壤侵蚀而带走的大量沉积物被送入水库、河道和天然湖泊,造成泥沙淤积,河床抬高,导致河流泛滥,严重威胁水上航运事业;一些地区由于重力侵蚀引起的崩塌、滑坡或泥石流,导致交通中断、道路桥梁破坏、河流堵塞,严重威胁交通运输、通信畅通,造成巨大的经济损失。

(4)制约区域综合发展。在不合理的社会经济活动影响下,土壤侵蚀由潜在势能转化为实际动能,成为制约区域经济发展的突出问题。严重的土壤侵蚀制约了一些地区的经济、教育和社会发展,使该地区的社会整体水平落后于其他地区,对该地区的综合发展产生不利影响。

7.1.6　土壤侵蚀的防治措施

防治土壤侵蚀和水土流失,保护和合理利用水土资源是建立良好生态环境的一项根本措施。不同的气候、植被覆盖、地形、土壤及母质条件等,都会产生不同的土壤侵蚀,因此,各地开展土壤侵蚀治理工作需因地制宜实行综合治理方针。防治土壤侵蚀,必须根据土壤侵蚀的运动规律及其产生的条件,采取相应的措施。国内外通过大量的生产实践和科学研究,总结出了水利工程、生物工程和农业技术相结合的水土保持综合治理经验。

1. 水利工程措施

水利工程措施包括坡面治理工程、沟道治理工程、小型水利工程。梯田是坡面治理工程的一种有效措施,能够拦蓄的水土流失量在 90％以上;沟道治理工程中的沟头防护工程是为防止径流冲刷而引起的沟头前进、沟底下切和沟岸扩张,保护坡面不受侵蚀的水保工程;小型水利工程主要是为了拦蓄暴雨时的地表径流和泥沙,如蓄水池、转山渠、引洪漫地等。

2. 生物工程措施

生物工程措施也称水土保持林草措施,即采取植树造林和种植草、绿化荒山,综合管理农业、林业和畜牧业,增加地面覆盖,改善土壤,提高土地生产力,发展生产、繁荣经济等水土保持措施,以达到防治土壤侵蚀、保持和合理利用水土资源的目的。

3. 农业技术措施

农业技术措施主要是指水土保持耕作方法,包括:以改变地面微小地形、增加地面粗糙率为主的水土保持农业技术措施,以增加地面覆盖为主的水土保持农业技术措施,以增加土壤入渗为主的水土保持农业技术措施。

在治理土壤侵蚀的过程中,要做到预防与治理同步,最大限度地减少土壤侵蚀的危害。此外,加强预防和监督工作的治理方案对土壤侵蚀的防治也很有必要。

7.1.7　我国土壤侵蚀现状

就全球范围而言,中国、美国、俄罗斯、澳大利亚、印度等国是土壤侵蚀的主要分布国家,南美洲、非洲的一些国家也有较大面积的分布。中国的土壤侵蚀主要分布于西北黄土高原、南方山地丘陵区、北方山地丘陵区及东北低山丘陵和漫岗丘陵区、四川盆地及周围的山地丘陵区,主要侵蚀类型有水力侵蚀、风力侵蚀、重力侵蚀、冻融侵蚀和冰川侵蚀等。中国山地丘陵面积广,地形起伏大,地面组成物质疏松深厚,降雨强度大,垦殖历史久,植被覆盖率低等,都是引起土壤侵蚀的重要因素。

土壤侵蚀作为我国土地资源的突出问题,逐步实现对土壤侵蚀的治理刻不容缓(辛建宝,2016)。20 世纪 80 年代,我国提出小流域综合治理,几十年来,全国累计综合治理小流域 3.8万多条,治理水土流失总面积达 92 万平方千米,其中修建基本农田 1533 万公顷,营造水土保持林 580 万公顷,经果林 100 万公顷,种草 86.7 万公顷,建设治沟骨干工程 4900 多项,修建了长达数十万公里的乡村道路和田间道路,以及数以百万计的小型水利水保工程。这些水土保持设施的修建,每年可增产粮食 180 多亿千克,拦蓄泥沙 18 亿吨,增加蓄水能力 250 亿立方米。目前,各地建立健全了水土保持配套法规体系和监督体系,建立了水土保持监督管理机构,大力实施水土保持工程,使受损的生态环境发展多种经济,社会综合水平逐步得到改善(司娟娟,2009)。结合我国所取得的水土保持成效,解决我国当前的土壤侵蚀问题对世界环境问题的改善具有巨大的促进作用,为其他国家在土壤侵蚀治理上提供了参考性实例(辛建宝,2016)。

7.2　矿区土壤侵蚀监测

7.2.1　矿区土壤侵蚀

矿区土壤侵蚀是由于人为扰动地面或堆置废弃物而造成的岩土、废弃物的混合搬运、迁移和沉积,其结果是导致水土资源的破坏和损失,最终使土地生产力下降甚至完全丧失(李文银等,1996)。矿产资源开采扰动地表土体及地下土层、破坏土壤原有结构所引发的土壤侵蚀属于典型的人为加速侵蚀,主要发生在扰动地面、高陡边坡以及松散弃土弃渣体的坡面和坡脚(李宏伟 等,2014)。矿区土壤侵蚀与地下采煤活动密切关联,矿区地下开采导致地表产生不同程度的下沉和位移,进而使地面耕地土壤特性产生变化。此外,采动地表坡度的变化和土地利用覆被结构的改变还将加剧采动区域的土壤侵蚀。

7.2.2　矿区土壤侵蚀监测概述

土壤侵蚀监测是指通过野外调查、定位观测和模拟实验,为研究水土流失规律和评价水土保持效益提供数据所开展的观察与测验工作。矿区土壤侵蚀监测能够快速、准确监测矿区土壤侵蚀状况,为矿区土壤侵蚀量估算、水土保持监督与整治等奠定坚实的基础(况顺达 等,2006)。矿区土壤侵蚀监测可根据不同的监测对象、不同的监测层次,采用不同的监测方法与技术,目前可以从地面和空中进行监测。地面监测是在有代表性的区域建立地面监测点,利用各种降雨、径流、泥沙观测仪器和设备,进行单因子或单项措施的观测,获取土壤侵蚀及其治理效益的数据,该法可以提供地面真实测定结果,但数据积累周期长、范围小。水蚀区可以采用坡面径流小区、控制站等方法监测;风蚀区可采用沉降管、定位插钎、高精度摄影等方法监测。空中监测可通过遥感方法实现,主要应用遥感手段,包括航天、航空、卫星遥感设施获取地面图像信息,遥感图像的信息量丰富,具有多波段性和多时效性,可进行各种加工合成处理和信息提取,获取大范围地表植被覆盖、侵蚀类型等信息,具有较强的宏观性和时效性,但对侵蚀过程、泥沙输移等缺乏监测。

矿产资源的过度开采引发了土地损毁、植被退化、水土流失、地质灾害等一系列生态环境问题,严重制约着矿区乃至国家的可持续发展,加强矿区水土保持监督治理迫在眉睫(孙琦等,2015)。我国矿区已实施的控制土壤侵蚀的措施主要是土地复垦和固体废弃物堆上实行绿化等,包括建立塌陷地排水系统、煤矸石充填、平整地面、修梯田、种树等措施。土壤侵蚀是对中国生态的重要威胁(周夏飞等,2016),中国水土保持学界和主管部门高度关注土壤侵蚀的监测,水利部还将继续全国水土保持监测网络与信息系统的建设,同时不断改进宏观监测方法,在新一代的遥感信息和不断投入使用的基层监测站点的数据基础上为国家和区域水土保持战略决策及相应的研究提供支持。

7.2.3　国内外土壤侵蚀监测模型

1.国外土壤侵蚀监测模型的发展

国外对土壤侵蚀监测模型的研究起步较早。径流小区是土壤侵蚀研究的基本手段,最早由德国土壤学家 Ewald Wollny 于 1882 年采用,他创立了土壤侵蚀研究独有的径流小区方法

（Meyer，1984）。在早期土壤侵蚀研究时期，Miller 在 1917 年建立了第一个"标准"径流小区，标志着土壤侵蚀定量化研究的开始（Miller，1926）；Bennete（1948）在土壤侵蚀严重区域建立10 个侵蚀试验站，开始了美国大规模水土流失的研究工作。

1）通用土壤流失方程

20 世纪 30 年代末至通用土壤流失方程问世之前，众多科学家对土壤侵蚀过程、机理、影响因素等进行了大量研究，获得了大量的径流泥沙观测资料，并通过统计分析对土壤侵蚀影响因子进行概化，建立了土壤侵蚀基础数据库，为通用土壤流失方程的建立奠定了坚实的基础。这一时期的研究成果主要包括：1936 年，Cook 将影响因素细化为侵蚀能力、土壤可蚀性、地表填洼能力、入渗能力、地表覆盖情况、坡度、坡长，实质是土壤侵蚀经验模型的概念模型；1940年，Zingg 提出坡度、坡长因子与土壤侵蚀速率之间的拟合关系，是定量计算土壤田间水土流失量的第一个方程；1941 年，Smith 首次提出年土壤流失极限概念，并增加了作物因子 C 和水土保持措施因子 P；1947 年，Browning 增加了土壤可蚀性因子、轮作和经营管理因子；1947年，Musgrave 总结性提出美国玉米带坡面土壤侵蚀模型，增加了用最大 30 min 降雨强度幂函数表示的降雨因子；1948 年，Smith 等首次提出概念性的土壤流失方程，这种无量纲因子的乘积形式为 USLE（Universal Soil Loss Equation）所采用；1960 年，Wischmeier 提出 C 因子要分5 个阶段计算每个阶段的土壤流失比率，然后用各阶段 EI30 占全年 EI30 比例的加权平均得到；1963 年，Olsonh 和 Wischmeier 提出计算土壤可蚀性因子的标准小区概念，并用裸地和作物小区观测结果确定了 22 种代表性土壤的 K 因子值。

1965 年，Wischmeier 等在《农业手册（第 282 号）》首次公开发表了通用土壤流失方程。通用土壤流失方程 USLE 是基于大量天然降雨和人工降雨径流小区观测和试验资料建立的预报坡面多年平均土壤流失量的经验模型（水利规划与设计，2016）。它是一种表示坡地土壤流失量与其主要影响因子间的定量关系的侵蚀数学模型，可以计算在一定耕作方式和经营管理制度下，因面蚀产生的年平均土壤流失量。其公式为

$$A = R \times K \times L \times S \times C \times P \tag{7.1}$$

式中　A——单位面积年平均土壤流失量，单位为 t/ha；

R——降雨侵蚀力因子，是单位降雨侵蚀指标，如果融雪径流显著，需要增加融雪因子，单位为 $(MJ \cdot mm)/(ha \cdot h)$；

K——土壤可蚀性因子，标准小区上单位降雨侵蚀指标的土壤流失率；

L——坡长因子；

S——坡度因子（由于 L 和 S 因子经常影响土壤流失，因此，称 LS 为地形因子，以示其综合效应）；

C——植被覆盖和经营管理因子；

P——水土保持措施因子。

USLE 模型从与土壤侵蚀密切相关的各种自然与人文因子出发，比较全面地考虑了土壤侵蚀的环境因素，自模型研制以来，已在水土保持规划和土地资源管理方面得到了广泛应用，成为主流的土壤侵蚀研究方法。

然而，USLE 适用于最终预测在特定的土壤类型、降雨状况、地形及管理措施情况下的平均土壤侵蚀速率，且不能预测沉积量和来自沟渠、河岸、河床冲刷的沉积物产量，缺乏对侵蚀过程及其机理的深入剖析（郑粉莉 等，2001）。鉴于此，美国又根据细沟间侵蚀和细沟侵蚀的原

理及泥沙输移的动力机制,在 1991 年建立了修正的通用土壤流失预报方程,即 RUSLE
(Reversed Universal Soil Loss Equation)模型(Renard et al.,1991)。同 USLE 模型相比较,
它可以广泛应用于农地、矿区、林地、建筑工地等的水土流失预报(下节会详细阐释 RUSLE 模
型,此节不再赘述。)

许多国家和地区以 USLE 为蓝本,结合本国本地区的实际情况,对 USLE 进行修正,研发
了适用于本国本地区的侵蚀预报模型。截至目前,美国农业部已先后颁布 RUSLE、RUSLE
1.05、RUSLE 1.06、RUSLE 2、RUSLE 3 等模型。USLE 及 RUSLE 模型的制定及广泛应用,
使准确预测和预报坡耕地土壤流失量、对比不同区域土壤流失状况、制定合理的土地利用方
案、科学布设水土保持措施等成为可能。

2)机理模型的建立与发展

20 世纪 40 年代,Ellision 发现了雨滴溅蚀过程,揭示了土壤侵蚀的动力学机理(Ellision,
1944),随后雨滴和径流对土壤颗粒分离和泥沙输移的数学表达、径流分离速率与泥沙含量和
径流挟沙力之比的函数关系也应运而生(Meyer et al.,1969;Foster et al.,1972)。学者提出
的细沟与细沟间侵蚀的概念成为机理模型的基本方程(Meyer et al.,1980)。1985 年,美国农
业部水土保持局组织开展新一代土壤侵蚀模型——水蚀预报项目(Water Erosion Prediction
Project,WEPP),旨在克服 USLE 估计短时间土壤流失量误差大、未考虑沉积、无法反映土壤
流失量空间差异等缺陷,使其能用于水土保持和环境规划(Laflen et al.,1991)。WEPP 模型
是以随机气象过程生成模型、入渗理论、水文学、土壤物理学、作物科学、残茬分解模型、水力学
和侵蚀动力学为基础开发的,有坡面版、流域版和网格版 3 个版本(郑粉莉,2001)。

在美国进行水蚀预报模型研究的同时,英国、荷兰和澳大利亚等国也在开发适应其本国或
本地区的土壤侵蚀预报模型。1994 年,英国 Morgan 等人根据欧洲土壤侵蚀的研究成果,开
发了用于描述和预报田间和流域的土壤侵蚀预报模型(European Soil Erosion Model,
EUROSEM)(Morgan et al.,1998)。荷兰科学家结合本国的实际和研究成果,开发了
LISEM(Limberg Soil Erosion Model)(De et al.,1996)。LISEM 模型与 WEPP 模型相比,对
土壤侵蚀过程的描述不像 WEPP 模型那样深入和全面。比利时科学家基于切沟发展阶段,开发
切沟侵蚀预报模型,即动态预报模型和静态预报模型(Sidorchuk,1999)。澳大利亚开发了坡面次降
雨侵蚀模型 GUEST(Griffith University Erosion System Template)(Rose et al.,1998)。

2. 中国土壤侵蚀监测模型的发展

20 世纪 20 年代,中国开始了径流小区观测,开始了土壤侵蚀监测的定量研究(郭索彦 等,
2009)。1922—1927 年,我国首次在山西沁源、宁武东寨、山东青岛林场建立了径流小区,观测
不同森林植被和植被破坏对水土流失的影响,开始了径流小区观测和水土流失定量化研究(郭
索彦 等,2009)。1942 年,中国农林部建立了我国第一个水土保持试验站——黄河水利委员
会天水水土保持科学试验站,1951、1952 年分别建立了黄河水利委员会西峰和绥德水土保持
科学试验站,与早期建站的天水站一起组成闻名全国的水土保持科学研究"三大支柱站"。
1953 年,刘善建利用天水水土保持试验站 1945—1949 年的观测资料,建立了黄土高原农地土
壤流失量经验方程式,这是我国第一个土壤侵蚀预报模型(刘善建,1953)。这些研究为我国土
壤侵蚀经验统计模型的建立奠定了理论基础。

1)经验模型

经验模型主要从侵蚀产沙因子角度入手,建立径流、产沙与降雨、植被、土壤、土地利用、耕

作方式、水保措施等之间的多元回归因子关系式(蔡强国 等,2003)。经验公式结构简单,在制定公式使用资料范围内具有可靠的精度,但是模型被移植到其他区域使用以及向建模条件外延时,模型精度难以控制,模型的实用性受到影响。这类侵蚀产沙模型以坡面模型和小流域侵蚀产沙模型为代表,同时也包括部分区域性的侵蚀产沙预报模型,在模型形式上主要是采用侵蚀产沙因子的多元回归方程式。

江忠善以沟间地、裸露地基准状态坡面土壤侵蚀模型为基础,将浅沟侵蚀影响以修正系数的方式进行处理,建立了计算沟间地次降雨侵蚀产沙量的方程式,即

$$A = a \times K \times P^{0.999} \times I_{30}^{2.637} \times S^{0.88} \times L^{0.086} \times G \times V \times C \tag{7.2}$$

式中:A 为次降雨侵蚀量;a 为系数,无量纲;K 为土壤因子系数;P 为降雨量;I_{30} 为次降雨过程中 30 分钟最大降雨强度;S 为坡度;L 为坡长;G 为浅沟侵蚀影响系数,当坡面无浅沟侵蚀时,$G=1$;V 为植被影响系数;C 为水土保持措施影响系数(江忠善 等,1996)。

刘宝元建立了中国土壤流失方程(Chinese Soil Loss Equation,CSLE),用于计算坡面上多年平均年土壤流失量,此模型确立了中国土壤侵蚀预报模型的基本形式,其形式简单实用(刘宝元,2002),容易在不同地区推广应用。其基本形式为

$$A = R \times K \times L \times S \times B \times E \times T \tag{7.3}$$

式中:A 是坡面上多年平均年土壤流失量($t \cdot hm^2 \cdot a^{-1}$);$R$ 是降雨侵蚀力($MJ \cdot mm \cdot hm^{-2} \cdot h^{-1} \cdot a^{-1}$);$K$ 是土壤可蚀性($t \cdot hm^2 \cdot h \cdot MJ^{-1} \cdot mm^{-1} \cdot hm^{-2}$);$L$ 是地形的坡长因子(无量纲单位);S 是地形的坡度因子(无量纲单位);B 是水土保持的生物措施因子(无量纲单位);E 是水土保持的工程措施因子(无量纲单位);T 是水土保持的耕作措施因子(无量纲单位)。

流域侵蚀产沙经验统计模型中,由于试验观测资料和土壤侵蚀影响因子的差异,主要从水文气象(降雨量、径流量)、下垫面因素(流域几何特征、地貌特征、土壤特征、植被与土地利用、水土保持措施)等方面考虑。比较有代表性的流域侵蚀产沙经验模型主要有以下 4 个。

江忠善等(1980)根据黄土高原 10 个小流域的资料,得到次暴雨流域产沙公式,建立了产沙与径流的非线性关系式。此模型存在的不足是在不同集水面积的流域侵蚀产沙计算中,缺乏对泥沙输移过程的考虑,同时将侵蚀产沙关系式采用从坡面到流域之间的简单外延,忽略了流域侵蚀产沙的空间尺度变异规律。

范瑞瑜(1985)建立了黄河中游地区小流域土壤侵蚀预报模型,此模型探讨了不同地区小流域自然及人为因素影响流失量的有关参变数。模型结构简单明了,实用性强。但是采用平均降雨强度及降雨年侵蚀力的方法概化了黄河中游地区高强度短历时暴雨在年侵蚀产沙中的重要作用;采用流域平均坡度作为地形因子的测算依据,在黄土高原复杂的地貌条件下不能很好反映流域的沟壑密度,这都将直接影响模型的预测效果。

金争平等(1991)通过对影响小流域侵蚀产沙的 17 个因子进行统计分析,找出影响皇甫川区小流域土壤侵蚀的主导因子,以主导因子建立适用于不同条件的若干泥沙预报方程。此预报方程综合考虑了影响小流域侵蚀产沙的各个因子,但其适用范围只能在皇甫川流域,在泥沙侵蚀规律和定量预报方面还不够理想。

李钜章等(1999)利用黄河中游不同区域具有大量淤地坝的条件,通过侵蚀影响因素机理的分析、在侵蚀形态类型区的划分等基础上探讨侵蚀产沙模型。此模型采用的是淤地坝资料,仅能反映多年平均状态,不能反映年际侵蚀与降雨的变化对侵蚀的影响,更不能反映单次暴雨对侵蚀的影响。

我国大多的经验模型是借鉴美国的通用土壤流失方程,再结合中国的实际,对其中的一些因子进行重新量化和统计分析,这些土壤侵蚀模型在一定意义上对我国的土壤侵蚀模型研究起到了很好的推动作用。

2)物理成因模型

坡面物理成因模型主要有:王礼先等利用一维水流模型,把导出的坡面流近似模型与侵蚀基本方程耦合求解,得出了缓陡坡都适用的数学模型,但它不适合坡度变化的复合坡面(王礼先 等,1994);蔡强国等提出能表示侵蚀—输移—产沙过程的次降雨侵蚀产沙模型(蔡强国等,1996),这是利用 GIS 的空间分析功能对侵蚀产沙的过程进行量化研究较为成功的尝试,但在推广应用时受到模型参数的限制;段建南等借鉴国内外土壤侵蚀建模的经验与技术,针对我国干旱、半干旱地区的实际情况,应用微机技术,建立了坡耕地土壤侵蚀过程数学模型(段建南 等,1998),该模型可进行长期模拟,应用于土壤变化和可持续利用的研究,但难以描述复杂的坡面降雨径流侵蚀过程。

流域物理成因模型主要有:大流域水沙耦合模拟物理概念模型较好地处理了北方干旱、半干旱地区中大流域用下渗曲线计算地面径流时存在的观测资料缺乏、数据处理量太大两大难题,考虑了大流域气候、下垫面因素空间的不均匀性和雨洪径流产沙与融雪径流产沙间的差异(包为民 等,1994)。汤立群等从流域水沙产生、输移、沉积过程的基本原理出发,根据黄土地区地形地貌和侵蚀产沙的垂直分带性规律,将流域划分为梁峁坡上、下部及沟谷坡三个典型的地貌单元,分别进行水沙演算,此模型结构简单,并考虑了黄土区的垂直分带性(汤立群 等,1996)。目前中国土壤侵蚀物理成因模型比统计模型的功能强大得多,且能够连续模拟土壤侵蚀过程。

我国土壤侵蚀监测模型的研究和开发走过了近 50 年的发展历程,成功地研制和开发了一些适应中国具体情况的坡面和流域侵蚀预报模型。但是我国地域广阔,各地地形、气候差异明显,降雨特征、土地利用类型、经济生产生活模式不一,种种原因造成目前我国尚没有统一的侵蚀预报模型(李宏伟 等,2016)。土壤侵蚀过程本身具有一定的复杂性,影响因素之间相互作用较大,进行理论分析、实际试验存在诸多困难,土壤侵蚀模型研究尚不能满足生产实践的需要,我国的土壤侵蚀预报模型还有很长的路要走。

7.2.4 RUSLE 模型

通用土壤流失方程(USLE)和修正的通用土壤流失方程(RUSLE)一直是美国乃至全世界侵蚀预测和保护规划技术的主力军(Renard,2017),模型在发展过程中形成的思想和方法,对于各国经验性土壤侵蚀模型的建立具有很好的借鉴作用。我国自 20 世纪 80 年代开始引入该模型,并进行模型的订正和应用研究,取得了重要成果。在本节,我们对 RUSLE 模型方程以及各因子的提取方法予以概述,别的模型不予介绍。

1. 修正的通用土壤流失方程

修正的通用土壤流失方程(RUSLE)承袭了通用土壤流失方程的思想,对通用土壤流失方程的各因子的计算方法进行了改进,充分考虑了影响土壤侵蚀的降雨、土壤、地形、植被、水土保持措施等因素,使得定量化描述土壤侵蚀状况、估算土壤侵蚀量简捷有效,为因地制宜实行水土保持措施提供了依据(张艳灵 等,2013)。其计算公式为

$$A = R \times K \times LS \times C \times P \tag{7.4}$$

式中 A——单位面积年平均土壤流失量($t \cdot hm^2 \cdot a^{-1}$);

R——降雨侵蚀力因子($MJ \cdot mm \cdot hm^{-2} \cdot h^{-1} \cdot a^{-1}$);

K——土壤可蚀性因子,是单位侵蚀力作用于土壤的土壤流失速率($t \cdot hm^2 \cdot h \cdot MJ^{-1} \cdot mm^{-1} \cdot hm^{-2}$);

LS——地形(坡长坡度)因子(无量纲);

C——植被覆盖和经营管理措施因子(无量纲);

P——水土保持措施因子(无量纲)。

2. RUSLE 模型各因子的确定

1)降雨侵蚀力因子 R

降雨侵蚀力因子 R 是指降雨导致土壤侵蚀的潜力的大小,是土壤侵蚀的动力因素。降雨侵蚀力因子 R 值受降水强度、降水量及降水地表径流等的综合影响,是降水特性的函数,它反映了降雨对土壤的潜在侵蚀能力。Arnoldus(1980)利用年降水量与月降水量直接计算 R 值,计算公式为

$$R = \sum_{i=1}^{12} 1.735 \times 10^{\left[1.5\lg\left(\frac{p_i^2}{p}\right) - 0.8188\right]} \tag{7.5}$$

式中:p 和 p_i 分别为年降雨量和月降雨量,单位为 mm。将计算结果乘以 17.02 可转化为国际单位 $MJ \cdot mm \cdot hm^{-2} \cdot h^{-1} \cdot a^{-1}$。

我国学者章文波(2003)提出利用逐月雨量估算降雨侵蚀力的模型,计算公式如下

$$F_f = 1 \cdot N^{-1} \sum_{i=1}^{N} \left[\left(\sum_{j=1}^{12} p_{i,j}^2\right) \cdot \left(\sum_{j=i}^{12} p_{i,j}^{-1}\right) \right] \tag{7.6}$$

$$R = \alpha F_f^{\beta} \tag{7.7}$$

式中:p_{ij} 为第 i 年 j 月的降雨量(mm);N 为年数;R 为多年平均降雨侵蚀力($MJ \cdot mm \cdot hm^{-2} \cdot h^{-1} \cdot a^{-1}$);$\alpha$、$\beta$ 为模型参数,$\alpha = 0.1833$,$\beta = 1.9957$。

2)坡度坡长因子 LS

坡度坡长因子作为地形因子参与土壤侵蚀的计算,二者是地形地貌特征对土壤侵蚀强度影响的具体体现。

坡度因子 S 是指在其他条件相同的情况下,某一特定坡度下的单位面积土壤侵蚀量与标准小区坡度下单位面积土壤侵蚀量之比,为侵蚀动力的加速因子。坡度是影响土壤侵蚀的重要因子之一,美国通用土壤流失方程中推荐采用的坡度因子计算式为

$$S = 65.4\sin 2\theta + 4.56\sin\theta + 0.0654 \tag{7.8}$$

式中:θ 为坡度度数;S 为坡度因子。

McCool(1987)等的缓坡坡度计算公式以及刘宝元(1994)建立的陆坡坡度计算公式为

$$\begin{cases} S = 10.80\sin\theta & \theta < 5° \\ S = 16.80\sin\theta & 5° \leqslant \theta < 14° \\ S = 21.91\sin\theta & 14° \leqslant \theta \end{cases} \tag{7.9}$$

式中:S 为坡度因子;θ 为坡度。

坡长是水土保持的重要因子之一,当其他条件相同时,水力侵蚀的强度依据坡长来决定,坡面越长,汇聚的流量越大,其侵蚀力就越强。可见,坡长直接影响地面径流的速度,从而影响经流对地面土壤的侵蚀力。坡长因子表示其他条件相同时,一定坡长的坡面上,土壤流失量与

标准径流小区典型坡面土壤流失量的比值。在此模型中，坡长被定义为从地表径流源点到坡度减小直至有沉积出现的地方，或者到一个明显的渠道之间的水平距离。坡长影响坡面径流的流速、流量以及水流挟沙力，进而影响土壤侵蚀强度（赵琰鑫 等，2007）。Moore 和 Burch 提出的像元坡面坡长的定义是地表径流产生的起点至该像元下边缘与上边缘斜坡距离之差。坡长因子的算法为

$$L_i = \left(\frac{l_i}{22.13}\right)^m \tag{7.10}$$

式中：L_i 为像元坡面坡长因子，单位为 m；22.13 为标准径流小区的坡长值；m 为坡长指数；l_i 为像元坡长。

其中

$$l_i = \sum_{i=1}^{i} \left(\frac{D_i}{\cos\theta_i} - \frac{\sum_{i=1}^{i-1} D_i}{\cos\theta_i}\right) = \frac{D_i}{\cos\theta_i} \tag{7.11}$$

式中：l_i 为像元 i 的坡长；D_i 为沿径流方向每个像元坡长的水平投影；θ_i 为每个像元的坡度；i 为自山脊像元至该待求像元的数。

m 为 RUSLE 的坡长指数，与细沟侵蚀和细沟间侵蚀的比率有关。其取值公式为

$$m = \begin{cases} 0.5 & \beta \geqslant 5\% \\ 0.4 & 3\% \leqslant \beta < 5\% \\ 0.3 & 1\% \leqslant \beta < 3\% \\ 0.2 & \beta < 1\% \end{cases} \tag{7.12}$$

式中：β 为用百分率表示的地面坡度，可由 ArcGIS 软件直接提取。

Forster(1997)也建立了坡长因子的计算公式，即

$$L = \left(\frac{\lambda}{22.13}\right)^m \tag{7.13}$$

$$\beta = (\sin\theta/0.0896)/[3 \times (\sin\theta)^{0.8} + 0.56] \tag{7.14}$$

$$m = \beta/(1+\beta) \tag{7.15}$$

式中：λ 为坡长；m 为坡长指数；θ 为坡度；L 坡长因子。

3）土壤可蚀性因子 K

土壤可蚀性因子 K 是一个衡量土壤性能和土壤被侵蚀难易程度的重要指标，描述了土壤对侵蚀破坏的抵抗能力，反映了本身性质不同的土壤对侵蚀外营力敏感程度的差异。它受土壤物理性质的影响，如与机械组成、有机质含量、土壤结构、土壤渗透性等有关。土壤可蚀性因子的值是在单位降雨侵蚀力或动能下某种土壤和标准小区 22.13 m，9% 的坡度内连续清耕条件下土壤的土壤流失速率的比值。Williams 等（1997）提出土壤可侵蚀性因子 K 的计算公式为

$$K_{\text{EPIC}} = \{0.2 + 0.3\exp[-0.0256\text{SAN}(1-\text{SIL}/100)]\} \times \left[\frac{\text{SIL}}{\text{CLA}+\text{SIL}}\right]^{0.3} \times$$
$$\left[1.0 - \frac{0.25c}{c+\exp(3.72-2.95c)}\right] \times \left[1.0 - \frac{0.7\text{SN}_1}{\text{SN}_1+\exp(-5.51+22.9\text{SN}_1)}\right] \tag{7.16}$$

式中：SAN 为沙砾含量（%）；SIL 为粉砂含量（%）；CLA 为黏粒含量（%）；c 为有机碳含量（%）；$\text{SN}_1 = 1 - \text{SAN}/100$。$K$ 值大小表示可蚀性的强弱程度，K 越大，可侵蚀越强；K 越

小,可侵蚀越弱。张科利(2007)针对我国实际情况对 K 因子的计算进行了修正,修正公式如下

$$K = (-0.01383 + 0.1575 \times K_{\text{EPIC}}) \times 0.1317 \tag{7.17}$$

中国的土壤可蚀性因子 K 值的变化区间是$[0.001, 0.04]$(张科利,2007)。对于中大尺度如全国、区域、省份的土壤侵蚀量计算宜利用土壤普查数据,而对于小尺度如某个县的土壤侵蚀量宜根据前人的研究成果对研究区内的各种土壤类型进行赋值或者分土壤类型和空间分布进行剖面采样带回实验室进行实际测量。

4)植被覆盖与经营管理措施因子 C

植被覆盖与经营管理措施因子 C 是指在一定条件下有植被覆盖或田间管理措施的土地上的土壤流失量与相同条件下清耕、裸露休闲土地上的土壤流失量之比。C 值为$[0, 1]$,一般情况下,由于作物或其他植被覆盖的保护作用,C 值小于 1,当地面处于完全裸露状态时,C 值为 1。美国对 C 值的估算有着比较系统的研究,在考虑到植被的年内变化和降水量的年内分布对土壤侵蚀作用的基础上,根据试验小区和裸露小区多年平均的土壤流失量比较计算 C 值,然后用以计算美国各种土地利用类型的 C 值,其计算公式如下

$$C = \sum_{i=0}^{n} c_i R_i \tag{7.18}$$

式中:n 为作物生长期;c_i 为某作物在某生长期内的土壤流失比率;R_i 为与 c_i 相对应的降雨侵蚀力占全年 R 值的百分比。

我国学者蔡崇法等(2000)根据实地调查的第一手资料,建立了植被管理因子与该指数的相关经验方程,以此确定了定量计算 USLE 方程中 C 因子指标的方法。其计算公式为

$$C = \begin{cases} 1 & f_v = 0 \\ 0.6508 - 0.3436 \lg f_v & 0 < f_v \leqslant 0.783 \\ 0 & f_v > 0.783 \end{cases} \tag{7.19}$$

式中:f_v 为植被覆盖度(%);C 为植被覆盖与经营管理因子值。其中,植被覆盖度 f_v 的计算公式为

$$f_v = \frac{(\text{NDVI} - \text{NDVI}_{\min})}{(\text{NDVI}_{\max} - \text{NDVI}_{\min})} \tag{7.20}$$

式中:NDVI 为归一化植被指数,$\text{NDVI}_{\max}$ 和 $\text{NDVI}_{\min}$ 分别表示归一化植被指数中的最大值与最小值,年最大化 NDVI 累积频率置信度为 1% 时所对应的 NDVI 为最小值,年最大化 NDVI 累积频率置信度为 99% 时所对应的 NDVI 为最大值。NDVI 计算公式为

$$\text{NDVI} = \frac{\rho_{\text{NIR}} - \rho_{\text{RED}}}{\rho_{\text{NIR}} + \rho_{\text{RED}}} \tag{7.21}$$

式中:ρ_{NIR} 和 ρ_{RED} 分别表示近红外和红光波段反射率。

植被覆盖与经营管理因子 C 反映的是所有植被覆盖和管理措施对土壤侵蚀的综合作用,其值的大小主要取决于植被覆盖程度和土地利用类型。植被具有截留降雨、减缓径流、保土固土等生态功能,对控制土壤侵蚀起着决定性的作用(马超飞 等,2001)。

5)水土保持措施因子 P

水土保持措施因子 P 表征了水土保持措施对土壤流失的作用,反映了特定水土保持措施下的土壤流失量与相应未采取水土保持措施的顺坡耕作地的土壤流失量之比。国内外学者在

对水土保持因子的长期研究中,取得了许多成果。1941 年,Smith(1941)首次将水土保持措施因子引用到土壤流失估算方程中对土壤侵蚀进行估算。1965 年,由 Wischmeier 与 Smith 创建的土壤流失方程 USLE 中,也把水土保持措施放到对土壤侵蚀影响的因子中。水土保持措施因子 P 值,通常要采用实地测定法获取,因子取值为[0,1]。国内学者也对水土保持因子进行了大量研究。水建国等(1989)在研究水土保持因子时,限制农作物的种植标准,得出不同土地利用方式的年水土流失情况不同,作物的覆盖度对泥沙流失的影响有差别的结论。符素华等(2001)利用北京密云水库 20 个坡面径流试验小区的实测数据,分析得出流域内不同水土保持措施下的水土保持效益值,为水土流失治理提供了科学依据。范建荣等(2011)利用不同流域总计 343 次产流产沙的实测数据,计算出了 7 种主要水土保持措施因子值,能为水土流失治理提供良好的科学依据。P 值为[0,1],一般情况下,0 代表根本不发生侵蚀的地区,1 代表未采取任何控制措施的地区。常用的水保措施主要有秸秆还田、修筑梯田、垄作区田、等高耕作、等高带状种植、沟垄种植、地埂、种植水保林等。

利用土壤通用流失方程(USLE)和修正型土壤通用流失方程(RUSLE),我们可以估算某一地区的土壤流失量,了解其水土流失状况,从而为土地管理和防治水土流失提供一定的科学依据(杨学明 等,2003)。未来对该方程的发展将是继续在其基础上进行不断的改进,并逐步发展适合各地区的土壤侵蚀方程。

7.3　神东矿区土壤侵蚀时空特征及驱动力分析

本节以神东矿区为实例,对矿区土壤侵蚀监测模型进行应用,采用修正通用土壤流失方程(RUSLE)对神东矿区土壤侵蚀的时空动态演变规律进行分析,并利用地理探测器探究神东矿区土壤侵蚀背后的驱动力因子。

土壤侵蚀是指在自然营力的作用下或在自然营力和人类活动的共同作用下,土壤和其他地表成分被破坏、剥蚀、分离、搬运和沉积的过程。矿区土壤侵蚀是由于采矿扰动或废弃矿物堆积所引起的岩土和废弃物的混合搬运、沉积,从而导致矿区水土资源被破坏。神东矿区煤炭资源丰富,是我国最大的优质煤炭生产和供应基地之一,然而神东矿区地处西北地区,荒漠化严重,生态环境十分脆弱,加之高强度煤炭开采的持续干扰,矿区生态系统受到负面影响,导致了一系列的生态问题,土壤侵蚀问题愈发受到重视。露天开采和地下开采是两种主要的采煤方式,露天开采的过程依赖剥离地表覆盖、挖损矿区土地等方式,其本质是大规模的土石方空间转移的过程;地下开采是利用地下巷道系统对埋藏地下的煤炭进行开采并运输至地面。大规模的煤炭开采伴随着坡度加大、地表变形严重、植被覆盖减少、地表塌陷等问题,导致矿区水土保持的生态功能减弱,为加速土壤侵蚀提供了条件。土壤侵蚀严重破坏了土壤资源,加剧了矿区生态环境的恶化,制约了矿区的可持续发展。定量的土壤侵蚀评价可为区域制定因地适宜的水土保持规划提供科学依据,矿区水土保持和生态重建的实施刻不容缓,因此,对神东矿区进行定量的土壤侵蚀评价十分必要。

首先,本研究基于 RUSLE 模型,结合遥感(RS)和地理信息系统(GIS),对神东矿区土壤侵蚀时空动态变化进行定量分析,探讨神东矿区土壤侵蚀时空分布格局。其次,基于植被覆盖度、多年平均降水量、坡度、土地利用类型等影响因子,运用地理探测器对神东矿区土壤侵蚀进行定量归因、高风险区识别以及交互作用分析。

7.3.1 研究区域与数据

1. 研究区概况

神东矿区位于毛乌素沙漠边缘与黄土高原丘陵沟壑区的过渡地带,地处陕蒙晋交界处。矿区属温带干旱、半干旱大陆性季风气候,春冬干旱,夏季多暴雨,降雨集中在 6—9 月,年平均降雨量为 560 mm 左右,降雨年际变化较大,最大达 819.1 mm(1969 年),最小只有 108.6 mm (1965 年)。年蒸发量是年降雨量的 6～7 倍。全年无霜期较短,平均为 165 天左右。矿区以风沙地貌为主,兼有覆沙梁地及黄土丘。地表原生植被种类单一,以耐旱、耐寒的沙生植物、旱生植物为主,呈稀疏灌丛景观,平均植被覆盖率仅 3%～11%。研究区的主要河流有窟野河、乌兰木伦河。河流特点为径流量季节变化幅度大,夏季洪峰较多,且含沙量较高。区内土壤以黄土和沙土为主,土壤贫瘠,有机质含量低,极易沙化,抗蚀性弱。神东矿区是我国典型的干旱、半干旱的荒漠化矿区,具有生态系统稳定性弱、环境敏感度高、整体可塑性差的特点。研究区 DEM 如图 7.1 所示。

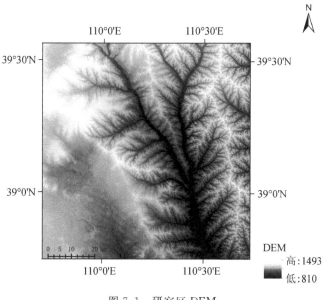

图 7.1 研究区 DEM

2. 数据来源与说明

本研究的数据来源与说明见表 7.2。数据处理步骤如下:获取 Landsat 5 TM 和 Landsat 8 OLI 遥感影像,对 Landsat 影像进行预处理,并利用神东矿区矢量边界裁剪出研究区域;以 ASTER GDEM 数字高程数据为基础,拼接并裁剪以获取研究区的 DEM;对 1:100 万的土壤数据库进行砂粒、粉砂等含量字段的提取,并裁剪出研究区域范围;利用 Matlab 和 Excel 软件对研究区内及周边均匀分布的 25 个气象站点的日降雨量进行处理得到月降水量和年降水量;通过 Matlab 平台完成对 TRMM 数据的格式转换、裁切,以及降水速率(mm/h)到月降水量 (mm/month)转换等处理工作,获取研究区逐月和逐年 TRMM 降水数据。

表 7.2　数据来源与说明

数据名称	精度	格式	数据来源	数据说明
1989—2015 年 Landsat 5 TM	—	TIFF	美国地质调查局	遥感影像数据
2015—2019 年 Landsat 8 OLI	—	TIFF	美国地质调查局	遥感影像数据
ASTER GDEM 数据	30 m	TIFF	地理空间数据云	DEM 高程数据
土壤数据库	1∶100 万	SHP/Excel	中国科学院资源环境科学数据中心	土壤砂粒、粉粒、黏粒百分比含量
中国地面气候资料日降雨量数据集	—	TXT	国家气象科学数据中心	研究区内及周边 25 个气象站点的日降雨量
1998—2019 年 TRMM3B4 数据	0.25°	NetCDF	美国宇航局（NASA）	神东矿区卫星降雨数据

7.3.2　各因子的提取

本研究采用修正的通用土壤流失方程（RUSLE）对神东矿区土壤侵蚀时空动态变化和驱动力因子进行定量分析。首先进行各因子的提取，得到各因子空间分布图，然后利用 ArcGIS 栅格计算器生成研究区的土壤侵蚀分布图。

1. 降雨侵蚀力因子 R

降雨侵蚀力因子 R 的提取采用 7.2 节中的公式（7.5）。降雨侵蚀力因子一般采用气象站点降雨统计数据进行计算，但这种方式仅能精确反映气象站点周边的降雨情况，需注意的是，神东矿区周围气象站点稀疏，对降雨数据进行面域化计算会降低其精度。TRMM 遥感卫星降水数据以其高精度、大范围的优点，在降水分析与验证中得到广泛应用，它能够弥补地面气象站点稀疏的不足，可对降水时空分布信息进行补充。本研究利用 TRMM 数据进行降雨侵蚀力因子的计算，在计算之前利用神东矿区内及周围共计 25 个气象站点的实测数据基于地理比率分析法（Geographical Ratio Analysis，GRA）对 TRMM 降雨量数据进行校正。将校正结果应用于公式（7.5），计算出降雨侵蚀力 R 因子的空间分布图，其中 1997 年之前缺失的 TRMM 数据，对气象站点 R 值进行克里金插值生成 R 因子分布图。1989 年、2000 年、2010 年、2019 年研究区的 R 因子分布图如图 7.2 所示。

2. 土壤可蚀性因子 K

本研究利用上一节的公式（7.16）生成 K 因子空间分布图（见图 7.3），由图 7.3 可以看出，K 因子值最大的区域分布在矿区的东北部，此区域极易遭受侵蚀；K 因子值较大的区域分布在红碱淖的东、西两侧和窟野河流域及沿岸，红碱淖的 K 值为 0；K 值较小的区域分布在矿区西南部、乌兰木伦河流域及其西侧，此区域土壤抗蚀性较好，不易遭受侵蚀。

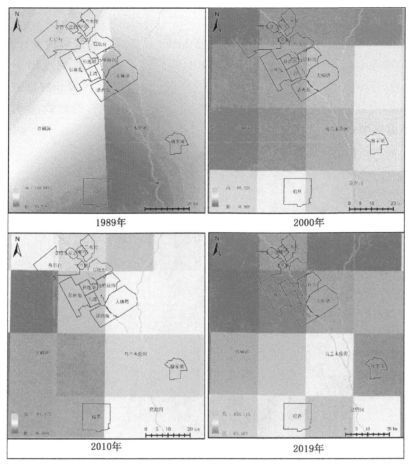

图 7.2　R 因子空间分布

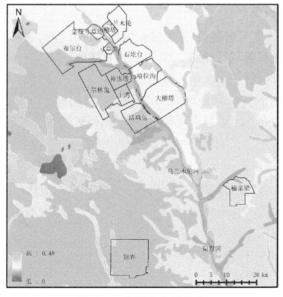

图 7.3　K 因子空间分布

3. 坡长坡度因子 LS

本研究选用 30 m×30 m GDEMV2 数据,将 McCool 等建立的缓坡坡度计算公式与刘宝元建立的缓坡坡度计算公式结合,采用上一节中的公式(7.9)计算坡度因子 S,采用公式(7.10)、(7.11)、(7.12)计算坡长因子 L。利用 ArcGIS 提取研究区坡长坡度数据,并进一步生成坡长坡度因子分布图。研究区 LS 值呈现西部到东部逐渐增大的趋势,窟野河、乌拉木伦河流域的 LS 值最小,但流域沿岸部分区域 LS 值较大(见图 7.4)。

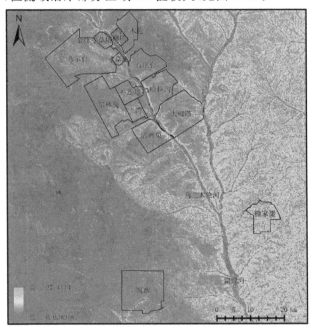

图 7.4　LS 因子空间分布

4. 植被覆盖与管理因子 C

本研究以 Landsat 影像为数据源,提取研究区的 NDVI 和植被覆盖度,采用公式(7.18)、(7.19)、(7.20)计算植被覆盖与管理因子 C,得到研究区的 C 因子分布图(见图 7.5)。C 因子值最大的区域分布在矿区西南部,这些区域的植被覆盖度较低,可能是风积沙覆盖所导致的;C 因子值最小的区域零星分布在红碱淖周围。同时,随着时间的推移,整个研究区 C 因子值趋近于 0 的区域越来越多,在东南区域表现较为明显,说明矿区的植被覆盖度随着时间的推移在逐渐提高。

5. 水土保持因子 P

本研究基于 Landsat 影像,在 ENVI 软件支持下利用最大似然分类法进行人机交互解译,将神东矿区土地利用分为 6 类:水体、耕地、建筑、林地和草地、沙地、矿区。接着对分类结果进行验证与修正,得到研究区土地利用分类数据。然后根据有关学者的研究成果和研究区的实际情况来确定不同土地利用类型的 P 值,对神东矿区的土地利用类型赋值如表 7.3 所示。

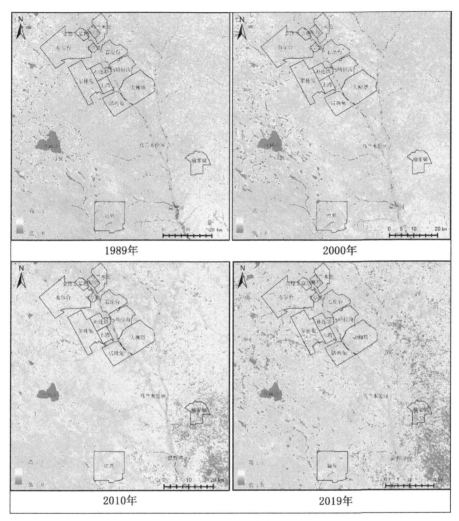

图 7.5 C 因子分布图

表 7.3 研究区不同用地类型赋值

用地类型	水体	建筑	耕地	林草地	沙地	矿区
P 值权重	0	0	0.55	0.7	1	1

由图 7.6 可以看出,研究区西南部 P 因子值趋近于 1,水土保持效果较差;研究区东部水土保持效果比西部好。随着时间的推移,乌兰木伦河和窟野河流域两侧的水土保持效果有所好转,但西南部分地区水土保持效果变化不大。

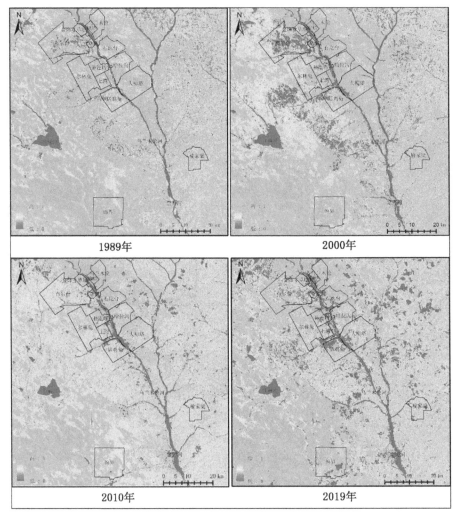

图 7.6 P 因子分布图

7.3.3 地理探测器

探测神东矿区土壤侵蚀空间分异性以揭示土壤侵蚀背后的驱动力,对本研究具有重要意义。地理探测器作为一种新的统计学方法应运而生,它能够探测多种因素及其协同作用下对地理现象影响的差异性。地理探测器由四个部分组成:分异及因子探测器、交互作用探测器、风险区探测器和生态探测器。

(1)分异及因子探测器对因变量 Y 的空间分异性以及自变量 X 对 Y 空间分异的解释程度进行探测,以 q 值来量度 X 对 Y 的解释力,公式如下

$$q = 1 - \frac{\sum_{h=1}^{L} N_h \sigma_h^2}{N \sigma^2} = 1 - \frac{\text{SSW}}{\text{SST}} \tag{7.22}$$

$$\text{SSW} = \sum_{h=1}^{L} N_h \sigma_h^2 \tag{7.23}$$

$$SST = N\sigma^2 \tag{7.24}$$

式中: $h = 1, 2, \cdots, L$, 是自变量 X 或因变量 Y 的分层或分类; N 和 N_h 分别是全区域和层 h 的单元数; σ^2 和 σ_h^2 分别是全区域和层 h 的 Y 值方差; SST 和 SSW 分别是全区域总方差和层内方差之和。 q 的值介于 $0 \sim 1$ 之间, 区间内表示因子 X 对 Y 具有解释力, q 值的大小与解释力的强弱呈正相关。用此探测器可以对土壤侵蚀的主要影响因子进行探究和甄别。

(2)交互作用探测器对两因子 X_1、X_2 的交互协同作用进行评估, 以判断两因子协同后对因变量 Y 的解释力与单因子对 Y 的解释力相比是否有所增减, 可应用于探测双因子交互对土壤侵蚀的影响规律。

(3)风险区探测器可用于判别两个子分类间的属性均值是否存在显著差异, 在土壤侵蚀研究中可以鉴别区域土壤侵蚀的高风险区。

(4)生态探测器可用于判别 X_1、X_2 两因子对因变量 Y 的空间分布的影响是否存在明显差异。

土壤侵蚀时空分布的差异性是人类活动、植被、土地利用、降雨、土壤等多种影响因子共同作用的结果。为探究神东矿区土壤侵蚀的主要驱动力因子, 选用植被覆盖度、坡度、平均降雨量、土地利用类型四个影响因子为因变量, 土壤侵蚀强度为自变量, 采用地理探测器对其进行分析。鉴于地理探测器要求自变量必须是类型量, 因此对连续型变量进行分类分级离散化处理, 参考王劲峰等提出的数据离散化方法和先验知识对四个影响因子进行分级处理, 分级标准如表 7.4 所示。

表 7.4　各影响因子离散化分类标准

影响因子	级别/类	分级标准
植被覆盖度	8	< 0.3、$[0.3, 0.4)$、$[0.4, 0.5)$、$[0.5, 0.6)$、$[0.6, 0.7)$、$[0.7, 0.8)$、$[0.8, 0.9)$、$[0.9, 1]$
坡度	8	$< 5°$、$[5°, 10°)$、$[10°, 15°)$、$[15°, 20°)$、$[20°, 25°)$、$[25°, 30°)$、$[30°, 35°)$、$> 35°$
平均降雨量	9	等距法
土地利用类型	6	水体、耕地、建筑、林地和草地、沙地、矿区

在 ArcGIS 创建渔网点功能的支持下, 将神东矿区划为 $0.6 \text{ km} \times 0.6 \text{ km}$ 的网格作为研究单元, 并在中心设置样本点, 全区共提取 22347 个样本点, 将土壤侵蚀强度、影响因子(降雨量、植被覆盖度、坡度和土地利用类型数据)的分类值提取至其对应的样本点上, 作为地理探测器的运行数据。

7.3.4　结果与分析

1. 神东矿区土壤侵蚀空间变化特征

对各因子进行提取得到其空间分布图, 并设置统一投影和 30 m 栅格分辨率, 利用 ArcGIS 的栅格计算功能, 生成 1989、2000、2010、2019 年的土壤侵蚀分布图。依据中华人民共和国水利部发布的《土壤侵蚀分类分级标准》(SL 190—2007)将神东矿区土壤侵蚀强度分为 6 级, 分级标准如表 7.5 所示, 并制作神东矿区土壤侵蚀等级分布图(见图 7.7)。

表 7.5　神东矿区土壤侵蚀强度分级表

侵蚀级别	平均侵蚀模数/$(t \cdot hm^2 \cdot a^{-1})$
微度	<2
轻度	[2,25)
中度	[25,50)
强度	[50,80)
极强度	[80,150]
剧烈	>150

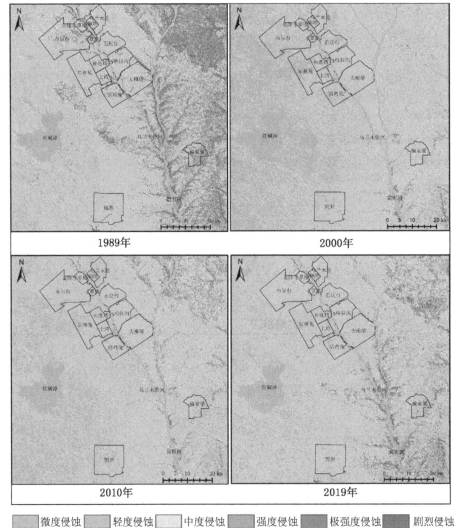

微度侵蚀　　轻度侵蚀　　中度侵蚀　　强度侵蚀　　极强度侵蚀　　剧烈侵蚀

图 7.7　神东矿区 1989—2019 年土壤侵蚀空间分布

　　由图 7.7 可以看出,在空间分布上,神东矿区土壤侵蚀以微度与轻度侵蚀为主,中度与强度侵蚀次之,极强度与剧烈侵蚀最少。全区土壤侵蚀呈西部向东部逐渐增强的趋势,土壤侵蚀程度最高的区域分布在矿区东部和窟野河流域沿岸,该区域的土壤侵蚀等级变化也最为明显;

土壤侵蚀程度最低的区域主要分布在矿区西南部,该区域土壤侵蚀等级变化并不明显,一直处于微度侵蚀和轻度侵蚀等级。较 1989 年,2000 年土壤侵蚀在全区分布内均得到改善,尤其是东部区域及窟野河流域沿岸土壤侵蚀改善明显;2000—2010 年,矿区东北部土壤侵蚀轻微加剧;2010—2019 年,矿区土壤侵蚀继续轻微加剧,体现在窟野河流域沿岸和东部区域。总体来看,2019 年土壤极强度侵蚀和剧烈侵蚀分布范围较 1989 年有明显缩小,土壤侵蚀严重的区域得到明显改善,但矿区东部与窟野河流域沿岸仍然是全区土壤侵蚀最严重的区域。

2. 神东矿区土壤侵蚀时间变化特征

神东矿区土壤侵蚀等级面积和百分比如表 7.6 所示。研究期间,神东矿区土壤微度和轻度侵蚀面积最多,中度侵蚀和强度侵蚀面积次之,极强度侵蚀和剧烈侵蚀等级面积最少。1989—2000 年,微度侵蚀的面积占比由 17.05% 增加至 37.86%,中度及中度以上侵蚀面积均呈大幅下降趋势;2000—2010 年,微度侵蚀面积占比从 37.86% 下降至 29.03%,强度、极强度和剧烈侵蚀面积由 87.64 km² 增加至 177.13 km²;2010—2019 年,微度侵蚀和轻度侵蚀面积下降,中度及中度以上侵蚀面积均呈上升趋势。1989—2019 年,微度侵蚀和轻度侵蚀的比例由 64.62% 增加至 79.34%,强度及强度以上等级占比从 18.26% 下降至 8.65%。其中,2000 年研究区土壤侵蚀强度较弱,微度侵蚀和轻度侵蚀面积占全区的 89.92%,而强度侵蚀、极强度侵蚀、剧烈侵蚀面积占比为 1.97%、0.52%、0.03%。

表 7.6　神东矿区各侵蚀等级面积及百分比

侵蚀强度等级	微度		轻度		中度		强度		极强度		剧烈	
	面积/km²	百分比/%	面积/km²	百分比/%	面积/km²	百分比/%	面积km²	百分比/%	面积km²	百分比/%	面积/km²	百分比/%
1989 年	593.36	17.05	1656.03	47.57	595.97	17.12	307.95	8.85	250.63	7.20	77.06	2.21
2000 年	1317.85	37.86	1812.29	52.06	263.22	7.56	68.44	1.97	18.13	0.52	1.07	0.03
2010 年	1010.48	29.03	1924.18	55.28	369.22	10.61	120.53	3.46	53.02	1.52	3.58	0.10
2019 年	870.26	25.00	1891.64	54.34	418.09	12.01	187.70	5.39	99.39	2.86	13.93	0.40

为进一步分析研究区土壤侵蚀等级之间相互转化情况,计算了 1989—2000 年、2000—2010 年、2010—2019 年的土壤侵蚀等级转移矩阵,见表 7.7 至表 7.9。

(1)1989—2000 年,研究区微度侵蚀、轻度侵蚀、中度侵蚀、强度侵蚀、极强度侵蚀、剧烈侵蚀的稳定率分别为 86.34%、57.99%、2.64%、0.95%、2.06%、1.33%。微度侵蚀的 13.66% 向高等级侵蚀转移,轻度及轻度以上等级向高等级转移的比例均接近 0;轻度侵蚀的 42% 向低等级转移,而中度及中度以上侵蚀等级均有 97% 以上向低等级侵蚀转移,说明研究区土壤侵蚀有明显改善。

表 7.7　神东矿区 1989—2000 年土壤侵蚀转移矩阵

1989 年	2000 年							
	微度	轻度	中度	强度	极强度	剧烈	累计转入低等级	累计转入高等级
微度	86.34%	11.33%	1.82%	0.42%	0.10%	0.01%	0	13.66%
轻度	42.00%	57.99%	0	0	0	0	42.00%	0
中度	8.55%	88.79%	2.64%	0.01%	0	0	97.35%	0.01%
强度	9.22%	61.96%	27.87%	0.95%	0.01%	0	99.04%	0.01%
极强度	9.21%	25.27%	47.90%	15.55%	2.06%	0	97.93%	0
剧烈	9.76%	1.73%	39.96%	31.20%	16.02%	1.33%	98.67%	0

　　(2)2000—2010 年,研究区微度侵蚀、轻度侵蚀、中度侵蚀、强度侵蚀、极强度侵蚀、剧烈侵蚀的稳定率分别为 60.42%、79.39%、4.88%、37.69%、41.29%、29.71%。微度侵蚀的 39.58% 转入高等级,轻度和中度侵蚀转移至高等级的比例均大于转入低等级的比例,强度侵蚀等级的 39.84% 向低等级转移且 20% 转为中度侵蚀,极强度侵蚀等级的 54.38% 转入低等级且 26.54% 转入强度侵蚀,说明研究区土壤侵蚀呈加重趋势。

表 7.8　神东矿区 2000—2010 年土壤侵蚀转移矩阵

2000 年	2010 年							
	微度	轻度	中度	强度	极强度	剧烈	累计转入低等级	累计转入高等级
微度	60.42%	35.47%	2.80%	0.89%	0.38%	0.03%	0	39.58%
轻度	8.69%	79.39%	10.46%	1.37%	0.09%	0	8.69%	11.93%
中度	1.46%	0.68%	4.88%	2.02%	0.93%	0.02%	2.14%	2.98%
强度	19.81%	0.04%	20.00%	37.69%	20.37%	2.10%	39.84%	22.46%
极强度	25.30%	0	2.53%	26.54%	41.29%	4.33%	54.38%	4.33%
剧烈	34.11%	0	0	2.62%	33.56%	29.71%	70.29%	0

　　(3)2010—2019 年,研究区微度侵蚀、轻度侵蚀、中度侵蚀、强度侵蚀、极强度侵蚀、剧烈侵蚀的稳定率分别为 62.01%、79.72%、44.74%、36.73%、51.43%、45.25%。轻度、中度和强度侵蚀转至高等级的比例均大于转入低等级的比例,极强度侵蚀 34.61% 向低等级侵蚀转移,其中的 21.68% 都转入强度侵蚀,剧烈等级的稳定率接近 50%,较前两个时间段增加比较明显,土壤侵蚀状况继续加剧。

　　综上,从时间序列上看,以 2000 年为节点,神东矿区土壤侵蚀经历了先改善后缓慢加剧的过程。

表 7.9　神东矿区 2010—2019 年土壤侵蚀转移矩阵

2010 年	2019 年						累计转入低等级	累计转入高等级
	微度	轻度	中度	强度	极强度	剧烈		
微度	62.01%	32.16%	3.14%	1.59%	0.92%	0.17%	0	37.99%
轻度	9.07%	79.72%	10.47%	0.70%	0.04%	0	9.07%	11.21%
中度	12.66%	8.76%	44.74%	27.71%	6.03%	0.11%	21.42%	33.85%
强度	13.29%	0.41%	15.58%	36.73%	31.69%	2.29%	29.29%	33.98%
极强度	11.21%	0	1.72%	21.68%	51.43%	13.96%	34.61%	13.96%
剧烈	10.39%	0	0	2.21%	42.15%	45.25%	54.75%	0

为分析 1989—2019 年神东矿区整体土壤侵蚀状况和土壤侵蚀等级转移的空间分布情况，参考土地利用变化图谱的构建，制作 1989—2019 年神东矿区土壤侵蚀等级转移空间分布图。在 ArcGIS 的支持下，基于地理栅格地图代数运算方法，对 1989 年与 2019 年的土壤侵蚀等级分布图进行地图代数运算。将初始采样时刻即 1989 年的属性值作为十位数，最终采样时刻即 2019 年的属性值作为个位数，两者相加得到一个两位数编码的复合数据。这个两位数可以代表等级转化的过程，例如，12 代表微度侵蚀转向轻度侵蚀。根据研究区侵蚀等级情况，将微度侵蚀转入轻度侵蚀、中度侵蚀转入强度侵蚀、极强度侵蚀转入剧烈侵蚀的区域记作转入高一级；将轻度侵蚀转入微度侵蚀、强度侵蚀转入中度侵蚀、剧烈侵蚀转入极强度侵蚀的区域记作转入低一级；将其余等级转移划分为 6 个等级，共计 8 个等级，如图 7.8 所示。

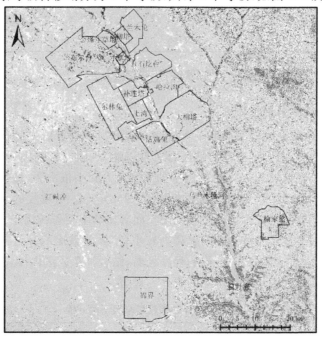

图 7.8　神东矿区土壤侵蚀等级转移空间分布

由图 7.8 可知,1989—2019 年,微/轻度侵蚀不变的面积明显多于其他转移面积,结合表 7.10,微/轻度侵蚀等级稳定性高达 73.18%、83.30%;极强度/剧烈侵蚀不变的区域零星分布在窟野河流域两侧和东部区域,极强度/剧烈侵蚀稳定率为 18.08%、13.28%,向低等级转化明显;中/强度侵蚀的稳定率分别为 25.10%、16.96%,转入极强度和剧烈侵蚀等级的面积仅占 0.14%、2.71%,其余转化为微/轻度等级。轻度、强度、剧烈侵蚀转入低一级的比例为 15.37%、51.24%、50.53%,在全区零星分布;微度、中度、极强度转入高一级的比例为 18.56%、1.85%、0.95%。转移矩阵表明,中度、强度、极强度侵蚀向低等级转化的比例均在 70% 以上,向高等级转化的比例仅在 3% 以下,同时剧烈侵蚀转入低等级的比例达到 86.72%。

综上,1989—2019 年,微/轻度侵蚀区域较稳定,土壤侵蚀高等级转化为低等级十分明显,土壤侵蚀状况在 30 年间得到了明显改善。

表 7.10　神东矿区 1989—2019 年土壤侵蚀转移矩阵

1989 年	2019 年							
	微度	轻度	中度	强度	极强度	剧烈	累计转入低等级	累计转入高等级
微度	73.18%	18.56%	5.05%	1.99%	1.03%	0.19%	0	26.82%
轻度	15.37%	83.30%	1.31%	0.03%	0	0	15.37%	1.33%
中度	12.78%	60.13%	25.10%	1.85%	0.14%	0	72.90%	1.99%
强度	15.49%	13.60%	51.24%	16.96%	2.66%	0.05%	80.33%	2.71%
极强度	17.95%	0.72%	23.27%	39.02%	18.08%	0.95%	80.97%	0.95%
剧烈	16.54%	0	0.94%	18.71%	50.53%	13.28%	86.72%	0

7.3.5　基于地理探测器的土壤侵蚀定量归因

1. 土壤侵蚀影响因子显著性研究

本研究利用地理探测器对神东矿区土壤侵蚀的影响因子进行定量分析,以揭示神东矿区土壤侵蚀空间变化的驱动力。地理探测器运行结果表明,不同的影响因子对土壤侵蚀空间分布的解释程度存在差异(见表 7.11),影响因子的 q 值从大到小依次为:坡度(0.5855)、降雨量(0.1781)、土地利用类型(0.0804)和植被覆盖度(0.0268)。其中,坡度的 q 值最大,其解释力高于其他影响因子,即坡度是神东矿区土壤侵蚀空间分布的主要影响因子;降雨量对土壤侵蚀的影响次之;土地利用类型对土壤侵蚀的解释力较小;植被覆盖度的 q 值最小,表明植被覆盖度对神东矿区土壤侵蚀的解释力最小,影响程度最弱,结合神东矿区内沙丘起伏和植被贫瘠的实地情况,植被覆盖度对土壤侵蚀的影响确实并不显著。

表 7.11　土壤侵蚀强度影响因子的 q 值

解释力	多年平均降水量/mm	植被覆盖度	坡度/°	土地利用类型
q 值	0.1781	0.0268	0.5855	0.0804

2. 土壤侵蚀高风险区域识别

地理探测器风险区探测的运行结果如表 7.12 所示。由多年平均降雨量分级对土壤侵蚀强度的影响结果分析可知,降雨量为 381.4145~392.0889 mm 的区域为神东矿区发生土壤侵蚀的高风险区,比较不同等级降雨量下土壤侵蚀的强度发现,平均侵蚀强度随降雨量增大而增大。在植被覆盖度这一影响因子中,土壤侵蚀的高风险区是植被覆盖度为 [0.5,0.6) 的区域。将植被覆盖分级图像和土壤侵蚀空间分布图叠加后可知,植被覆盖度为 [0.5,0.6) 的地区不仅分布在土壤侵蚀严重的东部,而且除西南部外在全区均零星分布,此分布与土壤侵蚀分布图存在差异,验证了植被覆盖度对研究区的土壤侵蚀强度解释力最弱的观点。由坡度对土壤侵蚀的影响结果分析可知,随着坡度的增加,土壤侵蚀强度呈先增加后减少的趋势。神东矿区土壤侵蚀强度的峰值在坡度为 [30°,35°] 的区域,且此影响因子风险区的平均土壤侵蚀强度为 111.035 t/(hm² · a),远大于其他因子风险区的平均土壤侵蚀强度,验证了神东矿区土壤侵蚀与坡度密切相关的观点。土地利用类型中,矿区发生土壤侵蚀的风险最高,神东矿区作为我国最大的煤矿开采基地之一,矿区用地逐年增多,在长时序的开采扰动下,矿区水土保持效果受到影响,矿区用地的土壤侵蚀相比其他类型侵蚀风险高。但神东矿区近年来致力于生态保护与治理,矿区用地风险区的平均土壤侵蚀强度为 37.132 t/(hm² · a),远小于坡度因子风险区的平均土壤侵蚀强度。

表 7.12　各影响因子侵蚀高风险区域及土壤侵蚀强度平均值

指标	多年平均降水量/mm	植被覆盖度	坡度/°	土地利用类型
高风险区	381.4145~392.0889	[0.5,0.6)	[30,35]	矿区
平均土壤侵蚀强度/[t/(hm² · a)]	36.993	22.493	111.035	37.132

3. 土壤侵蚀影响因子交互作用探测

交互作用探测器统计结果如表 7.13 所示,双因子交互作用下的 q 值均大于单因子 q 值(表格对角线为单因子 q 值,其余位置均为行和列的因子交互后的 q 值),即两种影响因子共同作用时对土壤侵蚀的解释能力较单因子有所增强。其中,影响因子协同后的 q 值,最大的均是坡度与其他影响因子的协同,进一步验证了坡度是影响土壤侵蚀分布的主导因子。将降水量、植被覆盖度、土地利用类型的 q 值同各因子与坡度协同作用下的 q 值比较可得,协同作用下的 q 值分别约为单因子的 3.39、22.67、7.52 倍。其中,植被覆盖度与坡度交互作用后,q 值的变化幅度最大。在土壤侵蚀中,植被在坡面上的分布格局影响着植被拦截径流和泥沙的能力,从而对降雨侵蚀产生一定的影响。坡面植被分布方式和位置的不同是导致坡面土壤侵蚀差异的重要因素。

表 7.13　土壤侵蚀影响因子交互作用下 q 值

指标	多年平均降水量	植被覆盖度	坡度	土地利用类型
多年平均降水量	0.1781	0.1991	0.6033	0.2161
植被覆盖度	0.1991	0.0268	0.6065	0.0942
坡度	0.6033	0.6065	0.5855	0.6044
土地利用类型	0.2161	0.0942	0.6044	0.0804

7.3.6　结论与讨论

本研究利用遥感、降雨量、DEM 和土壤数据,采用修正通用土壤流失方程(RUSLE),基于 GIS 和 RS 技术,利用 ArcGIS、ENVI 以及 MATLAB 软件对神东矿区土壤侵蚀的各个因子分别进行提取,对神东矿区土壤侵蚀时空分布规律进行分析,并利用地理探测器分析了神东矿区土壤侵蚀背后的驱动力。研究结论如下:

(1)在空间分布上,神东矿区土壤侵蚀以微度与轻度侵蚀为主,中度与强度侵蚀次之,极强度与剧烈侵蚀最少。全区土壤侵蚀呈现西部向东部逐渐增强的趋势,土壤侵蚀最严重的区域分布在矿区东部和窟野河流域沿岸。2019 年土壤剧烈侵蚀分布范围较 1989 年有明显缩小,土壤侵蚀严重的区域得到明显改善。

(2)在时间分布上,以 2000 年为节点,神东矿区土壤侵蚀经历了先显著改善后缓慢加剧的过程,从整体上看,研究区土壤侵蚀状况在 1989—2019 年得到了明显改善。1989—2019 年,土壤侵蚀高等级转化为低等级十分明显,微度侵蚀和轻度侵蚀等级的稳定率为 73.18% 和 83.30%;中度、强度、极强度侵蚀向低等级转化的比例均在 70% 以上,向高等级转化的比例仅在 3% 以下;剧烈侵蚀的稳定率最低,为 13.28%。

(3)利用地理探测器对神东矿区土壤侵蚀驱动力分析可知,坡度是神东矿区土壤侵蚀空间分布的主要影响因子。坡度为[30°,35°]、降雨量为 381.4145～392.0889 mm、植被覆盖度为[0.5,0.6)、土地利用类型为矿区的区域为神东矿区高风险土壤侵蚀区域。两种影响因子共同作用时对土壤侵蚀强度的解释能力较单因子有所增强,其中植被覆盖度与坡度交互作用后,q 值的变化幅度最大,应部署合理的坡面植被分布格局,利用植被覆盖度和坡度的协同作用抑制神东矿区土壤侵蚀的强度。

结合 RS 与 GIS 技术,基于 RUSLE 模型对区域土壤侵蚀进行定量分析,可为区域水土保持治理提供科学依据,分析结果的可靠性和准确性是一个重要标准。本研究在以下方面存在一定的不足:①土壤可蚀性因子 K 是土壤的物理、化学性质综合作用的结果,土壤可蚀性并不是一成不变的。K 因子更加精确的结果应该建立在研究区实地获取土壤,实测其颗粒变化的基础之上。②本研究 P 因子的计算建立在对研究区 Landsat 影像(30 m 分辨率)土地利用分类的结果之上,分辨率较低和解译经验的不足都会影响分类结果的精度,从而导致 P 值受到影响。下一步研究可选取高分辨率的影像数据,以期增加判读解译的准确性,并结合实地考察以取得更可靠的研究结果。

近些年,水土保持工作的规划和实施,使得神东矿区土壤侵蚀得到了明显的改善,但土壤侵蚀仍然是突出的环境问题。因地制宜加强矿区生态环境的治理,大力推进水土保持工作的实施是神东矿区生态保护、恢复和重建的关键之举。

7.4　本章小结

本章主要介绍了土壤侵蚀和矿区土壤侵蚀的基本知识,并对矿区土壤侵蚀的遥感监测方法进行了叙述及应用,然后以神东矿区为例,采用修正通用土壤流失方程(RUSLE)对神东矿区土壤侵蚀的时空动态演变规律进行分析,并利用地理探测器探究神东矿区土壤侵蚀背后的驱动力因子。

本章参考文献

包为民，陈耀庭，1994. 中大流域水沙耦合模拟物理概念模型[J]. 水科学进展，5(4)：287-292.

蔡强国，刘纪根，2003. 关于我国土壤侵蚀模型研究进展[J]. 地理科学进展(3)：142-150.

蔡强国，陆兆熊，王贵平，1996. 黄土丘陵沟壑区典型小流域侵蚀产沙过程模型[J]. 地理学报，51(2)：108-117.

蔡崇法，丁树文，史志华，等，2000. 应用 USLE 模型与地理信息系统 IDRISI 预测小流域土壤侵蚀量的研究[J]. 水土保持学报，14(2)：19-24.

陈永宗，景可，蔡强国，1988. 黄土高原现代侵蚀与治理[M]. 北京：科学出版社.

段建南，李保国，石元春，1998. 应用于土壤变化的坡面土壤侵蚀过程模拟[J]. 土壤侵蚀与水土保持学报，4(1)：47-53.

范瑞瑜，1985. 黄河中游地区小流域土壤流失量计算方程的研究[J]. 中国水土保持(2)：12-18.

范建荣，王念忠，陈光，等，2011. 东北地区水土保持措施因子研究[J]. 中国水土保持科学，9(3)：75-78.

符素华，吴敬东，段淑怀，等，2001. 北京密云石匣小流域水土保持措施对土壤侵蚀的影响研究[J]. 水土保持学报，15(2)：21-24.

郭索彦，李智广，2009. 我国水土保持监测的发展历程与成就[J]. 中国水土保持科学，7(5)：19-24.

景可，张信宝，2007. 长江中上游土壤自然侵蚀量及其估算方法[J]. 地理研究，26(1)：67-74.

江忠善，王志强，刘志，1996. 黄土丘陵区小流域土壤侵蚀空间变化定量研究[J]. 土壤侵蚀与水土保持学报，1(2)：1-9.

金争平，和泰，1991. 皇甫川区小流域土壤侵蚀量预报方程研究[J]. 水土保持学报，5(1)：8-18.

李文银，王治国，蔡继清，1996. 工矿区水土保持[M]. 北京：科学出版社.

李钜章，景可，李风新，1999. 黄土高原多沙粗沙区侵蚀模型探讨[J]. 地理科学进展，18(1)：46-53.

李宏伟，王文龙，黄鹏飞，等，2014. 土石混合堆积体土质可蚀性 K 因子研究[J]. 泥沙研究(2)：49-54.

李宏伟，郑钧潇，彭庆卫，等，2016. 国外土壤侵蚀预报模型研究进展[J]. 中国人口·资源与环境，26(S1)：183-185.

刘善建，1953. 天水水土流失测验的初步分析[J]. 科学通报(12)：59-65,54.

刘震，2005. 我国水土保持小流域综合治理的回顾与展望[J]. 中国水利(22)：18-21.

吕春娟，白中科，赵景逵，2003. 矿区土壤侵蚀与水土保持研究进展[J]. 水土保持学报(6)：85-88,91.

马永立，王飞燕，1983. 地理学词典[M]. 上海：上海辞书出版社.

马超飞，马建文，布和敖斯尔，2001. USLE 模型中植被覆盖因子的遥感数据定量估算[J]. 水土通报保持，21(04)：6-9.

牛俊文，2015. 国内土壤侵蚀预报模型研究进展[J]. 中国人口·资源与环境，25(S2)：386-389.

况顺达，赵震海，2006. 遥感技术在贵州矿山地质环境调查中的应用[J]. 中国矿业，15(11)：49-52.

水建国,孔繁根,郑俊臣,1989. 红壤坡地不同耕作影响水土流失的试验[J]. 水土保持学报, 3(1):84-90.

司娟娟,2009. 小流域人为加速侵蚀与农户水土保持行为研究[D]. 武汉:华中农业大学.

孙琦,白中科,曹银贵,2015. 特大型露天煤矿土地损毁生态风险评价[J]. 农业工程学报,31 (17):278-288.

汤立群,1996. 流域产沙模型研究[J]. 水科学进展,7(1):47-53.

唐克丽,2005. 中国水土保持[M]. 北京:科学出版社.

吴秀芹,蔡运龙,2003. 土地利用/土地覆盖变化与土壤侵蚀关系研究进展[J]. 地理科学进展,22(6):576-584.

汪炜,汪云甲,张业,等,2011. 基于 GIS 和 RS 的矿区土壤侵蚀动态研究[J]. 煤炭工程 (11):120-122.

王治国,段喜明,李文银,等,2000. 开发建设项目水土流失预测的若干问题讨论[J]. 中国水土保持(4):35-37.

王礼先,吴长文,1994. 陡坡林地坡面保土作用的机理[J]. 北京林业大学学报,16(4):1-7.

王向东,匡尚富,王兆印,等,2000. 城市化建设和采矿对土壤侵蚀及环境的影响[J]. 泥沙研究(6):39-45.

王红兵,许炯心,颜明,2011. 影响土壤侵蚀的社会经济因素研究进展[J]. 地理科学进展,30(3):268-274.

卫亚星,王莉雯,刘闯,2010. 基于遥感技术的土壤侵蚀研究现状及实例分析[J]. 干旱区地理,33(1):87-92.

吴发启,张洪江,2010. 土壤侵蚀学[M]. 北京:科学出版社.

辛建宝,2016. 土壤侵蚀与水土保持的关系浅析[J]. 南方农业,10(15):210-211.

解明曙,庞薇,1993. 关于中国土壤侵蚀类型与侵蚀类型区的划分[J]. 中国水土保持 (5):12-14,65.

杨学明,张晓平,方华军,2003. 不同管理方式下吉林省农田黑土流失量[J]. 土壤通报,34 (5):389-393.

郑粉莉,刘峰,杨勤科,等,2001. 土壤侵蚀预报模型研究进展[J]. 水土保持通报(6):16-18,32.

张科利,谢云,魏欣,2015. 黄土高原土壤侵蚀评价[M]. 北京:科学出版社:10-15.

张艳灵,张红,2013. 通用土壤流失方程研究进展[J]. 山西水土保持科技(2):12-15.

章文波,付金生,2003. 不同类型雨量资料估算降雨侵蚀力[J]. 资源科学,25(1):35-41.

张洪江,程金花,2014. 土壤侵蚀原理[M]. 北京:科学出版社:20-25.

张洪江,2000. 土壤侵蚀原理[M]. 北京:中国林业出版社:37-40.

赵琰鑫,张万顺,王艳,等,2007. 基于 3S 技术和 USLE 的深圳市茜坑水库流域土壤侵蚀强度预测研究[J]. 亚热带资源与环境学报,2(3):23-28.

周夏飞,朱文泉,马国霞,等,2016. 江西省赣州市稀土矿开采导致的水土保持价值损失评估[J]. 自然资源学报(6):982-993.

ANANDA J, HERATH G, 2003. Soil erosion in developing countries: a socio-economic appraisal[J]. Journal of Environmental Management,68(4):343-353.

ARNOLDUS H M J, 1980. An approximation of the rainfall factor in the universal soil loss equation[M]. Chichester UK: Wiley: 127 - 132.

BARBIER B, 1998. Induced innovation and land degradation: results from a bioeconomic model of a village in West Africa[J]. Agricultural Economics, 19(1): 15 - 25.

BENNETT H H, 1939. Soil conservation[M]. New York: McGraw-Hill Book Company: 95.

BROWNING G M, PARISH C L, GLASS J A, 1947. A method for determining the use and limitation of rotation and conservation practices in control of soil erosion in Lowa[J]. Journal of the American Society of Ag-ronomy, 39(1): 65 - 73.

COOK H L, 1936. The nature and controlling variables of the water erosion process[J]. Soil Science Society of America Proceeding(1): 487 - 493.

DE-ROO A P J, OFFERMANS R J E, CREMERS N, 1996. LISEM: a single-event, physically based hydrological and soil erosion model for drainage basins. II: sensitivity analysis, validation and application[J]. Hydrological Processes, 10(8): 1119 - 1126.

DEININGER K W, MINTEN B, 1999. Poverty, politics and deforestation: the case of Mexico[J]. Economic Development and Cultural Change, 47(2): 313 - 346.

ELLISON W D, 1944. Studies of raindrop erosion[J]. Agricultural Engineering(25): 131.

FOSTER G R, MEYER L D, 1972. Transport of soil particles by shallow flow[J]. Transactions of the ASAE, 15(1): 99 - 102.

KIRKBY M J, MORGAN R P C, 1987. Translated by Wang Lixian. soil erosion [M]. Beijing: China WaterPower Press.

LAFLENJ M, LANE L J, FOSTER G R, 1991. WEPP: a new generation of erosion prediction technology[J]. Journal of Soil and Water Conservation, 46(1): 34 - 38.

LAL R, 1990. Soil erosion in the tropics: principles and management[M]. NewYork: McGraw-Hill.

LAL R, 1994. Soil erosion research methods[M]. Boca Raton: CRC Press.

LIU B Y, NEARING M A, RISSE L M, 1994. Slope gradient effects on soil loss for steep slopes[J]. Transaction of the ASAE, 37(6): 1835 - 1840.

LIU B Y, NEARING M A, SHI P J, et al, 2000. Slope length effects on soil loss for steep slopes[J]. Soil Science Society of America Journal(64): 1759 - 1763.

MCCOOL D K, BROWN L C, FOSTER C K, et al, 1987. Revised slope steepness factor for the universal soil loss equation [J]. Transaction of the ASAE, 30(5): 1387 - 1396.

MEYER L D, 1984. Evolution of the universal soil loss equation[J]. Journal of Soil and Water Conservation (39): 99 - 104.

MEYER L D, HARMON W C, MCDOWELL L L, 1980. Sediment sizes eroded from crop row sideslopes [J]. Transactions of the ASAE, 23(4): 891 - 898.

MEYER L D, WISCHMEIER W H, 1969. Mathematical simulation of the process of soil erosion by water[J]. Transactions of the ASAE(56): 754.

MILLER M F, 1926. Waste through soil erosion[J]. Journal Am Soc Agron(18): 153 - 160.

MORGAN R P C, QUINTON J N, SMITH R E, et al, 1998. The European Soil Erosion

Model (EUROSEM): a dynamic approach for predicting sediment transport from fields and small catchments[J]. Earth Surface Processes and Landforms: The Journal of the British Geomorphological Group, 23(6): 527 - 544.

MUSGRAVE G W, 1947. The quantitative evaluation of factors in water erosion: a first approximation[J]. Journal of Soil and Water Conservation, 2(3): 133 - 138.

OLSON T C, WISCHMEIER W H, 1963. Soil-erodibility evaluations for soils on the runoff and erosion stations [J]. Soil Science Society of America Journal, 27(5): 590 - 592.

RENARD K G, FORSTER G R, WEESIES G A, et al, 1997. Predicting rainfall erosion by water: a guide to conservation planning with the revised universal soil loss equation (RUSLE)[M]. Washington DC: United States Department of Agriculture.

RENARD K G, FOSTER G R, WEESIES G A, et al, 1991. RUSLE: revised universal soil loss equation[J]. Journal of Soil and Water Conservation, 46(1): 30 - 33.

RENARD K G, LAFLEN J M, FOSTER G R, et al, 2017. The revised universal soil loss equation[M]//Soil erosion research methods. London: Routledge.

ROSE C W, COUGHLAN K J, FENTIE B, 1998. Griffith university erosion system template (GUEST) [M] // Modelling soil erosion by water. Heidelberg: Springer .

SIDORCHUK A, 1999. Dynamic and static models of gully erosion. special issue: soil erosion modeling at the catchment scale[J]. Catena, 37(3 - 4): 401 - 414.

SMITH DD, 1941. Interpretation of soil conservation data for field use[J]. Agricultural Engineering, 22(2): 173 - 175.

SMITH DD, WHITT D M, 1948. Evaluating soil losses from field areas[J]. Agricultural Engineering(29): 394.

WILLIAMS J R, 1997. The EPIC model[R]. USDA-ARS, grassland, soil and water research laboratory.

WISCHMEIER W H, 1960. Cropping-management factor evaluations for a universal soil-loss equation [J]. Soil Science Society of America Journal, 24(4): 322 - 326.

WISCHMEIER W H, SMITH D D, 1965. Predicting rain fall-erosion losses from cropland east of the Rocky Mountains[M]. Washinhton: USDA Agricultural Handbook.

ZING A W, 1940. Degree and length of land slope as it affects soil loss in runoff[J]. Agricultural Engineering, 21(1): 59 - 64.

第8章 矿区地质灾害遥感监测与应用

我国煤炭储量丰富,已探明煤炭储量 1145 亿吨。煤炭是我国的主体能源,煤炭工业是关系国民经济命脉和能源安全的重要基础产业。据统计,2017 年我国能源消费总量 44.9 亿吨标准煤,其中煤炭消费占能源消费总量的 60.4%,预计到 2030 年,煤炭在一次能源消费中占比不低于 55%,在未来相当长的时期内,煤炭作为主体能源的地位不会发生改变。煤炭资源开发利用为我国社会经济发展做出了巨大贡献,但传统煤炭开采活动严重破坏了当地生态环境。煤炭开采产生的矸石、外排土压占大量可利用土地资源,大面积采空区造成地面塌陷、地裂缝、不稳定边坡,容易引起滑坡、泥石流等地质灾害。随着煤矿开采范围和开采强度不断增加,矿区塌陷面积逐渐增大,可用土地不断减少,严重制约当地经济的可持续发展(钱鸣高,2005)。

如何保证煤炭资源合理开采的同时又能有效地保护生态环境及土地资源,是我们面临的一大难题。在矿区开采时,需将地面沉降防治工作作为一项长期工作,对矿区进行持续有效的监测和控制,及时发现地表的破坏情况,掌握地面沉降规律,为资源合理开采、地面沉降的控制提供科学依据,同时为废弃矿区土地资源的再利用提供技术支持。

8.1 矿区地质灾害基础知识

8.1.1 地表形变

地表形变主要是由于人文因素作用下,开采煤炭、石油、地下水等资源使得地下松软土层及岩层压缩导致地面高程降低的一种现象。地表形变监测又称为形变测量或形变观测,是对设置在形变体上的观测点进行周期性的重复观测,求得观测点各周期相对于首期的点位或高程的变化量。形变体用一定数量的有代表性的位于形变体上的离散点(称监测点或目标点)来表示,监测点的形变可以描述形变体的形变。一般而言,形变监测的研究对象包括:①研究全球性形变,如监测全球板块运动、地极运动、地球自转速率变化、地潮等;②区域性形变研究,如地壳形变监测、城市地面沉降;③工程和局部性形变研究,工程形变监测一般包括工程(构)建筑物及其设备以及其他与工程建设有关的自然或人工对象。形变监测内容包括:①垂直位移(沉降)监测;②水平位移监测;③倾斜监测;④裂缝监测;⑤挠度监测;⑥日照和风振监测等。

矿区开采沉陷指开采矿藏、建筑材料和地下水资源引起的开采区域周围岩体的原始应力平衡遭到破坏,从而引发应力重新分布,使其达到新平衡的过程。这种岩层变形以及地表移动的过程就叫做开采沉陷(何国清 等,1999)。本书中的"开采沉陷"是特指矿山地下开采引起的上覆岩层及地表沉陷。

岩体由不同性质的岩层组成,如砂岩、页岩和沉积岩等。岩体在受到各种作用,如煤炭开采、岩层断层和岩层开裂等情况下,在不同岩层之间形成了大量的不连续面。开采引起的地表沉陷裂缝严重影响了当地居民的生活,也限制了当地经济发展,还会造成生态环境的破坏、土地资源减少等一系列灾害。所以,开采沉陷的研讨对国民经济的发展以及人民生活质量的提高,特别是矿区的可持续发展有着重要的意义。在煤炭的开采过程中,开采沉陷与多种要素有关,是多种要素综合共同作用的结果。这其中主要包括两个方面:首先是人们无法对其产生影响的因素,称为自然地质因素,也称为第一因素,这类因素包括矿区地形地貌、矿区煤层分布、煤层的厚度、矿区水文地质条件等;其次是人为影响因素,也称为第二因素,即煤炭开采技术条件,如开采次数、开采层数、开采深度、采区范围以及采煤方法等。在煤炭开采的过程中需要正确地认识和掌握这些因素的实际影响,这样可以有效地解决和控制煤炭开采中所遇到的实际问题,以更好地研究开采沉陷的影响,合理和安全地进行煤炭开采作业;同时,在学术研究中也可以为开采沉陷的研究提供技术数据,促进和改善开采沉陷的预计方法。采煤是对当地土地资源及生态环境影响最大的工程之一,特别是在我国西部干旱半干旱地区,由于当地降雨量少,蒸发量大,从而导致水资源的严重缺乏和生态环境脆弱。而采矿活动更加剧了对水资源以及生态环境的破坏,造成植被枯死、土地沙化等恶性结果。如果不加以控制,大规模的煤炭开采则会破坏含水层,造成潜水位下降、居民水井干涸、地表植被死亡、土壤沙化、水体流失等一系列的生态环境问题(毕忠伟 等,2003;钱鸣高 等,2003;侯忠杰,2007)。

矿山开采引起的地表沉陷对土地的深层次破坏可分为两种:一是在开采过程中改变土壤理化成分,造成土壤环境污染;二是开采引起了土地沙漠化。受地表沉陷的影响,沉陷区周围潜水位降低,造成地表水渗入或经塌陷进入地下,造成区域性地下水位的下降,破坏了原有的矿区水均衡系统,使得矿区附近农业浇灌和日常用水困难。土地塌陷也直接导致了矿区周围环境的破坏与恶化,如造成农林作物不能正常生长,动物的消亡或迁徙甚至居民迁居,严重破坏原有生态平衡。

8.1.2　滑坡

矿区滑坡是破坏性极大的地质灾害,采场边坡一旦滑坡,将会对矿区生产、工人的生命财产以及周边的工厂和居民住地等造成不可估量的损失。因此,全面、及时、准确地获取因开采导致的矿区采场边坡的变形实测数据,对于防治矿山边坡诱发的地质灾害,保证矿山安全生产,具有重要的理论与实际意义(李振洪 等,2019)。

矿区滑坡是指斜坡岩土体在重力作用下沿某一滑移面整体下滑的现象,如图8.1所示。如果滑移面是曲面,则称为旋转式滑坡;如果是平面,则称为平移式滑坡。

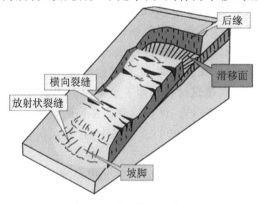

图 8.1　矿区滑坡示意图

　　矿区滑坡多为平移式滑坡,主要是由于底部开挖等人为扰动或集中降雨、降雪、融雪等自然因素诱发产生的。平移式滑坡经常沿着断层、节理、层面等地质不连续面或岩石与土的接触面发生,在寒冷地区,这类滑坡还容易沿着永久冻层发生。平移式滑坡在初期阶段滑动速度较慢,后期滑动速度加快,从而对周边居民的生命财产造成威胁。

8.2　地质灾害遥感监测的主要方法

8.2.1　传统方法

　　传统方法包括水准测量、GPS 测量、全站仪测量等。基于测量学的地表形变监测方法是在沉降区布设地面沉降监测网,主要包括地面沉降监测水准网、地面沉降监测 GPS 监测网、地面沉降监测地下水位(水量)动态监测网等,通过定期的反复观测,为监测地面沉降提供准确、可靠的资料。其优点是方法成熟、单点定位精度高,缺点是该方法只能获得小范围内的形变信息,空间覆盖离散,实地勘查对人力物力要求高、观测效率低、费用相对较高。

8.2.2　合成孔径雷达干涉测量

　　自 20 世纪 60 年代末以来,合成孔径雷达干涉测量(Interferometric Synthetic Aperture Radar,InSAR)技术得到了持续的发展,以雷达相位干涉测量为代表的遥感技术为空间大地测量、全球及区域尺度的地形测绘与形变监测提供了新的方法和手段,弥补了以往依靠水准、GPS 等点位测量方式在空间测量点密度、监测范围和重复观测频率上的不足,扩展了地学领域对地表过程变化(中长期缓慢地壳变化及局部快速地表变化等)研究和认识的广度和深度,强化了地学过程反演的可靠性和稳定性,间接提高了对自然与人为作用下地表变化及影响的认知(何儒云 等,2007)。

1. 合成孔径雷达(SAR)遥感

　　合成孔径雷达(Synthetic Aperture Radar,SAR)是一种具有高分辨力的成像雷达,其原理是通过飞行载体运动来形成雷达的虚拟天线,从而获得高方位分辨的雷达图像数据。自 20 世纪 50 年代以来,合成孔径雷达遥感理论与技术一直处于快速发展态势,目前已经成为一种重要的对地观测技术手段。1978 年 6 月,美国宇航局喷气推进实验室发射了世界上第一颗载有 SAR 传感器的海洋卫星 SeaSat-A,开创了星载 SAR 发展的历史。相比于可见光和热红外遥感,SAR 成像属于主动遥感,因雷达传感器所采用的波长较长,受大气散射的影响较小,可以穿透云层、薄雾、雨和尘埃等,故 SAR 主动遥感具有全天候、全天时等明显的技术优势。近年来,SAR 成像系统正向着多平台、多波段、多极化、多模式、高空间分辨率和高重访频率方向发展,现已形成地基、机载和星载 SAR 影像获取系统并存的格局。因为 SAR 影像包含有振幅、相位和极化等多种信息,故 SAR 数据处理技术得到了快速发展,现已形成合成孔径雷达干涉、极化分析、幅度追踪、层析建模和立体测量等多种技术并存的局面。目前,SAR 遥感已广泛应用于农林灾害、地质调查、海洋监测、冰雪探测、地表覆盖测绘、地形测绘、自然灾害和地质灾害监测以及国防建设等诸多领域(张庆君 等,2017)。

1)主要 SAR 系统介绍

　　雷达遥感使用的电磁频谱频率为 0.3 GHz～300 GHz,波长从 1 mm 到 1 m。常见星载和机载 SAR 的波段主要有 P、L、S、C、X 和 K 波段(见表 8.1),雷达波长越长,穿透能力就越强,如波长大于

2 cm的雷达系统不会受到云的影响。合成孔径雷达可以进行全天时全天候观测，并且可以透过云层覆盖，对自然应急救灾、农业估产、森林资源调查、军事应用和旱情监测等都有重要的意义。

表 8.1　常见的合成孔径雷达主要参数

波段代号	标称波长/cm	频率/GHz	波长范围/cm	代表卫星/备注
P	65	0.23～1	30～130	AIRSAR
L	22	1～2	15～30	JERS-1；ALOS-1/2
S	10	2～4	7.5～15	Almaz-1
C	5	4～8	3.75～7.5	ERS-1/2；ENVISAT；RADARSAT-1/2；Sentinel-1A/B
X	3	8～12	2.5～3.75	TerraSAR-X；COSMO-SkyMed
K	1.25	18～27	1.67～1.11	军事领域

表 8.2 展示了国际上主要的民用星载 SAR 系统的在轨服役时间、波段/波长、极化、幅宽、分辨率、重访周期和隶属单位/国家等信息。

表 8.2　主要民用星载 SAR 系统的设计参数

星载 SAR 系统	在轨时间	波段/波长/cm	极化	幅宽/km	地面分辨率/m	重访周期	隶属单位/国家
SEASAT	1978 年(106 天)	L/23.4	HH	100	25	—	NASA/美国
JERS-1	1992—1998 年	L/23.6	HH	80	25	44	JAXA/日本
ERS-1/2	1991—2000 年 1995—2002 年	C/5.6	VV	102.5	25	3/35	ESA/欧洲
RADARSAT-1	1995—2013 年	C/5.6	HH	50～500	8～30	24	CSA/加拿大
ENVISAT ASRA	2002—2012 年	C/5.6	VV/HH	100～405	25～100	35	ESA/欧洲
ALOS PALSAR	2006—2011 年	L/23.6	Full	20～350	10～100	46	JAXA/日本
RADARSAT-2	2007 年至今	C/5.6	Full	25～500	3～100	24	CSA/加拿大
TerraSAR-X TanDEM-X	2007 年至今 2010 年至今	X/3.1	Full	10～100	1～16	11	DLR/德国
COSMO-SkyMed（四星座）	2007 年至今	X/3.1	Full	10～200	1～100	4～16	ASI/意大利
RISAT-1	2012 年至今	C/5.6	Full	10～225	1～50	12/25	ISRO/印度
HJ-1C	2012 年至今	S/9.6	VV	40～100	5～20	31	CRESDA/中国
ALOS-2 PALSAR-2	2013 年至今	L/23.6	Full	25～490	1～100	14	JAXA/日本
Sentinel-1A/B	2014/2016 年至今	C/5.6	Full	20～400	5～40	6/12	ESA/欧洲
GF-3	2016 年至今	C/5.6	Full	10～650	1～500	1.5～3	CRESDA/中国

2）Sentinel－1 数据介绍

Sentinel－1 是欧洲雷达遥感卫星，该卫星是全球环境和安全监测计划（Global Monitoring for Environment and Security，GMES）系列卫星的第一个组成部分，其确保了欧洲太空局"欧洲遥感卫星"（ERS）、"环境卫星"（ENVISAT）任务的数据连续性，主要进行全天候海洋和陆地高分辨率多用途观测。和以前的卫星相比，Sentinel－1 卫星的可靠性、重访时间、地理覆盖范围和快速数据发布的能力都得到了增强。Sentinel－1A 卫星的发射时间为 2014 年 4 月 3日，后续卫星 Sentinel－1B 的发射时间为 2016 年 4 月 25 日，Sentinel－1A 卫星与 Sentinel－1B 卫星的双星组网使其重访周期从 12 天缩减到 6 天（杨魁 等，2015）。

Sentinel－1 卫星搭载着 C 波段合成孔径雷达，数据采集模式有条带模式（Strip Map，SM）、宽幅干涉模式（Interferometric Wide swath，IW）、超宽幅模式（Extra Wide swath，EW）和波模式（Wave Mode，WV）四种，最高分辨率达 5 m，最大幅宽达 400 km。为获取较好的干涉产品，Sentinel－1 采用了严格的轨道控制技术，卫星在既定轨道路径为圆心、半径为50 m的空间管道内运行，从而确保空间基线足够小，提高了相干性，有助于干涉测量。

Sentinel－1 数据包含 Level－0、Level－1 和 Level－2 三个层级的产品数据，其中，Level－1级产品包含单视复数影像（Single Look Complex，SLC）和地距多视影像（Ground Range Detected，GRD）两种类型。

SLC 产品包含使用卫星轨道和姿态数据进行地理参考的聚焦 SAR 数据，均以斜距模式提供，该产品采用完整的信号带宽来实现每个维度上的单视处理，采用复数来保存相位信息，具有相位和幅度信息。SM 模式的 SLC 在单极化下包含有一幅影像，IW 模式的 SLC 在单极化下包含有对应于 3 个条带下的 3 幅影像，EW 模式的 SLC 在单极化下包含有对应于 5 个条带下的 5 幅影像。在 Sentinel－1 IW 模式下的 SLC 产品中，每个子扫描区包含一个图像，每个极化通道包含一个图像，共包含三幅（单极化）或六幅（双极化）图像。每个子扫描图像均由一系列脉冲串组成，其中每个脉冲串均作为独立的 SLC 图像进行处理。并且以方位向按时间顺序将单独聚焦的复杂脉冲串图像整合到单个子扫描图像中，确保相邻脉冲串之间有足够的重叠。

GRD 产品是 SAR 聚焦数据经过多视处理并有通过地球椭球体模型投影至地距的数据，其像素信息代表监测区域的幅度信息，而相位信息则被丢失。该产品在方位向和距离向分辨率上是一致的，具有近似正方形空间分辨率的像素，并且经过了散斑滤波，空间分辨率有所下降。相对于 SLC 数据而言，GRD 数据消除了热噪声，从而提高了图像质量。对于 IW 模式和EW 模式产品，每个条带的所有小块在多视处理后进行了无缝拼接，最终形成一个连续的地距图像。GRD 产品分为全分辨率（FR）、高分辨率（HR）和中分辨率（MR）三种，Level－1 级GRD 产品在 IW 和 EW 模式下提供 MR 和 HR 产品，在 WV 模式下提供 MR 产品，在 SM 模式下提供 MR、HR 和 FR 产品。Sentinel－1A SAR IW 成像模式如表 8.3 所示。

表 8.3　Sentinel－1A SAR IW 成像模式

工作模式	IW（宽幅干涉）
入射角范围	29.1°～46.0°
极化方式	HH＋HV，VV＋VH，HH，VV
距离分辨率/m	5
方位分辨率/m	20
幅宽/km	250

2. 干涉测量技术(InSAR)

InSAR 技术是利用雷达系统获取同一地区不同时相的两景 SAR 影像所提供的相位信息进行干涉处理,以获得地表的三维信息或位置变化信息,从而构建目标区的数字高程模型(DEM)、监测地表形变和冰川运动的技术。InSAR 技术具备两项基本能力,一是地形测绘(多属全球尺度上的),另一项是地表形变的监测。比较而言,前者属于一次性的基础测图(如美国的 SRTM 任务、德国的 TanDEM – X 全球高分辨率 DEM 获取计划等),而后者由于观测对象本身变化的多样性,是目前应用最为广泛的领域。

InSAR 技术具有全天候、全天时、覆盖面广和高精度获取地表形变信息的能力,其在矿区滑坡、沉陷监测等领域都得到了迅猛的发展,已成为矿区形变监测新的工具(钟晓春,2020)。基于 InSAR 技术的矿区地表形变和滑坡监测具有如下优势:①大范围,单景影像能一次覆盖几十至上百平方公里的范围;②全天候,不受云雾影响且不分昼夜,是常规光学遥感无法做到的;③高精度,监测地表微小形变的精度达到厘米甚至毫米量级;④高效率,目前已经能够实现以天为单位的重复观测;⑤限制少,无需布设地面控制点,可对设备和人员无法进入的危险区域进行监测;⑥成本低,尽管每景数据成本较高,但由于其一次监测涉及的范围广,与其他监测手段相比,整体造价较低。

3. 差分干涉测量(D-InSAR)

自从 1989 年 Grabriel 等首次论证了差分干涉雷达(Differential Interferometric Measurement of Synthetic Aperture Radar,D-InSAR)测量技术可用于探测地表形变以来,D-InSAR 技术已经成为当今大地测量和遥感领域的学科前缘研究内容之一(朱建军 等,2017)。

在 InSAR 技术的基础上,利用差分干涉处理并借助高精度 DEM 数据消除干涉图中地形因素的影响,可以提取出地表的形变信息,这是 D-InSAR 的技术基础。D-InSAR 测量技术可以分为"双过差分—二轨法""三过差分—三轨法"和"四过差分—四轨法"。其中,"双过差分"与"四过差分"原理类似,前者所需形变发生前后的两景影像,借助于外部 DEM 来消除地形相位的影响;后者所需形变前的三景及形变后的一景影像,利用两景干涉影像来消除地形影响以获取形变信息。"三过差分"所需形变发生前的两景影像和形变后的一景影像,公共主影像与形变后的影像进行干涉,再与另一景形变前的影像形成的干涉图进行差分,得到形变信息。其中,双过差分干涉法(见图 8.2)最为可靠,另外两种方法对于数据时间基线和空间基线的要求较高。双过差分干涉法在已知外部 DEM 的情况下是最常用的方法,开源 SRTM、GDEM、AW3D 等 DEM 数据的精度和可靠性均可满足双过差分干涉法。在缺少外部 DEM 的情况下,可考虑使用三轨法或四轨法,三轨法在选取公共主影像时需保证生成地形的影像对具有适合的时空基线以及较高的相干性,另外对于生成形变信息的影像对相干性有较高的要求。四轨法利用两对相对独立的干涉对,选取影像时更为自由,由于缺少公共主图像,干涉对之间配准比较困难。综上所述,三种差分干涉的处理流程各有优缺点,需根据实际情况来选择合适的方法。

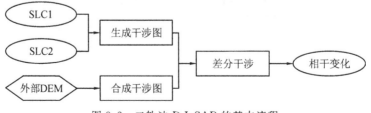

图 8.2　二轨法 D-InSAR 的基本流程

常规 D-InSAR 技术主要利用差分干涉处理获取地表形变信息,算法简单,参数较少,成本低(最少 2 景 SAR 影像即可),可监测较大的地表形变(取决于 SAR 的波长,最大形变不大于波长的一半),主要用于大范围突发的地表形变监测,如滑坡、地震、冰川移动、火山活动和矿区塌陷等。然而,D-InSAR 技术也有很多制约因素。①相干条件:差分干涉测量的本质就是 SAR 传感器两次对目标物成像的回波信号具有高度的相干性,时间基线和空间基线都限制了可利用 InSAR 处理的数据量,并且地表若被浓密植被覆盖容易造成失相干;②轨道误差:D-InSAR技术依赖于精密轨道数据;③大气影响:非均一大气延迟对大区域处理有不良的影响。

另外,相对于矿区沉陷的单一垂向形变来说,矿区滑坡形变既包括垂向形变也包括水平形变。前述常规 D-InSAR 监测的是雷达卫星至地面目标沿 LOS(line-of-sight)方向的形变,因此 SAR 卫星的飞行轨道对形变监测的方向极其重要。目前所有的商业 SAR 卫星均是极轨卫星,绕地球的南北两极运行。在这种极轨飞行模式下,SAR 卫星只能获得升轨(由南向北飞行)或降轨(由北向南飞行)LOS 方向上的地表形变。然而,这两个方向的监测均只对垂直向和东西向的形变敏感。以 ERS-2 卫星为例,三个方向的灵敏度中,最大的为垂直方向,灵敏度高达 0.92,其次为东西方向,灵敏度为 0.38,而对南北方向的形变几乎没有监测能力。

4. 干涉叠加测量

D-InSAR 技术可以有效地监测微小的地形形变,但易受空间失相干、时间失相干和大气延迟的影响(Amelung et al. , 1999;Schmidt et al. ,2003),严重影响最终形变结果的精准度和效率(Li et al. , 2004;Zebker et al. , 1997)。为了有效解决这些问题,近年来,对其研究的重点逐渐转向基于 SAR 时间序列探测地表形变时空演化规律,其核心思想是:使用在某一时间段内对同一地区所获取的多幅 SAR 影像(即 SAR 影像时间序列),并依据地物散射特性与统计分析的方法探测出研究区内在时间序列上相干性较高的目标(即永久散射体),然后基于这些目标的相位时间序列进行建模分析,在线性形变趋势的假设前提下采用多参数整体迭代的方法分离大气延迟信息,最终获得高精度的地表形变测量结果。

2000 年,意大利米兰理工大学的 Ferretti 等(2000)率先提出了永久散射体的概念,并给出了完整的数据建模和结算方法——PS-InSAR(Persistent Scatters Interferometric Synthetic Aperture Radar)。国内外众多学者在随后的十余年里采用大量的相关技术与理论对该方法进行了改进和拓展,最终形成了时序差分雷达干涉(Multiple Temporal InSAR,MT-InSAR)的技术理论体系。至今,MT-InSAR 理论体系的范畴包括了经典的 PS-InSAR 方法理论、小基线集时序分析方法(Small Baseline Subset,SBAS)(Berardino et al. ,2002)及在两者基础上衍生的相干目标分析法(Coherent Target Analysis,CTA)(Tian et al. , 2007)、点目标分析法(Interferometric Point Target Analysis,IPTA)(Werner et al. , 2004)、角反射器干涉法(Corner Reflector InSAR,CR-InSAR)(Matthew et al. , 2017)、斯坦福永久散射体干涉法(Stanford Method for Persistent Scatterers,StaMPS)(Costantini et al. , 2008)、永久散射体网络化雷达干涉法(Persistent-scatters Networking Interferometry,PSNI)(Rosi et al. , 2016)、时域相干目标分析法(Temporarily Coherent Point InSAR,TCPInSAR)(Liu et al. , 2014)、伪相干目标分析法(Quasi Persistent Scatterer Interferometry,QPSI)(Razi et al. , 2018),以及第二代 PS 的 SqueeSAR(Ferretti et al. , 2011)等一系列方法和理论。本小节主要介绍 PS-InSAR、SBAS-InSAR 和 CR-InSAR。

1)永久散射体干涉测量(PS-InSAR)

PS-InSAR 可有效克服 InSAR 中时空失相干、大气延迟和轨道误差等影响,其核心思想是基于覆盖同一地区的 SAR 影像时间序列和振幅离差指数(Amplitude Dispersion Index, ADI)阈值方法识别具有稳定雷达散射特征的点目标(即永久散射体)。SAR 影像的每个像元都包含像元内多个散射体返回的信息,如果这些散射体是植被,在相邻两次获取影像时散射体发生了移动,散射体返回的相位就是随机的,这样就会造成失相干,但是当某个像元的散射体中存在一个稳定的散射体(建筑物、裸露岩石等),而且这个散射体返回的信号强度远大于像元内其他散射体,这个像元所获取的相位就比较稳定,其他散射体的信号贡献就能够被视为噪声而消除,最终提取形变信号。典型的永久散射体目标有建筑物、灯塔、栅栏、桥梁、堤坝、路灯、裸露岩石和人工角反射器等硬目标。永久散射体可以在长时间序列上保持稳定的散射特性,几乎不受时空失相干的影响。除此之外,PS-InSAR 的另一关键思路在于进行差分干涉处理后提取 PS 点上的相位,并进行网络邻域差分及线性形变和高程误差参数建模与解算。然后,从原始差分干涉图中扣除线性形变和高程误差分量得到残差相位图,在恢复残差相位时间序列后采用时空滤波方法分离非线性形变、大气延迟和轨道误差相位。最后,将线性形变和非线性形变进行叠加即可得到每一个 PS 点上的形变时间序列(Hooper et al.,2004)。PS 干涉算法数据处理及形变提取流程如图 8.3 所示。

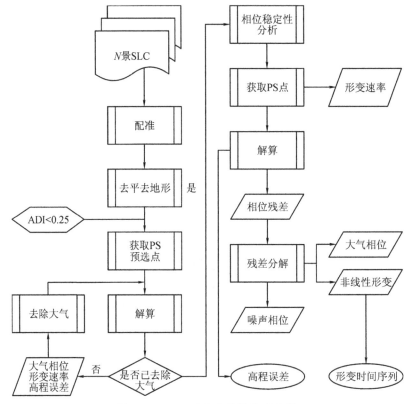

图 8.3　PS-InSAR 的数据处理流程

一般而言,PS-InSAR 主要用于分析点状目标,监测城市、交通要道、港口和机场等的地表形变等,这些散射体的雷达散射特性可长时间保持稳定。PS-InSAR 形变监测精度取决于散射体的稳定性,最高可达到毫米级精度,而最大可检测形变速率取决于连续采集之间的最小时间距离和 SAR 波长。当利用 20 个或更多的以连续时间间隔的 SAR 影像进行干涉测量时,PS-InSAR 的监测精度是可靠的。

2)小基线集干涉测量(SBAS-InSAR)

SBAS-InSAR 技术起源于 2002 年(Berardino et al.,2002),和 PS-InSAR 技术基于高空间分辨率(单视数据)PS 点的形变反演相比,此算法主要反演低空间分辨率(多视数据)的形变,其核心在于:在 SAR 影像数据集中采用不同的干涉对组合和求解策略,根据一定的时间基线、空间基线的阈值组合成若干个数据子集,以增加数据获取的采样率,每个小集合内 SAR 影像间的基线较小,集合间 SAR 影像的基线较大。可以通过最小二乘法求解小数据子集的形变,但由于单个集合内时间采样率较低,集合间相对孤立,不能充分使用全部数据。根据最小范数准则,通过奇异值分解方法将孤立的小数据集联合起来求解,不仅克服了空间去相关的问题,而且提高了观测数据的时间采样率,可以生成更多的干涉图,保证了最终结果的精度和可靠性。SBAS 干涉算法数据处理及形变提取流程如图 8.4 所示。

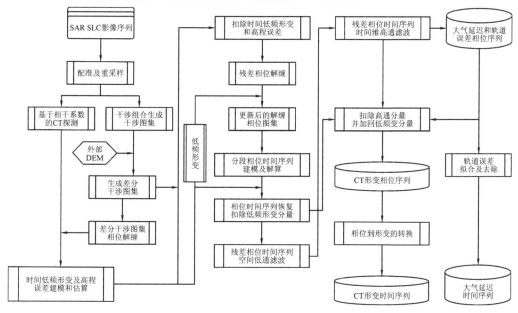

图 8.4　SBAS 干涉算法数据处理及形变提取流程

与常规 D-InSAR 相比,SBAS-InSAR 可以分析较长时间序列的地表形变,而 D-InSAR 仅限于 2 景、3 景和 4 景影像的处理。SBAS-InSAR 主要用于分析分布式目标,适合于监测大范围(如城市区域或自然表面)、长时间序列的缓慢微小形变。其监测精度略低于 PS-InSAR,但对采集次数和间隔不太敏感(大于 5～10 景影像),这是因为 SBAS-InSAR 利用了空间分布的相干性,而不是专门估计局部散射体(PS 特性)上的相干性。但是,其仍可以通过获取更多的 SAR 影像来实现更高的监测精度。对于最终形变结果模型(即形变位移的速度或随时间变化的加速度)的生成而言,PS-InSAR 限于线性模型,而 SBAS-InSAR 可以处理线性、二次多项式和三次多项式模型。此外,SBAS-InSAR 也可以用于地表高程的估算。由于相位解缠的固有约束,SBAS-InSAR 最大可监测的地表形变量与数据采集的时间间隔没有关系,而与位移空间可变性有关。整体而言,SBAS-InSAR 技术可以产生更多的干涉图,比 PS-InSAR 更健壮,更具鲁棒性。

5. 角反射器差分干涉测量(CR-InSAR)

人工角反射器(Corner Reflector，CR)是应用金属材料根据不同用途做成不同规格的雷达波反射器，当雷达电磁波扫描到角反射器时，电磁波会在金属角上产生折射并产生很强的回波信号。人工角反射器可以辅助 InSAR 技术，早期的人工角反射器主要用于 SAR 图像定标和 InSAR 精度验证等方面，目前主要应用于低相干地区，如植被发育地区，重要工程设施、建筑物等(朱武 等，2010)。人工角反射器差分干涉测量技术(Corner Reflector-InSAR，CR-InSAR)是基于人工布设的硬目标点的时间序列形变监测手段，用于解决在植被覆盖低相干区域难以提取有效测量点问题和进行 InSAR 监测结果的精度验证。CR 点的后向散射强度要远远大于周围的地物，在 SAR 图像上会呈现出一个个明显的亮点，因此可以有效提取这些 CR 点，通过这些点的相位变化获取高精度的形变信息。此外，CR 点的制作尺寸一般是根据背景地物的反射强度和波长计算得到的，在布设时，需要根据边坡的坡向、雷达轨道方向和侧视角度等信息确定安装的位置和朝向。

8.3　地质灾害遥感监测应用

InSAR 技术是利用 SAR 系统获取同一地区两幅 SAR 影像所提供的相位信息进行干涉处理以获取地表三维信息的技术。表 8.4 介绍了利用 InSAR 技术监测矿区形变时数据的选择和注意事项。本节主要讲述了 InSAR 提取矿区 DEM(以 Sentinel - 1A 数据为例)、D-InSAR监测矿区地表形变(以两轨法及 RADARSAT - 2 数据为例)和 SBAS-InSAR 监测矿区长时间序列地表形变(以 Sentinel - 1A 数据为例)等内容，介绍了 InSAR 技术在矿区的应用。本节所使用的软件及版本为 ENVI 5.5.2、SARscape 5.5.2。

表 8.4　利用 InSAR 处理时数据的选择和注意事项

用途	DEM 生产	地表形变监测	
方法	InSAR	D-InSAR	干涉叠加
数据类型	SLC 数据(来自同一传感器、同一轨道、同一采集模式、相同的极化方式)		
数据数量	2 景	2 景/3 景/4 景	5～20 景
空间基线	一般应小于临界基线的 1/3，在能够保证相干性的情况下选择相对大的	尽量选择基线较小的，理论上零基线最好	基线要求尽可能小
时间基线	时间间隔尽可能小，最好是同时	参与干涉的 SAR 数据必须是形变发生前后分别获得的	获取时间尽量连续
空间分辨率	DEM 的垂直精度和 SAR 空间分辨率无关	监测形变体的空间范围	
波段	X、C、L 波段均可以做干涉测量		
其他	尽量选择植被发育不茂盛的季节(冬季或初春)，避免选择冰雪覆盖的时相		采集时间要考虑形变的类型和特点

8.3.1　InSAR 提取矿区 DEM

在利用 InSAR 提取 DEM 或监测地表形变之前,最好对参与干涉的两幅 SAR 影像进行基线估算(包括空间基线和时间基线)。卫星两次拍摄的位置是有一定距离的,这个距离称为空间基线。如果空间基线较长,两个数据就有可能失相干(即相位之间没有干涉信息),故空间基线要满足一定的阈值,才能够进行 InSAR 分析。当空间基线在一定范围内越长(但要远小于阈值),对地形、高程的探测敏感越高。另外,卫星两次拍摄的时间相隔太长也会导致失相干(此为时间失相干),只有在获得地面反射至少有两个天线重叠的时候才可以产生干涉,当基线垂直分量超过了临界值的时候,没有位相信息,相干性丢失,就无法做干涉,故时间基线要求越短越好。基线估算的作用就是计算时空基线、轨道偏移(距离向和方位向)和其他系统参数,评价干涉影像对的质量,检查数据是否满足基线阈值。

InSAR 提取 DEM 的主要步骤如下:①干涉图生成和展平;②适应滤波与相干系数图生成;③相位解缠;④精炼和重新展平;⑤相位转换为高程并地理编码。

此处选取 2017 年 1 月 11 日及 2017 年 1 月 23 日的 Sentinel‑1A 卫星 IW 模式 VV 极化 SLC 影像作为矿区 DEM 提取的数据源,经查询气象资料,两期影像拍摄间隔中没有降雨等气象因素的干扰。另外,这一时期受植被影响较小,适合 DEM 的提取。首先对两景 Sentinel‑1A SAR 影像进行基线估算,结果如表 8.5 所示,基线估算的结果显示上述两幅 SLC 影像适合干涉测量处理。

表 8.5　两景 Sentinel‑1A SLC 影像基线估算结果

基线估算主要的计算结果	说明
Normal Baseline (m) = −50.092	空间基线:主从轨道之间的垂直基线。 在拍摄时两个传感器间隔的距离为 50.092 m
Critical Baseline min−max (m) = [−5927.746] ～ [5927.746]	临界基线:适用于干涉处理的最小和最大理论基线。若空间基线大于 5927.746 m,表示两个数据失相干了。一般在应用中需要小于临界基线的十分之一
Range Shift (pixels) = 1.299 Azimuth Shift (pixels) = −0.372	数据在方位向、距离向的偏移量, 之后可以通过配准来校正
Absolute Time Baseline (Days) = 12	时间基线:两次拍摄的时间间隔
DopplerCentroid diff. (Hz) = −6.792 Critical min−max (Hz) = [−486.486]～[486.486]	主影像多普勒质心和从属影像多普勒质心之间的差异,若多普勒质心差高于脉冲重复频率(标记为"临界"值),则 SAR 影像对不适合干涉测量
2 PI Ambiguity height (InSAR) (m) = 328.028	2π 模糊高程(即一周期的相位变化对应的高程变化)。相位变化是周期性的,相位变化 2π 对应的高程变化量是 328.028 m。此参数越小,高程测量的精度越高,此参数与空间基线是反比关系

基线估算主要的计算结果	说明
2 PI Ambiguity displacement (D-InSAR)(m) = 0.028	对应于干涉条纹(2π 位移周期),该数字越大,检测微小位移的能力越粗糙。D-InSAR 的精度为 0.028 m
1 Pixel Shift Ambiguity height (StereoRadargrammetry)(m) = 27554.375	立体量测的精度为 27554.375 m
1 Pixel Shift Ambiguity displacement Amplitude Tracking(m) = 2.330	振幅偏移量测,做大的形变(完全失相干的形变,如滑坡、冰川移动等)的精度是 2.330 m
Master Incidence Angle = 41.231 Absolute Incidence Angle difference = 0.003	主影像入射角为 41.231°,主从影像相差 0.003°

最终结果:SAR 影像对可能适合干涉测量

对了评估基于 Sentinel-1A 数据提取矿区 DEM 的质量,以 SRTM 30 m 空间分辨率 DEM 为参照对象,两者对比图如图 8.5 所示。由于 SRTM 高程数据是 2000 年测绘而来,随着矿区采矿活动的增多,地表覆盖类型有所变化,故基于 Sentinel-1A 数据提取的 DEM 更能准确地描绘矿区的地形地貌特征。

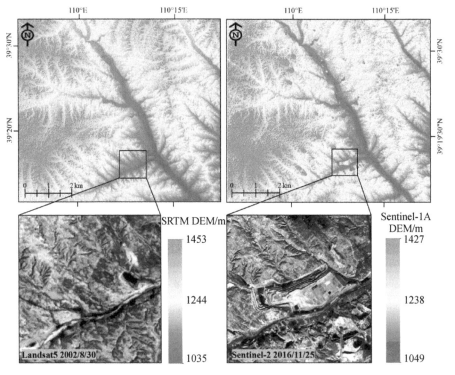

图 8.5　SRTM DEM 与基于 Sentinel-1A 提取的 DEM 对比

8.3.2　D-InSAR 监测矿区地表形变

D-InSAR 技术就是利用差分干涉处理并借助 DEM 数据消除干涉图中地形因素等的影响,从而提取出地表的形变信息，D-InSAR 数据处理的基本流程如图 8.6 所示，其主要步骤如下。

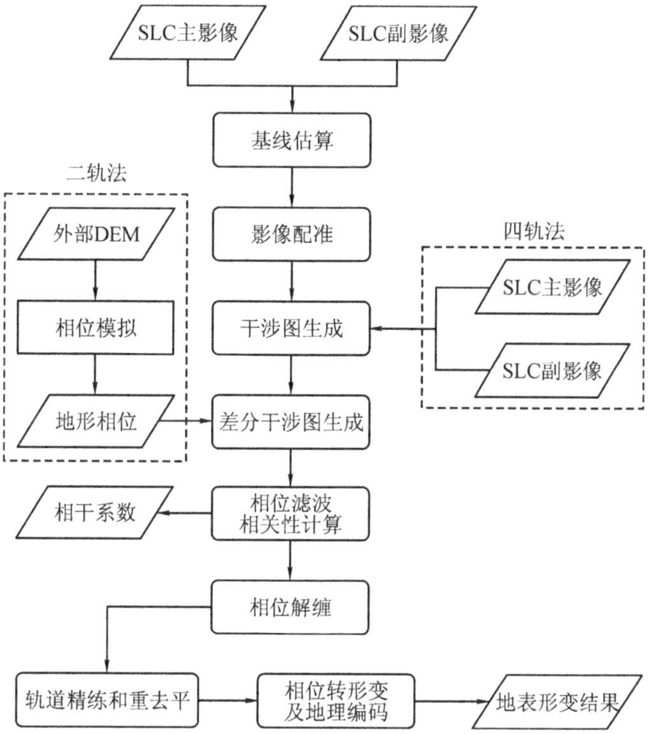

图 8.6　D-InSAR 数据处理基本流程

（1）影像裁剪。由于单幅 SAR 影像往往覆盖成千乃至上万平方公里的范围（如一景 Sentinel-1 IW 模式影像的幅宽为 250 km），数据范围可能远超过研究区，且 SAR 数据的数据量一般过大（如一景 Sentinel-1 IW 模式单极化影像的大小约为 4 GB），因此，为了节约存储空间和提高处理效率，需要对数据进行裁剪。目前主流的 InSAR 处理软件主要有两种裁剪方法：一是基于 SAR 坐标系数据裁剪；二是基于地理坐标系裁剪。两种方法都是首先确定研究区范围在不同坐标系下的坐标范围，即最大和最小经纬度（最大和最小行列号）。目前也有一些软件可以利用多边形进行数据裁剪（如 SARscape），进一步提高了数据处理效率。

（2）SAR 影像配准及重采样。由于卫星轨道姿态等的影响，无法保证两幅 SAR 影像完全重合，同一地物所在像元在两幅影像上所处的位置也不能完全一致。因此在干涉处理前，就必须对两幅影像进行精确配准，以保证干涉处理时同一地物所处像元完全对应。SAR 影像对配准质量的高低直接关系到差分干涉结果的好坏，因此，SAR 影像对配准是 D-InSAR 处理中至关重要的步骤。所谓配准就是计算主辅影像之间的坐标关系，并将辅影像进行重采样达到主影像大小，从而提高像对之间的相干性。影像配准可分为粗配准和精配准。一般先利用外部提供的轨道参数文件进行粗配准，再以粗配准的结果作为初始值，利用相关系数高于给定阈值的点进行多项式拟合，完成 SAR 影像对之间的精配准。在 D-InSAR 处理时，要求 SAR 影像对配准的精度达到亚像元级。

（3）干涉图生成及滤波处理。经配准得到满足精度要求的干涉像对后，对干涉像对进行共轭相乘，就可以得到干涉相位图，此时干涉相位含有地形信息和形变信息。由于 SAR 影像上存在着大量噪声，有时会淹没干涉信息，为了提高像元的信噪比，还需对干涉相位图进行滤波处理,常见的滤波方式有 Adaptive、Boxcar 和 Goldstein 滤波等。SAR 影像像元在距离向和方位向上的空间分辨率往往差异很大,因此,在滤波的同时要对像元进行多视,以获得近似正方形的像元(如 Sentinel-1 IW 模式 SLC 影像的距离向分辨率和方位向分辨率分别为 5 m 和 20 m,采用距离向视数为 1 和方位向为 4 就可以得到近似 15 m×15 m 的像元)。与此同时,得到干涉相位的质量评估参数(相干性系数影像),相干性系数为大于 0 且小于 1 的实数,相干性系数越大,干涉相位质量越好,测量结果越可靠。此时得到的干涉相位为 $2k\pi+\varphi$,φ 处于 $-\pi$ 和 π 之间,相位整周模糊度 k 还需要被确定。

(4)差分干涉图。干涉相位包含形变相位、平地相位(参考椭球体)和地形相位。先从干涉相位中去除已知参考椭球体相位,此时得到干涉图中干涉条纹与地形相关,地形越陡,条纹越密集。再将外部 DEM 转换到 SAR 坐标系下,接着按照高程相位转换系数,模拟地形相位。用由 SAR 影像对生成的干涉图减去 DEM 模拟生成的干涉图,就可以得到差分干涉图,此时干涉相位仅含形变信息,条纹越密集,形变越大,条纹越稀疏,形变越小。

(5)相位解缠。干涉相位只能以 2π 为模,所以只要相位变化超过了 2π,就会重新开始和循环。去除地形相位后得到的差分相位仍然位于 $-\pi$ 和 π 之间,需要通过相位解缠来得到整周模糊度 k,然后将整周相位加到差分相位上,得到最终的变形相位。然后对去平和滤波后的相位进行相位解缠,解决 2π 模糊的问题。相位解缠就是将相位从主值或相位差值恢复为其真实值的过程,在 D-InSAR 数据处理过程中占据着重要的地位。一般解缠算法有区域增长法、最小费用流法和不规则三角网方法等。其中,区域增长法主要作用于滤波后的干涉图,并且找出关键区域,如低相干区且有残点的地方,对这些关键区域不做相位解缠,该方法相当可靠,运行效率也非常高。最小费用流法是一个全局优化的方法,而且能够考虑输入数据中的缺陷(如低相干区域)。当解缠过程中因存在大面积低相干性时,应采用此方法,在这种情况下,最小费用流法比区域生长法能够获得更好的结果。另外,此方法处理中使用掩膜、自适应稀释和批处理技术,保证了高效、稳定的相位解缠,即使是处理大数据量的干涉像对也不会影响工作效率。不规则三角网方法与最小费用流类似,唯一的区别在于前者采用不规则三角形网格代替最小费用流法的正方形网格,且只对那些相干性良好的像素进行相位解缠。若图像中分布着几个低相干性区域(水体、植被密集区域等),此方法特别有效,在这种情况下,其他的解缠算法最终会产生相位孤岛或跳跃,而不规则三角网法能够最小化这些相位孤岛或跳跃。需注意的是,没有一个解缠算法是完美的,为了获得最佳解缠结果,需要结合实际情况选用合适的解缠算法。

(6)相位转为形变。解缠后的相位经过转换就得到相对于解缠起始点在沿 SAR 传感器视线方向的形变信息。

(7)地理编码。由于 SAR 影像特殊的成像方式(侧视成像),其距离向和方位向具有与光学影像截然不同的几何特征,雷达波返回的信息在投影到雷达传感器成像斜距平面时会产生地表信息的非线性压缩,尤其在地形起伏较大的区域,会产生明显的叠掩、透视收缩、阴影等现象。而且所得形变结果处于 SAR 图像坐标系下,无法与其他具有地理坐标的数据进行叠加分析。因此,需将形变结果从斜距投影转换为地理坐标投影。地理编码就是完成形变信息由斜距到地理坐标或投影坐标的转换。

在这里选取 2012 年 3 月 8 日及 2012 年 4 月 25 日的 RADARSAT-2 卫星多视精细模式 SLC 影像作为矿区地表形变提取的数据源,其极化方式为 HH 极化,标称分辨率为 8 m,入射角为 37°~47°。首先对两景 RADARSAT-2 SLC 影像进行基线估算,结果如表 8.6 所示,基线估算的结果显示上述两幅 SLC 影像适合干涉测量处理。

表 8.6　两景 RADARSAT－2 SLC 影像基线估算结果

基线估算主要的计算结果	说明
Normal Baseline (m) ＝ －56.822	空间基线:主从轨道之间的垂直基线。 在拍摄时两个传感器间隔的距离为 56.822 m
Critical Baseline min－max (m)＝[－9116.931]－ [9116.931]	临界基线:适用于干涉处理的最小和最大理论基线。若空间基线大于 9116.931 m,表示两个数据失相干了。一般在应用中需要小于临界基线的十分之一
Range Shift (pixels) ＝ 9.854 Azimuth Shift (pixels) ＝ －137.990	数据在方位向、距离向的偏移量,之后可以通过配准来校正
Absolute Time Baseline (Days) ＝ 48	时间基线:两次拍摄的时间间隔
DopplerCentroid diff. (Hz) ＝ 78.039 Critical min－max (Hz) ＝ [－2285.915] － [2285.915]	主影像多普勒质心和从属影像多普勒质心之间的差异,若多普勒质心差高于脉冲重复频率(标记为"临界"值),则 SAR 影像对不适合干涉测量
2 PI Ambiguity height (InSAR) (m) ＝ 406.101	2π 模糊高程(即一周期的相位变化对应的高程变化)。相位变化是周期性的,相位变化 2π 对应的高程变化量是 406.101 m。此参数越小,高程测量的精度越高,此参数与空间基线是反比关系
2 PI Ambiguity displacement (D-InSAR) (m) ＝ 0.028	对应于干涉条纹(2π 位移周期),该数字越大,检测微小位移的能力越粗糙。D-InSAR 的精度为 0.028 m
1 Pixel Shift Ambiguity height (StereoRadargrammetry) (m) ＝ 38985.650	立体量测的精度为 38985.650 m
1 Pixel Shift Ambiguity displacement (Amplitude Tracking (m) ＝ 2.662	振幅偏移量测,做大的形变(完全失相干的形变,如滑坡、冰川移动等)的精度是 2.662 m
Master Incidence Angle ＝ 48.023 Absolute Incidence Angle difference ＝ 0.002	主影像入射角为 48.023°,主从影像相差 0.002°

最终结果:SAR 影像对可能适合干涉测量

通过对两景 RADARSAT－2 SLC 影像进行配准、重采样、干涉图生成、滤波、差分干涉、相位解缠和地理编码等处理,最终得到 2012 年 3 月 8 日至 2012 年 4 月 25 日矿区 8 m 空间分辨率的地表形变量空间分布图(见图 8.7),由图可知,空间分布上,在沿 LOS 且远离 SAR 传感器方向上的区域主要位于矿区的中部和西部,形变量较大的区域主要位于各矿井边界内,主要是由矿区开采活动引起的。两个时期内矿区最大形变超过了 0.16 m,位于布尔台矿区与金凤寸草塔矿区的交界处。除此之外,还发现了矿井边界外的沉陷区,主要位于研究区的中北部地区。在沿 LOS 且靠近 SAR 传感器方向上的区域主要位于矿区的东部,主要是由于植被的变化引起的。从形变量频率直方图可以看出,形变量＜0 m 的区域占 18.25%,形变量在

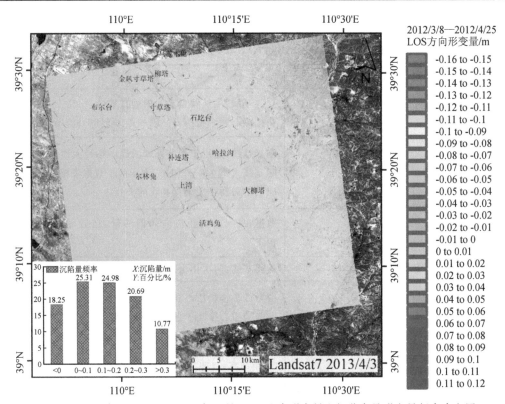

图 8.7　2012 年 3 月 8 日—2012 年 4 月 25 日地表形变量空间分布及形变量频率直方图

0~0.1 m、0.1~0.2 m、0.2~0.3 m 和 >0.3 m 的区域各占 25.31%、24.98%、20.69% 和 10.77%。

8.3.3　SBAS-InSAR 监测长时间序列地表形变

SBAS-InSAR 用于对相干目标提取时间序列地表变形,通过选择合适的空间基线和时间基线阈值组成差分干涉对,选择相干目标点利用线性相位变化模型进行建模和结算,并通过时空滤波去除大气延迟,在减小 D-InSAR 处理过程中的失相干影响及高程、大气误差的同时,获取地表的形变时间序列。利用 SBAS-InSAR 法监测地表形变最少需要三景影像,但是在低相干条件下,建议至少二十景影像以获得可靠的形变结果。

SBAS-InSAR 监测地表形变的基本步骤如下。

(1)影像裁剪及连接图生成。假设共有 $N+1$ 幅 SAR 影像,根据研究区对影像进行裁剪,然后根据一定的空间基线和时间基线选取原则,选择影像组合,生成 $\left(\dfrac{N+1}{2} \leqslant M \leqslant \dfrac{N(N+1)}{2}\right)$ 个干涉像对,并生成连接图。

(2)差分干涉图生成。将所有的影像与同一幅超级主影像进行配准,并将所有的影像数据重采样到主影像空间,然后按照连接图将 M 个像对进行干涉,得到 M 幅干涉图。为了抑制干涉图的斑点噪声,提高干涉图中每个像元的信噪比,对每一幅干涉图在距离向和方位向进行多视。利用外部 DEM 模拟地形相位,与干涉图进行差分,得到去除地形相位的差分干涉图,再使用高斯滤波器进行滤波,进一步降低信号噪声,同时得到像元相干系数,最后对高于一定相干性阈值的像元的相位进行相位解缠。

(3)地形相位去除。根据一定的先验知识和野外考察数据,在研究区选择一定数量具有高相干性的控制点,因为这些控制点被认为是稳定无变形的,所以选取的控制点必须远离变形区域,例如,高山峡谷区应尽量位于河谷底部。根据这些控制点的相位信息对初始解缠相位中的残余相位进行估计,并对残余地形相位进行去除。这里需要注意的是,对于 SBAS-InSAR 而言,地面控制点(Ground Control Point,GCP)的选择往往决定着最终形变结果的提取精度。可以从已有的底图上(高分辨率光学影像或 Google Earth 上)选择 GCP,也可以通过已有的点坐标(如已有的工程区形变结果)来生成 GCP 文件。用于地形相位去除的控制点选择条件为:①远离形变区域,选择地表稳定的像元,所选的像元默认形变为 0,一般选择硬质路面、十字路的交叉口、桥梁和屋顶等地基基本稳定的区域;②不能位于高频的残余地形相位上;③不能位于解缠错误的相位跃变上,即 GCP 要远离陡峭的地形区域和有残余地形相位的区域,当地形起伏大的山区,最好选择山谷底部的平地区域;④如果差分干涉图上存在规律的几何误差,如轨道纹,GCP 在满足上述条件的前提下,要分布于整幅影像,从而去除规律的相位误差;⑤如果需要使用同一组控制点用于同一地区不同轨道或者不同数据对,最好在数据的重叠区选择地理坐标的控制点。

(4)变形计算(第一次反演)。基于上一步得到的解缠相位,利用最小二乘法对变形在时间维上的低通成分和可能存在的伪地形进行估计和去除,得到改善以后的差分干涉图。将改善的差分干涉图对变形速率进行重新模拟计算,并对计算得到的残余相位再次进行解缠,将解缠后的残余相位和之前得到的变形在时间维的低通部分重新相加,得到每一幅差分干涉影像的精确变形相位。最后利用奇异值分解法对每个像元求最小二乘解,估计时间序列非线性变形及 DEM 误差。

(5)大气相位去除(第二次反演)。大气相位被认为是在空间上高相关和在时间上低相关。因此,先进行时间上的高通滤波,再进行空间上的低通滤波,就可以对大气相位进行估计和去除,最终得到精确的变形信息。

(6)地理编码。将所有处理结果都投影到选定的制图坐标系上。

选取 2015 年 12 月 24 日至 2017 年 2 月 28 日的 Sentinel-1 卫星 VV 极化 SLC 影像作为神东矿区长时间地表形变提取的数据源,共计 22 景影像。根据前面所叙述的 SBAS-InSAR 干涉方法,对所选取的 SAR 影像进行差分干涉处理和相位解缠,然后对形变时间序列进行建模和解算。其中,GCP 选点如图 8.8 所示。为了获取 2015 年 12 月 24 日至 2017 年 2 月 28 日的累积形变量,以 2016 年 6 月 Sentinel-2A 影像为底图,且 GCP 远离形变区,位于地势平坦的道路交叉口、屋顶等地区。最终得到神东矿区累计沉陷量空间分布图(见图 8.9),由图 8.9 可以看出,在 2015 年 12 月 24 日至 2017 年 2 月 28 日,在沿 LOS 且远离 SAR 传感器方向上,神东矿区内相对于解缠地面控制点的最大形变量约为 244.79 mm;在沿 LOS 且靠近 SAR 传感器的方向上,神东矿区内相对于解缠地面控制点的最大形变量约为 125.459 mm。

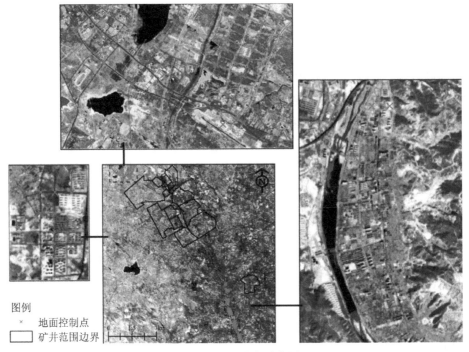

图 8.8　GCP 选点示意图

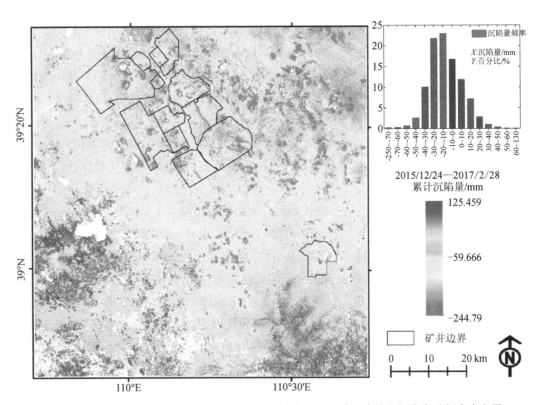

图 8.9　2015 年 12 月 24 日—2017 年 2 月 28 日神东矿区累计沉陷量空间分布及频率直方图

8.4　本章小结

　　本章主要介绍了矿区地质灾害的基础知识以及合成孔径雷达干涉测量的基本原理,并以神东矿区为例,介绍了 RADARSAT-2 卫星反演矿区 DEM 的适用性及 Sentinel-1 卫星反演矿区长时间序列地表形变的具体步骤。

本章参考文献

毕忠伟,丁德馨,2003. 地下开采对地表的破坏与防治[J]. 安全与环境工程,10(3):54-57.

何国清,杨伦,凌赓娣,等,1999. 矿山开采沉陷学[M]. 北京:中国矿业大学出版社.

何儒云,王耀南,毛建旭,2007. 合成孔径雷达干涉测量(InSAR)关键技术研究[J]. 测绘工程(5):53-56.

侯忠杰,肖民,张杰,等,2007. 陕北沙土基型覆盖层保水开采合理采高的确定[J]. 辽宁工程技术大学学报,26(2):161-164.

李振洪,张宇星,张勤,等,2019. 卫星雷达遥感在滑坡灾害探测和监测中的应用:挑战与对策[J]. 武汉大学学报(信息科学版),44(7):967-979.

钱鸣高,2005. 对中国煤炭工业发展的思考[J]. 中国煤炭,31(6):5-9.

钱鸣高,许加林,缪协兴,2003. 煤矿绿色开采技术[J]. 中国矿业大学学报,32(4):343-348.

任坤,2005. 基于星载合成孔径雷达干涉测量技术的数字高程模型生成研究[D]. 南京:南京理工大学.

杨魁,杨建兵,江冰茹,2015. Sentinel-1 卫星综述[J]. 城市勘测(2):24-27.

张景发,李发祥,刘钊,2000. 差分 InSAR 处理及其应用分析[J]. 地球信息科学,2(3):58-64.

张庆君,韩晓磊,刘杰,2017. 星载合成孔径雷达遥感技术进展及发展趋势[J]. 航天器工程,26(6):1-8.

钟晓春,2020. 基于 InSAR 技术的矿区沉降监测研究进展[J]. 测绘与空间地理信息,43(2):178-181.

朱建军,李志伟,胡俊,2017. InSAR 变形监测方法与研究进展[J]. 测绘学报,46(10):1717-1733.

朱武,张勤,赵超英,等,2010. 基于 CR-InSAR 的西安市地裂缝监测研究[J]. 大地测量与地球动力学,30(6):20-23.

AMELUNG F, GALLOWAY D L, BELL J W, et al, 1999. Sensing the ups and downs of Las Vegas:InSAR reveals structural control of land subsidence and aquifer-system deformation[J]. Geology,27(6):483.

BERARDINO P, FORNARO G, LANARI R, et al, 2002. A new algorithm for surface deformation monitoring based on small baseline differential SAR interferograms[J]. IEEE Transactions on Geoscience & Remote Sensing,40(11):2375-2383.

COSTANTINI M, FALCO S, MALVAROSA F, et al, 2008. A new method for identification and analysis of persistent scatterers in series of SAR images[C]// IEEE International Geoscience & Remote Sensing Symposium IEEE.

FERRETTI A, FUMAGALLI A, NOVALI F, et al, 2011. A new algorithm for processing interferometric data-stacks: SqueeSAR[J]. IEEE Transactions on Geoscience and Remote Sensing, 49(9): 3460 - 3470.

FERRETTI A, PRATI C, 2000. Nonlinear subsidence rate estimation using permanent scatterers in differential SAR interferometry[J]. IEEE Transactions on Geoscience and Remote Sensing, 38(5): 2202 - 2212.

HOOPER A, ZEBKER H, SEGALL P, et al, 2004. A new method for measuring deformation on volcanoes and other natural terrains using InSAR persistent scatterers[J]. Geophysical Research Letters, 31(23): 1 - 5.

LI X, YEH A G, 2004. Multitemporal SAR images for monitoring cultivation systems using case-based reasoning[J]. Remote Sensing of Environment, 90(4): 524 - 534.

LIU G, JIA H, NIE Y, et al, 2014. Detecting subsidence in coastal areas by ultrashort-baseline TCPInSAR on the time series of high-resolution terraSAR-X images[J]. IEEE Transactions on Geoscience and Remote Sensing, 52(4): 1911 - 1923.

MATTHEW G, 2017. On the design of radar corner reflectors for deformation monitoring in multi-frequency InSAR[J]. Remote Sensing, 9(7): 648.

RAZI P, SUMANTYO J T S, PERISSIN D, et al, 2018. Long-term land deformation monitoring using Quasi-Persistent Scatterer (Q-PS) technique observed by sentinel - 1A: case study Kelok Sembilan[J]. Advances in Remote Sensing, 7(4): 277 - 289.

ROSI A, TOFANI V, AGOSTINI A, et al, 2016. Subsidence mapping at regional scale using persistent scatters interferometry (PSI): the case of Tuscany region (Italy)[J]. International Journal of Applied Earth Observation and Geoinformation(52): 328 - 337.

SCHMIDT D A, 2003. Time-dependent land uplift and subsidence in the Santa Clara valley, California, from a large interferometric synthetic aperture radar data set[J]. Journal of Geophysical Research Solid Earth, 108(B9): 2416.

TIAN X, LU L, LIAO M, et al, 2007. Monitoring urban subsidence with coherent target analysis method[J]. The International Society for Optical Engineering, 6787(A):1 - 8.

WERNER C, WEGMULLER U, STROZZI T, et al, 2004. Interferometric point target analysis for deformation mapping[C]// 2003 IEEE International Geoscience and Remote Sensing Symposium IEEE.

ZEBKER H A, ROSEN P A, HENSLEY S, 1997. Atmospheric effects in interferometric synthetic aperture radar surface deformation and topographic maps[J]. Journal of Geophysical Research, 102(B4): 7547.

第9章 矿区土地复垦

中国人多地少,土地资源短缺,每年因各种人为活动和自然灾害损毁的土地达到百万亩之多,因此,土地复垦已经成为中国一项十分紧迫的任务。矿山土地复垦是依据生态学、土地经济学、环境科学、测绘学、土壤学及区域规划等理论,结合采矿工程特点,对采矿过程中各种人为活动和自然灾害损毁的土地,采取整治措施,使其恢复到可供利用状态的活动。近几十年来,随着遥感技术的飞速发展,众多国家开始利用卫星遥感影像获取并监测矿区的土地复垦情况,这使得遥感技术在矿区复垦与环境监测方面的应用经历了从低空间、低光谱分辨率到高空间、高光谱分辨率的发展过程。本章将介绍土地复垦的基础知识和工艺技术,并且论述一些遥感技术在土地复垦上的应用。

9.1 土地复垦基础知识

9.1.1 土地复垦定义与内涵

欧美常用 restoration(复原)、reclamation(复垦)和 rehabilitation(重建)三个词语来描述土地复垦。"复原"(restoration)是指复原破坏前所存在的状态,这里包括重新修复破坏前地形、复原破坏前地表水和地下水以及重新建立原有的植物和动物群落。"恢复"(原译为"复垦")(reclamation)是指将破坏的地区恢复到近似破坏前的状态,主要包括近似地恢复破坏前的地形,植物和动物群落也恢复到近似破坏前的水平。"重建"(rehabilitation)是根据破坏前制订的规划,将破坏土地恢复到稳定的和永久的用途,这种用途可以和破坏前一样,也可以在更高的程度上用于农业,或者改作游乐休闲或野生动物栖息区。假如改变用途,新的用途必须对社会更有利(胡振琪,2008)。关于"土地复垦"一词,美国常常用 reclamation 表示,加拿大和澳大利亚习惯用 rehabilitation 表示,英国则一般用 restoration 表示(胡振琪,2000)。目前越来越多的专家认为这三个词具有相同的含义,国外常常用这三个词语中的一个代表其他词以表示所有的"恢复"工作。美国将土地复垦定义为"将已采完矿的土地恢复成管理当局批准使用后土地的各种活动";澳大利亚认为土地复垦的概念为"必须使被扰动的土地恢复到预先设定的地表形式和生产力,使场地有一个新的可持续的不同用途的工艺过程"(卞正富,2000);苏联认为土地复垦是"指在受工业影响的土地上,采取有计划的创建和加速形成具有高生产力的、高经济价值的采矿技术、生物、工程、土壤改良及生态学综合措施,恢复土地"(李宗禹,1996)。从国外土地复垦的定义可以看出,土地复垦是以生态保护为主要目的,其内涵十分广泛,侧重于生态重建或生态恢复,不仅要求恢复土地的使用价值,而且还要求恢复场所保持环境的优美和生态系统的稳定。因此国外在土地复垦工作中,做得最多的就是植被恢复的工作。

1988 年 11 月,我国国务院颁布了《土地复垦规定》,"土地复垦"一词被确定下来。有了专门的法规,矿区土地复垦理论研究也开始活跃起来。由于新中国成立后很长一段时间,中国还是相对贫穷且人口众多的国家,为了解决温饱问题,粮食安全和耕地保护就成为首要关心的问题,因此,当时对破坏土地的复垦基本以恢复耕地为目标。在土地复垦的实践中,也将因地制宜,宜农则农、宜林则林、宜渔则渔、宜牧则牧作为基本原则,这就是所谓的"狭义的土地复垦",实际就是纯粹的"土地问题"。经过十多年的复垦实践,特别是中国加入 WTO 以后,与欧美国家在土地复垦方面的合作与交流逐渐增多,土地复垦的内涵也在不断变化。目前我国的土地复垦目标与内涵难以适应现实需要。"土地复垦"应该是对损毁的土地和环境进行修复,实现土地使用价值和生态环境的双恢复,属于"大环境问题",而不仅仅是恢复耕地(胡振琪,2004)。例如,1988 年国务院修订的《土地复垦规定》第二条规定,土地复垦,是指对在生产建设过程中,因挖损、塌陷、压占等造成破坏的土地,采取整治措施,使其恢复到可供利用状态的活动。该规定将工业生产破坏地作为土地复垦研究对象。直观地理解这三类复垦对象均是工业生产过程中直接破坏的,而工业生产间接破坏的土地,如地下水位的下降或上升、含水层的疏干与破坏、周边地区土壤的污染等,则没有纳入复垦的范畴。结果在复垦工作中,研究对象单一。此外,中国大量的自然灾害损毁土地也急需复垦,但按照定义,自然灾害损毁的土地不属于土地复垦的范畴,如何界定呢? 其实,出现这些问题的关键在于对土地复垦内涵的理解单一。2011 年国务院第 145 次常务会议通过的《土地复垦条例》规定:土地复垦是指对生产建设活动和自然灾害损毁的土地,采取整治措施,使其达到可供利用状态的活动。与之前的概念相比,土地复垦的对象、目标和内涵均有所拓展。复垦对象上,从过去的各种因损毁、塌陷、压占破坏的土地,扩展为各种人为活动和自然灾害损毁的土地。复垦的内涵上由过去偏重土地整治工程,扩展为土地整治的生物措施、复垦土地的景观恢复、土地生态系统的生物多样性、土地质量和土地生产效能与效益的恢复。基于对土地复垦的这种拓展,我们可以发现,广义的矿区土地复垦与矿区生态环境修复的内涵并无差异,这对促进矿山土地复垦与国际接轨具有重要的意义。有学者针对现代土地复垦所期望实现的目标对土地复垦给出如下定义:"按照土地利用原理结合矿区开采后土地破坏特点,对挖损、塌陷、压占的土地采取工程和生物措施,恢复土地的生产力和矿区生态平衡的活动。"(胡振琪,2008)由此可见,工矿区的土地复垦应当结合矿区采矿的具体工程特点,应该将复垦工作视为采矿业的一个并行体来实施,二者要同步进行;而对采矿后破坏的土地要结合之前的采矿方式和土地破坏的类型以及程度来做出复垦方案,选择复垦模式。

9.1.2 生态学基础

1. 生态系统的基本概念

生态系统就是在一定空间中共同栖居着的所有生物(即生物群落)与其环境之间由于不断地进行物质循环和能量流动过程而形成的统一整体。地球表面上各种不同的生态系统,不论是陆地还是水域,大的或小的,一个发育完整的生态系统的基本成分都可概括为生物成分(生命系统)和非生物成分(环境系统)两大部分,包括生产者、消费者、分解者和非生物环境四种基本成分。如图 9.1 所示。

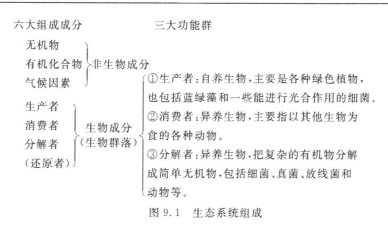

图 9.1　生态系统组成

2. 生态系统的结构

生态系统的结构是指生态系统中生物和非生物的诸要素在时间、空间和功能上分化与配制而形成的各种有序结构。生态系统的结构是生态系统功能的基础，通常可以分为形态结构、营养结构两大类。

①生物系统的形态结构，也称之为时空结构，它是指生态系统中的组成要素或其亚系统在时间和空间上的分化与配制所形成的结构。

②生态系统的营养结构，指生态系统中各种生物成分之间或生态系统中各生态功能群——生产者、消费者和分解者之间通过吃与被吃的食物关系以营养为纽带依次连接而成的食物链结构，以及营养物质在食物链网中不同环节的组配结构。

3. 生态系统功能

（1）生态系统的能量流动。植物通过光合作用所同化的第一性生产量成为进入生态系统中可利用的基本能源。这些能量遵循热力学基本定律在生态系统内各成分之间不停地流动或转移，使得生态系统的各个功能得以正常运行。能量流动从初级生产在植物体内分配与消耗开始。

（2）生态系统的物质循环。生态系统从大气、水体和土壤等环境中获得营养物质，通过绿色植物吸收，进入生态系统，被其他生物重复利用，最后再归入环境中，这称为物质循环，又称为生物地球化学循环。在生态系统中，能量不断流动，物质不断循环。能量流动和物质循环是生态系统中的两个基本过程，正是这两个过程使生态系统各个营养级之间和各种成分（非生物和生物）之间组成一个完整的功能单位。

（3）生态系统的信息流动。生态系统的功能除体现在生物生产过程、能量流动和物质循环过程以外，还表现在系统中各生命成分之间的信息传递。生态系统中包含多种多样的信息，大致可以分为物理信息、化学信息、行为信息和营养信息。

（4）生态系统平衡。生态平衡是生态系统在一定时间内结构与功能的相对稳定状态，其物质和能量的输入、输出接近相等。在外来干扰下，生态系统能通过自我调节（或人工控制）恢复到原初稳定状态。当外来干扰超越生态系统自我调节能力，而不能恢复到原初状态谓之生态失调，或生态平衡的破坏。生态平衡是动态的，维护生态平衡不只是保持其原初状态。生态系统在人为有益的影响下，可以建立新的平衡，达到更合理的结构、更高效的功能和更好的生态效益（胡振琪，2008）。

9.1.3　土地复垦的特点

土地复垦是一项复杂的技术性要求很高的综合性工作，就我国目前的开展过程来看，其具有综合性、技术性、系统性、地域性、多样性的特点（姜永彬，2011；陈秋计，2018）。

1. 综合性

土地复垦具有明显的多学科性，涉及地质学、农学、林学、生物学、环境科学等自然科学，涉及采矿技术、生态工程、水土保持等技术科学，以及人口学和经济学等社会科学。土地复垦将各学科中的相关内容融为一体，并结合实际形成新的理论知识。同时，土地复垦的多学科性决定了土地复垦工作需要多个部门的协调配合。

2. 技术性

土地复垦对技术的要求很高，既包括宏观领域的技术，又包括微观领域的技术；既包括工程复垦技术，又包括生物复垦技术。土地复垦工作不仅对技术实施过程的要求很高，而且还对实施后所达到的效益要求很高。因此，在开展土地复垦工作时，要充分考虑到复垦工作的各个技术环节，并在技术上不断完善，不断创新，以达到经济效益、社会效益和生态效益的统一。

3. 系统性

土地复垦的一个重要目的就是恢复区域内的生态系统平衡，恢复生态环境。同时，土地复垦的各个工作环节也相互影响、相互制约，每个环节都直接或间接影响着区域内的生态恢复情况。因此，土地复垦的系统性决定了土地复垦工作要准确把握好各个因子之间的相互联系，正确处理好各个环节的相互关系。

4. 地域性

我国幅员辽阔，具有多种地形地貌，因此，土地复垦具有鲜明的地域性特点。对于不同的地区，土地复垦的模式和手段不同，复垦时间和复垦后的效果（收益）也不相同。

5. 多样性

土地复垦多样性常常表现为复垦手段的多样性和损毁土地类型的多样性。土地复垦的手段主要包括两个大的方面，即工程复垦技术手段和生物复垦技术手段。工程复垦技术手段包括土地平整、土地整形、土地保护、充填复垦、土地重构等技术，生物复垦技术手段包括土壤改良、植被恢复、菌根技术等。损毁土地的类型主要有：一是各类工矿企业在生产建设过程中挖损、塌陷、压占等造成损毁的土地；二是因道路改线、建筑物废弃、村庄搬迁以及垃圾压占等而遗弃荒废的土地；三是农村砖瓦窑、水利建设取土等造成的废弃坑、塘、洼地；四是工业污染造成的废弃土地；五是交通、水利等各类工程建设临时占用、挖损的土地。目前，我国主要以矿山土地损毁为主。

9.1.4　土地复垦的原则

自21世纪以来，土地复垦的概念发生了根本性的变化。从"事后复垦"和"末端治理"发展到"源头控制、过程管理"和"源头控制、预防与复垦相结合"（蔡海生，2015）。陈秋计等（2018）在《土地复垦技术与方法》中总结了有关复垦的4条基本原则：①《土地复垦条例》第三条规定的"谁损毁，谁复垦"是基本原则，由生产建设单位或者个人负责复垦。②因地制宜、优先复垦为农用地的原则。土地复垦要根据损毁区的特点、破坏程度及适宜性确定其复垦后的类型,宜农则农、宜牧则牧、宜林则林、宜建则建,将损毁土地恢复利用。另外,对于可复垦为农用地的,要优先复垦为农用地。③统一规划生产建设与复垦的原则。土地复垦不能走先建设后复垦的道路,应该将土地复垦工作与生产建设统一规划,在进行生产建设的同时进行土地复垦,这样可实现成本降低和资源充分利用双赢。④经济、生态与社会效益相结合的原则。土地复垦应该立足长远,充分考虑长远利益,要保证区域土地资源合理利用与生态安全,农、林、牧配制适当,保障农业生态系统内部的结构合理,达到社会、经济和生态效益的统一和最优化。

9.1.5　矿区土地复垦措施

矿区土地复垦,它不只是简单地采用工程措施治理的方式或采用植被措施治理的方式,更重要的是采用工程、植被、生物等多种治理措施相结合的生态环境综合工程。一贯采用的土地复垦方法有两种:工程复垦和生物复垦。

工程复垦以工程技术手段为主,采空区主要采用回填、覆土等整理技术,针对排土场、废弃物压占地一般采用机械进行土地平整,采用调整和固定边坡等技术,并在此基础上,对植被采用穴植、条植的技术进行土壤改良,植被一般依据当地的气候和环境条件选择适宜的、速生的品种。

生物复垦是对已破坏的土地完成工程措施后,采用农业技术和改进水利等措施,提高土地肥力和稳定植被的活动。其任务是根据复垦地区的利用方向来决定采取相应的生物措施以维持矿区的生态平衡,核心是迅速建成人工植被群落。生物复垦的主要措施有:肥化土壤、恢复沃土、建造农林附属物、选择耕种方式及耕作工艺、优选农作物及树种等(赵景边,1996)。

1. 工程复垦技术

我国依据自然条件、采矿方式等的不同将土地复垦的类型分为四种,即露天开采对土地挖损以及外排土场的占地复垦、井工开采造成的土地塌陷复垦、地裂缝的复垦、固体废弃物压占土地的复垦(侯晓丽,2010)。我国煤炭开采以井工开采为主,而国外大多采用露天开采方式,这就决定了我国与其他国家在复垦方法和复垦理论方面存在着巨大差异。

露天开采是将地面或者地层在垂直方向上连续挖去具有一定水平投影面积和一定深度的部分岩石和土体,使地面变成凹形或者坑状的再塑地貌类型。同时被剥离的岩石或者土体堆置在排土场,占有一定的土地资源,这部分堆积物也可能含有有害物质,且本身也会有一定损耗。挖损地貌最好的复垦方法是使用其他物料填充使地貌变平,可以结合矿区实际情况选择煤矸石、粉煤灰、污泥来进行填充,但是这部分物料含有一定的有害物质,复垦后土地贫瘠,不利于生态恢复。为了兼顾矿区的可持续发展,为后期生物复垦奠定基础,常采用的工程复垦工艺有:①采矿与复垦同步进行。在采矿场布置两个及以上的采区,在此基础上沿着矿体走向再分出采场,将复垦与剥离交替进行,避免二次搬运。②表土的剥离和贮存。挖损前保留表土,表土含有丰富的有机质和养分,有利于恢复农田土壤,将表土覆盖在另一个已经填埋的采区,避免了搬运和表土污染。③覆盖表土。可以将开采过程中形成的表土和底土采用先底土后表土的方式进行填埋,恢复原来地表形态;避免运输,节省人力物力。④排弃表土处理和覆土厚度确定。表土保留与否取决于表土的性质特征、数量和复垦后土地用途。若处理改良覆盖物或其他表土替代物的成本代价超过剥离存储表土加二次搬运的费用,一般是保留表土。根据费用效益分析方法,覆土厚度可以按照最大效益的原则来确定(孙宝志,2004),即

$$\text{Max} = \sum_{t=1}^{n} \left[(E - C_a)(1 + i)^{-t} \right] - C_0 \tag{9.1}$$

式中：E 为复垦土地单位面积年收益,单位为元/年;C_a 为复垦土地单位面积年管理费或经营费用,单位为元/年;C_0 为单位面积覆土费用,$C_0 = kh$,h 为覆土厚度,k 为单位厚度单位面积的覆土费用,单位为元/年;t 为计算期,单位为年;i 为基准收益率。

露天开采以及挖损土地过程中产生了大量的剥离物,占用了大面积的土地。被剥离的土岩混合物集中堆放到一个特定的区域,就会形成排土场。排土场又可分为内排土地和外排土场,据调查计算,露天开采外排土场占压土地约为挖损破坏土地的 1.5~2.5 倍,平均为 2.0 倍左右(董志明,2007)。排土场堆置容易造成大气、水体污染,还可能会带来滑坡、泥石流、水土流失等一系列危害。排土场的工程复垦是以土壤重构原理为依据。土壤重构原理是指在分析土壤破坏前的构成状况及其特性的基础上,对采场覆盖物进行分层剥离,通过合理的复垦手段将剥离的岩土按其组成成分、种类进行分层有序的堆置,构造出一种最有利于植物生长的土壤,并且使新构造的地形与周围景观相协调。其作业过程一般为:表土采集堆存→废石排弃压实→表土覆盖→土地整形(高更君,1999)。需要注意的是,尽量把排土场场址选在有利于地基稳定的地段,经过压实的土地由于缺少植被的固定,十分容易发生水土流失、滑坡、泥石流等灾害,因此,必须合理确定排土场的边坡角及不同性质岩土的配置和堆垫方式。在排土场的堆垫过程中,还应该同时采取围堰、覆盖、打坝、设置排水渠道等水土保持工程措施防止水土流失。

采煤塌陷是指由于井下煤炭的开采,引发的煤炭上覆盖岩层和地表的下沉,导致大量土地沉陷的现象(冯少茹,2005)。采煤塌陷地容易导致矿区土地的荒芜、生态环境恶化、自然生态失衡,使矿区的地形地貌发生变化,从而造成矿区土地贫瘠与养分流失、粮食减产,对矿区人民的生产、生活造成了很大的损失。可以根据矿区条件将塌陷区分为山地、丘陵地区、低潜水位平原地区、高潜水位平原地区;根据矿区塌陷程度分为轻、中、高度塌陷;根据塌陷区稳定程度分为已稳定、不稳定、待塌陷区(王巧妮,2008)。由于塌陷区种类不同,可以采用不同的复垦方式,例如,对于塌陷深度较浅、无常年积水或季节性积水的已稳定的塌陷区或者已稳定的深度较大的塌陷边坡地带,可以采用充填复垦的方式将塌陷地复垦为农业用地;对于有常年积水的已稳定的深层塌陷地,可以充分利用积水优势,复垦为鱼塘发展水产养殖;等等。目前,我们在采煤沉陷地经常用到的复垦技术有挖深垫浅复垦技术、充填复垦技术、生态工程复垦技术、泥浆泵充填复垦技术等。

地裂缝是煤炭开采后地表破坏的形式之一。地裂缝既可能是由于开采塌陷裂隙在地表延伸而形成,即地下采空在上覆岩体中形成裂隙带,裂隙向上延伸发展,在地表土体中形成地裂缝;也可能是由于地表土体的不均匀沉降诱发而形成,即受采空影响,形成上覆岩层的不均匀塌陷,从而使地表土体发生破坏变形,形成地裂缝。当地裂缝的发育规模和活动量达到了一定水平时,就会对处在其影响范围内的建筑或构筑物造成不同程度的破坏,并且降低土地的使用价值,形成地裂灾害(贠慧星,2007)。根据开采沉陷理论与方法,采煤地裂缝主要区分为边缘裂缝和动态裂缝。边缘裂缝一般在开采工作面的外边缘区,动态裂缝位于工作面上方地表,平行于工作面,并随着工作面的推进不断产生和闭合(胡振琪,2014)。目前,裂缝恢复的技术主要是人工修复,如对裂缝进行扩口充填、裂缝充填与微生物注浆技术、裂缝充填与植物扦插恢复方法、高水材料地裂缝充填等,这些技术对于快速消除裂缝和恢复生态具有良好的效果和实用价值。然而,实施这些人工修复措施成本高,而且裂缝恢复的经济效益不明显,这使得人工恢复技术难以被广泛采用和实施。考虑到采矿沉陷后土地裂缝分布零散、数量众多,全部实施人工修复策略是不现实的。实际上,裂缝在自然状态下,经过水力侵蚀和重力作用,也能逐渐愈合恢复。因而,在矿山土地复垦和生态修复中,较为现实的是一部分裂缝采用自然恢复的策略。

固体废物概括起来主要分为两类:一类是尾矿,即在选矿加工过程中排放的固体废物,其储存场地称为尾矿库;另一类是剥离的废石,即在开采矿石过程中剥离出的岩土物料,堆放废石地称为排土场。尾矿堆存需要占用大量土地。随着老的尾矿库闭库,新的尾矿库不断增加,必将占用更多土地。固体废物堆场如此大面积占地,尽管多为山坡地,但对植被的破坏仍然是十分严重的;不仅如此,堆场压占土地,还会破坏地貌,造成水土流失和土壤涵养功能的衰减与退化;堆场物料的长期流失还会进入河谷,这些都可能使生态环境失衡。矿山固体废物处理是指采用合理、有效的工艺对矿山固体废物进行加工利用或直接利用,主要包括:作为二次资源,对含有的有价元素进行综合回收;将其作为一种复合的矿物材料,用以制取建筑材料、土壤改良剂、微量元素肥料,作为地下充填开采方法中采空区的充填料等。对于产生的矿山固体废弃物,应遵循"减量化、资源化、无害化"原则,顺序处理。

2. 生物复垦技术

目前的矿区土地复垦手段中工程复垦措施占比较大,但是费用也较高。生物复垦是工程复垦的延续,是土地复垦过程中不可分割的一部分。生物复垦的基础是土壤,利用工程复垦技术恢复采区土壤条件后,我们就可以进行生物复垦,快速恢复植被,从而有效地控制水土流失,改善矿山的生态环境。植被的恢复,可以通过两种途径来实现:第一,改地种树,通过人为干预,使得土壤条件能够适应特定的树种;第二,选树种地,根据土壤实际条件,选择先锋植物,逐渐改善土壤条件。对土壤的改良,主要分为 pH 酸碱度的改良、营养元素的补充、有机质的补充、粒度的改善、容重的改善等(李靖,2016)。对于复垦区作物选择,一般依据当地的气候和土壤条件,通过实验室模拟种植实验、现场种植实验、经验类比方法选择确定。

土壤改良的关键是要真正从修复生态系统功能的角度来综合考虑土壤生态系统的稳定性和可持续性,传统的土壤改良可采用绿肥法、施肥法、客土法、微生物法、化学法等。绿肥法是在复垦区种植绿肥作物,成熟后将其翻埋到土壤中去增加土壤养分,改善土壤理化性状。绿肥作物多为豆科植物,含有丰富的有机质和氮、磷、钾元素。施肥法就是以增施有机肥料来提高土壤的有机质含量,改良土壤结构和理化性状,提高土壤肥力。客土法是对过砂、过黏土壤,采用"泥入砂、砂掺泥"的方法,调整耕作层的泥沙比例,以达到改良质地、改善耕性、提高肥力的目的。微生物法就是利用微生物接种优势,对复垦土壤进行改良的一种方法。化学法主要用于酸碱性土壤改良,用一些化学试剂来中和土壤酸碱性,从而使土壤更适应于植物的存活(李树志,1995)。

煤矿区各种限制性因子往往并非一般性措施可以完全克服,有时立地条件改良并非能获得理想的结果,使其完全适应植物的生长。在这种情况下,要根据煤矿区待复垦土地的立地条件选择或引进对各种限制因子较少的先锋植物首先定居,随着先锋植物的生长、繁殖以及生境逐渐得以改善,同时其他植物种也会逐渐侵入,如生长不受限制,最终将煤矿区建设成为稳定的生态群落(孙翠玲,1999)。生物复垦所选种的树种或牧草,首先要考虑如复垦目标、场地条件、气候环境条件、社会经济条件等多方面对植树种草的综合要求,然后根据这些要求来考察、选择树种和草种,以求取草木生态学特性与立地条件的最好统一,获得较高的生态和经济效益。树种的选择通常遵循以下原则:①根系发达,生长快,适应性强,抗逆性好;②优先选择固氮树种;③播种栽培较容易,成活率高;④尽量选择当地优良的乡土树种和先锋树种,也可以引进外来速生树种;⑤选择树种时不仅要考虑经济价值高,更主要是树种的多功能效益。目前煤矿区复垦较为适宜的树种有紫穗槐、洋槐、杨树、沙棘等。例如,方瑛(2016)以黑岱沟露天煤矿排土场不同植被恢复方式下复垦土壤为研究对象,主要分析了沙棘、紫穗槐、杨树和沙棘杨树混交林以及玉米这 5 种人工植被下土壤的基本理化性质和蔗糖酶、脲酶、碱性磷酸酶这 3 种水解酶的活性,发现植被中沙棘作为该排土场复垦造林树种具有一定的优势,能提高土壤碳氮肥力并显著降低复垦土壤的容重。赵萍(2014)选取拉萨地区人工种植的紫穗槐为研究对象,探讨灌丛内与灌丛外土壤各种形态氮素、全磷、有机碳的含量特征及土壤 pH 的差异,发现灌丛内种植紫穗槐能有效提高土壤营养元素含量,为紫穗槐在青藏高原高效育种打下了良好的基础。毕银丽等(2014)在紫穗槐根部接种 AE 真菌,发现紫穗槐的生长状况和根系发育情况都得到了提高,该研究将微生物复垦和植被复垦很好地结合在一起,大大提高了矿区生态恢复速度。由此可见,利用不同种类的人工植物群落的整体结构,可以增加植被覆盖度,减缓地表径流,拦截泥沙,调蓄土体水分,防治风蚀及粉尘污染,并且植物的根系可以和其他物质发生化学作用,改变下垫面的物质、能量循环,促进废石渣的成土过程。

(a)排土场坡面复垦前后

(b)压占地复垦前后

图 9.2　复垦后的土地面貌

生物复垦技术是对工程复垦后的土地做进一步的恢复(见图 9.2),它可以克服工程复垦所造成的不利影响,促进土壤和植被恢复,维持生态系统的稳定,有益于工农业的持续发展。在今后的工作中,如何进一步提高工程复垦和生物复垦效益将是持续待研究的一个热点。

9.1.6　复垦后土地用途

矿山土地复垦后的利用一直是国土资源工作面临的突出问题,大面积矿地如果采用单一的治理模式,企业既缺乏积极性,地方财政也负担不起(董祚继,2016)。因此,对于复垦后的矿地,应当按照“宜建则建、宜耕则耕、宜林则林”的基本思路来进行治理,为此,复垦后的矿山可以用作以下用途:①森林;②牧草地;③农田;④野生生物栖息地;⑤娱乐用地;⑥商业用地;

⑦水利及水产养殖;⑧综合利用。

9.2　土地复垦研究进展

9.2.1　国外土地复垦研究进展

美国、苏联、德国、澳大利亚等矿产资源储量丰富的国家,土地复垦率达到了 50% 以上,取得了为世人所瞩目的成就,其中的关键在于他们建立了一套较为完善的土地复垦制度。20 世纪初,在有关法律法规支持和资金得到保障的同时,他们探索出了合理的复垦技术并完善了相关理论,但有针对性、大规模地进行土地复垦研究工作是在近 30 多年。1939 年,美国的西弗吉尼亚州颁布了第一部管理采矿的法律——《复垦法》(*Land Reclaim Law*),州矿业主管部门被指定为实施这部法律的唯一管理机构。1975 年,美国已有 34 个州制定了相关土地复垦法规(于左,2005)。1977 年 8 月 3 日,美国国会通过并颁布第一部全国性的土地复垦法规——《露天采矿管理与复垦法》,这是一部全国性的、可适用于各行业部门的土地复垦法规,在全美建立了统一的露天矿管理和复垦标准,使美国露天采矿管理和土地复垦走上了法治轨道,该法规在 1990 年和 1992 年又经历了两次较大规模的修改和完善(Kenney,1977)。在此之后,美国又相继颁布了《矿山租赁法》《联邦煤矿卫生和安全法》《国家环境政策法》《矿业及矿产政策法》等重要法规,这些法规规定并限制了复垦的每个环节,使得复垦工作有迹可循。美国主要在露天矿的复垦(特别是煤矿)、对复垦土壤的重构与改良、再生植被、侵蚀控制以及农业、林业生产技术等方面有较深入的研究,对矿山固体废弃物的复垦、复垦中的有毒有害元素的污染和采煤塌陷地复垦等方面的研究也予以极大的关注。近年来,美国对生物复垦和复垦区的生态问题也给予了高度重视,成为新的热点。为了加快生态恢复的速度,美国很多矿区选择不同树种组合种植、植物与草组配等方法,进行了植被重建,保障植物、动物等生物多样性。与此同时,科学技术的进步使得 RS、GIS、GPS 等技术的应用领域不断扩展,在土地复垦工作中也逐渐开始使用。为推动土地复垦的研究和技术革新,美国专门成立了“国家矿山土地复垦研究中心”,并由国会每年拨 140 万美元作为土地复垦研究的专项经费,组织多学科专家攻关。此外,美国露天采矿与土地复垦学会还会在每季度出版一期会讯,每年组织一次全国学术会议。可见,美国的土地复垦研究活动较为活跃,且技术水平也比较高。

加拿大与美国一样,也在广泛而活跃地开展土地复垦研究,加拿大“绿色工程”中有一句座右铭:“我们的土地是从子孙那里借来的,而不是从祖辈那里继承来的。”因此,在生产建设的过程中,加拿大的企业和个人都严格遵守保护土地资源和生态环境的有关法规。20 世纪 70 年代后期,加拿大《露天矿和采石场控制与复垦法》的颁布实施,为土地复垦制定了严格而科学的政策和法律法规,明确了复垦资金的来源,规定了政府各级部门的职责以及土地复垦技术标准。加拿大最近对油页岩复垦以及由于石油和各种有毒有害物质造成污染的土地问题给予高度重视。加拿大政府每年出资支持土地复垦研究以保护环境,加拿大土地复垦协会每年召开一次学术年会并负责编辑出版国际土地复垦家联合会会讯和《国际露天采矿、复垦与环境》杂志。

德国 1950 年 4 月 25 日通过了 *Law over the Whole Planning in the Rhenish Lignite Area*,首次要求对矿区土地进行规划,德国的一个州也补充了 *Prussian General Mining Law* 这一决议,并且规定“在开采时和开采后应保护和保持矿区表土及原有景观”。这是德国首次对土地复垦做明确定义(王莉,2013)。1766 年,当时德国的土地租赁合同明确写明采矿者有义务对采矿迹地进行治理并植树造林,这是德国关于土地复垦进行的初试探究工作。德国系统地对土地进行复垦始于 20 世纪 20 年代。1920—1945 年,德国的土地复垦主要是试验性地植树造林,那时人们有意识地进行多树种混种,使重建的林地像原始森林一样,各种树种混杂,能完成多种生态功能,但这充满希望的活动由于第二次世界大战而中断了。1946 年,战后的德国百业待兴,对煤炭的需求量急剧加大,对土地的占有量也随之加大,这使政府和企业不得不考虑对环境的保护。1950 年 4 月,北莱茵州颁布了针对褐煤矿区的总体规划法,同时对《基本矿业法》进行了修订,将“在矿山企业开采过程中和完成后,应保护和整理地表,重建生态环境”第一次写进了法律。受当时经济状况的影响,北莱茵州的露天矿场回填后,主要是栽种杨树。1960—1989 年,西德对林业复垦的状况进行改进:一是把早期种植的杨树砍掉,取而代之的是橡树、山毛榉、枫树等;二是随煤炭开采力度的加大和矿场的迁移,土地复垦不再是植树造林,而是兼顾多种用途。1989 年至今,德国进入了景观生态重建阶段,注重的是对土地生态系统的重构。德国对于土地复垦的立法较为完善。1950 年颁布了第一部复垦法规《普鲁士采矿法》,除此以外,还有专门的立法《废弃地利用条例》,相关法规《土地保护法》《城市规划条例》《矿山采石场堆放条例》等(周小燕,2014)。

苏联、澳大利亚等国家也在积极开展土地复垦工作。苏联在 1954 年部长委员会议中就明确指出:“利用后的土地必须恢复到适宜农业利用或其他建设需要状态”。于 1960 年各加盟共和国通过的《自然保护法》和 1962 年的部长委员会决议中更明确地要求进行土地复垦。到 20 世纪 70 年代,苏联以林业复垦为主,通过植树来改善矿区脆弱的生态环境(龙花楼,1997);对于未被污染积水的矿区,在充分考虑地下水位年际变化及土壤保水性等因素后,在条件适宜地区进行渔业养殖及水上运动设施建设等项目。与此同时,澳大利亚大多数矿山也开始实施复垦计划,进行矿区土地复垦(王莉,2013),并颁布了一系列重要的法律法规,如《采矿法》《原住民土地权法》《环境保护法》以及《环境和生物多样性保护法》等。在法律要求、政府监督、公众参与和监督下,土地复垦逐渐成为澳大利亚公司的自觉行为。矿业公司把环境保护与土地复垦作为整个采矿过程的一部分,并且希望土地复垦工程能有良好的社会反应。他们非常重视“边采边垦”,同时也重视复垦措施和技术的应用(文卓,2019)。澳大利亚的矿业公司一般都具备自己的土地复垦队伍,为了加快复垦进程,澳大利亚矿业公司实行先进的复垦工艺,如种子采集、表土剥离、分层堆放、分层回填、地貌重塑、土地平整、恢复植被等一系列复垦措施。同时,他们将土地复垦技术措施和采矿工艺有效结合,力求复垦进程最短、效果最好、综合效益最佳。澳大利亚矿业公司还非常注重复垦检测工作,根据检测结果不断修正土地复垦方案中提出的复垦的具体目标、标准、指数及技术参数等。

近年来,国外在土地复垦的各个方面取得了不同的研究成果:遥感与 GIS 在土地复垦的应用,矿山开采对土地生态环境的影响机制与生态环境恢复研究,无覆土的生物复垦及抗侵蚀复垦工艺,矿山复垦与矿区水资源及其他环境因子的综合考虑,以及清洁采矿工艺与矿山生产的生态保护(李闽,2003)等。国外已形成了比较完善的土地复垦理念体系、健全的法律法规,并且有强大的组织、科研机构,有固定的复垦资金渠道和严格的标准作后盾。因此,近年来国外对土地复垦工作又提出了新的要求:加强对采矿前后生态资源的调查和研究,采前、采后对野生动植物做保护、挽救措施;在进行生态重建时,尽量使新建景观和周边景观和谐地融合在一起,并有较高的经济、生态和美学价值。这些要求对土地复垦工作进一步发展提出了挑战。

9.2.2　国内土地复垦研究进展

我国的土地复垦工作开展较晚,始于 20 世纪 50 年代,在各种文献资料中称之为"复田",主要采用填埋、剥离、覆土等简单措施,土地复垦基本上处于一种自然修复的状态(王莉,2013)。从 1982 年《国家建设征用条例》中规定国家建设占用临时用地应当"恢复土地的耕种条件"开始,"复田"的概念逐渐被"土地复垦"替代。20 世纪 50 年代末期,就有个别矿山和单位进行了一些小规模的修复治理工作,但是都是零散治理状态,缺少规划性和可行性,成效不大。土地复垦工作在我国真正得到重视是在 20 世纪 80 年代,从自发、零散状态转变为有目的、有组织、有计划、有步骤的复垦阶段(孙燕玲,2011)。1983—1986 年,原煤炭工业部组织实施了"六五科技攻关项目"——"塌陷区造地复田综合治理的研究",在安徽淮北成功复垦了大量采煤塌陷地,形成了疏排法、挖深垫浅、充填复垦等采煤塌陷地复垦技术,标志着我国有组织土地复垦的开始(胡振琪,2008)。1986 年,《中华人民共和国土地管理法》正式出台。1987 年,我国成立了土地复垦研究会,有关行业的科研部门纷纷设立,且成立专门机构对土地复垦中一些相关技术等课题进行研究。1988 年 10 月 21 日国务院第二十二次常务会议通过,1989 年 1 月 1 日正式实施的《土地复垦规定》,标志着我国土地复垦与生态修复工作开始走上了法治的轨道,我国土地复垦与生态修复工作进入了一个有组织、有领导的法治时期(胡振琪,2019)。

北京矿冶研究总院于 1995 年完成了国家《土地复垦技术标准》印制,并于当年在全国颁布实施,同年,中国参加了在美国举办的第四次国际土地复垦学术研讨会,并先后对美国、澳大利亚、加拿大、波兰、芬兰、巴西、俄罗斯、英国等国家的土地复垦进行了考察并建立了联系。1998 年修订的《中华人民共和国土地管理法》进一步明确了复垦土地应当优先用于农业,同时《中华人民共和国环境保护法》《中华人民共和国煤炭法》《中华人民共和国铁路法》等法律中都有土地复垦方面的规定。自此,土地复垦的法律法规、制度框架基本确立。2011 年修订的《土地复垦条例》,标志着土地复垦工作全新阶段的开始,随后出台了《土地复垦条例实施办法》,构建了我国土地复垦的基本制度框架。2012 年,党的十八大将生态文明建设上升到国家战略层面。土地复垦事业的蓬勃发展,对我国土地复垦研究提出了迫切要求——需要复垦研究引领和支撑我国土地复垦事业的健康有序发展。2016 年,国土资源部明确提出推进《矿山地质环境保护与恢复治理方案》与《土地复垦方案》合并编报工作,特别强调矿山地质环境保护与土地复垦方案的编制按照《矿山地质环境保护与土地复垦方案编制指南》(以下简称《编制指南》)执行。该《编制指南》的颁布实施将对矿区土地复垦的理论研究与实践工作产生深远影响。

由于国外关于土地复垦的研究与立法工作开展较早,中国学者更多是从介绍国外土地复垦做法和经验开始的。1982 年马恩霖等编译了《露天开采复田》、林家聪等翻译了苏联的《矿区造地复田中的矿山测量工作》、刘贺方翻译了苏联的《露天矿土地复垦》(周连碧,2005)。1988 年,国家计划委员会国土司等组织编写了国内土地复垦领域的最早论著《土地复垦》。此后,国内土地复垦以(煤)矿区为研究重心先后出版了《矿区土地复垦技术与管理》《露天煤矿土地复垦研究》《矿区土地复垦规划的理论与实践》等论著,这些论著对矿区土地复垦的理论、技术、方法都进行了深入的研究与探讨。此外,中国关于土地复垦的研究也有序开展。国内有学者通过对德国土地复垦和整理的法律、做法以及景观生态重建等进行研究,提出我国矿区土地复垦和生态重建应健全法制、建立健全规划体系、注重生态保护等建议(潘明才,2002;梁留科，2002）。荣颖（2017）对比了中美两国草原区露天煤矿在地貌重塑、土壤重构、植被重建等过程中的主要技术措施，借鉴美国土地复垦实践，对我国草原区露天矿复垦提出了建议。李红举（2019）对澳大利亚矿山复垦与生态修复经验进行总结，强调我国应该坚持低影响开发、可持续土地利用的理念，建立完备的法律体系，实施全过程动态监测与工作参与，实施灵活的土地复垦保证金和风险金制度等。除了在国外复垦工作中吸取经验，中国也不断地在寻找适合自己的一套方法。胡振琪（2000）采用系统分析的方法，建立了矿山土地复垦的系统结构，提出了土地复垦的类型，为土地复垦工作的展开提供了一个整体的、综合的框架。胡振琪还提出新颖的参与型土地复垦的概念，探讨其基本原则与方法，阐述参与型复垦管理模式对促进我国的土地复垦工作的开展，实现我国土地资源的可持续利用的重要意义。卞正富（1993）提出了我国高潜水位地区的土地复垦模式，介绍了矿区土地复垦的工程措施、塌陷地的开发利用方向和层次，将层次分析法和模糊综合评判法结合起来，为复垦模式的决策提供了科学的方法。白中科（1995）针对我国土地复垦的缺点，给出了提高土地复垦效益的一系列建议。杨选民（1999）提出了黄土高原煤矿塌陷区土地复垦利用原则及措施。

　　从我国土地复垦的进程中可以看出，国内在生态环境恢复、复垦管理、复垦技术、复垦效益这些方面都给予了极大的关注，并且取得了不少成果，国内矿区土地复垦方法从"一挖二平三改造"的简单工程处理已经发展到基塘复垦、疏排降非充填复垦、矸石和粉煤灰等充填复垦、生态工程复垦和生物复垦等多种形式、多种途径、多种方法相结合的复垦技术体系。其中，研究最多的是复垦的规划设计和复垦的生物技术。近年来，矿区土地复垦中土壤改良与植被恢复是研究热点，高光谱监测也在土壤质量和植被长势等方面取得广泛应用，对于矿区生态环境的可持续发展具有深远的现实意义。微生物复垦这一新技术以其高效、低成本的优势在土地复垦中的应用逐渐深入，以丛枝菌根真菌为代表的微生物对复垦区植物的生长发育性状有显著的促进作用。此外，泥浆泵复垦技术和煤矸石充填压实技术的研究也趋于成熟。总体来看，目前我国矿山废弃土地复垦研究已经取得了一定的进展。但由于我国复垦工作起步晚，我国矿山土地复垦事业仍存在很多问题，如采前环境背景调查薄弱、土地复垦率低、土地复垦的配套法规不健全、复垦技术落后、资金来源少且单一、从事复垦的学者较少且涉及的领域窄、与国际水平相比尚有较大差距等（潘志斌，2017）。为了推进矿山废弃地复垦事业，必须有效解决上述制约我国复垦工作可持续发展的问题，从全局出发，加强相关法律法规的建设、明确各个管理部门的专项职能、积极引进新技术、提高大众参与度等，并确保这一系列举措的有效实施，以更好地保障矿区土地复垦事业的良好发展。

9.3　矿山土地复垦工作及遥感应用

9.3.1　土地复垦规划

1. 土地复垦规划的意义

　　土地复垦规划是对土地复垦在一定时间内的总体安排。它需要根据矿山企业发展规划与矿产资源开采计划，地方的自然、经济与社会条件对复垦项目、复垦进度、复垦项目的工程措施及复垦后土地的用途甚至生态类型等做出决策。

　　制定土地复垦规划的意义有：①避免土地工程的盲目性，如在塌陷不稳定区进行大量土方工程、片面追求高标准、对塌陷积水区采取盲目回填措施等；②保证土地利用结构与矿区生态系统的结构更趋合理；③保证土地部门对土地复垦工作的宏观调控；④保证土地复垦项目时空分布的合理性。

2. 土地复垦规划的流程

土地复垦规划是一项系统工程，制定土地复垦规划设计的基本程序如图9.3所示。

图 9.3　土地复垦规划设计

(1)勘测、调查、分析。勘测、调查、分析的任务是明确土地复垦问题的性质，获取制定土地复垦规划的基础数据、图纸等资料。

(2)总体规划。明确规划范围、时间，制定复垦的目标和任务；将复垦对象分类、分区，制订土地复垦实施的计划，对总体规划的方案进行投资效益的预算；最终通过部门间的协调与论证，形成一个可以执行的方案。其成果包括图纸和规划报告。

(3)工程设计。在总体规划的基础上，对近期将要实施的复垦项目进行详细设计。

(4)实施。土地复垦的总体规划和工程设计必须得到土地管理部门和行业主管部门验收后，土地使用者才能对复垦后的土地进行动态监测与管理。

9.3.2　土地复垦效益评价与论证

1. 土地复垦效益评价内容

(1)生态效益。矿区土地复垦的生态效益就是土地复垦行为主体的经济活动影响了自然生态系统的结构与功能，从而使得自然生态系统对人类的生产、生活条件和质量产生直接和间接的生态效应。这种效应可能是好的，也可能是不好的，即土地复垦过程中必然会打破一定区域内土地资源的原位状态，会对该区域内的水资源、土壤、植被、生物等环境要素及其生态过程产生诸多直接或间接、有利或有害的影响(刘慧，2013)。

(2)经济效益。矿区土地复垦的经济效益是指投资行为主体或其他经济行为主体通过对复垦土地进行资金、劳动、技术等的投入所获得的经济效益。

(3)社会效益。矿区土地复垦的社会效益是指土地复垦实施后，对社会环境系统的影响及其产生的宏观社会效应。也就是说，土地复垦在获得经济效益、生态效益的基础上，从社会角度出发，为实现社会发展目标所做贡献与影响的程度。

(4)综合效益。矿区土地复垦的综合效益是土地复垦生态效益、经济效益与社会效益三者的综合。但要注意，在土地复垦后作不同的用途时，其追求的利益权重是不同的。若复垦后土地作为生态用地，其追求的最大效益应该是生态效益；若复垦后土地作为社会公用地，其追求的最大效益应该是社会效益。

2. 土地复垦效益评价指标

(1)生态效益评价指标。生态效益评价指标包括：绿色植被覆盖率、矿区所在地小气候状况、土地复垦率、灌溉保证率、土地质量状况、矿区所在地生物多样性状况、水土流失治理效果、田块规整率、矿区所在地景观生态效果。

(2)经济效益评价指标。经济效益评价指标包括：土地利用率、矿区所在地农民人均年纯收入、耕地面积、矿区所在地农地单产、投入产出比、机械化作业率。

（3）社会效益评价指标。社会效益评价指标包括：粮食产量、矿区所在地农业劳动生产率、道路密度、矿区所在地人均耕地面积、矿区所在地人均国内生产总值、矿区所在地土地权属纠纷状况、矿区所在地扶贫效果、矿区所在地就业效果、矿区所在地公众满意度（邹彦岐，2009）。

3. 综合效益评价指标选取

首先，在指标的选取上，要考虑综合性。理想矿区的土地生态系统，必须是一个经济、生态、社会可持续协调发展的综合系统，因此，综合评价层要选择经济、生态和社会三大指标，分别与生态系统服务功能的供给功能、调节功能与文化功能相对应。其次，评价指标要有可信度，项目评价层要选取影响矿区生态系统结构、功能、效益和可持续发展的关键指标。再次，评价指标要有可操作性，因子评价层要尽量选取便于量化的指标。例如，邹彦岐（2009）曾筛选利用频率高的指标并通过对矿区土地复垦效益内涵进行分析，添加符合矿区实际情况的评价指标构建了平朔矿区效益评价指标体系。

矿山土地复垦综合效益评价主要从经济效益、生态效益和社会效益三大方面进行，采用定性描述和定量分析相结合的方法，是一种系统性、综合性都很强的工作。矿山土地复垦综合效益，可根据多次专家咨询和问卷调查的结果，求取影响矿山土地复垦综合效益评价的指标，构建衡量综合效益评价的指标体系，然后确定各指标的权重，对各指标进行量化，最终求出综合效益评价值。

4. 评价指标权重确定

目前，国内外土地整理与复垦效益评价常采用层次分析法（AHP）、德尔菲法、模糊综合评价法、主成分分析法、对比法、成功度（专家打分）法、逻辑框架法等评价方法。

层次分析法的基本原理首先是把研究的复杂问题看作一个大系统，通过对系统的多个因素的分析，划出各因素间相互联系的有序层次；其次，对每一层次的各因素进行客观的判断后，相应地给出重要性的定量表示；再次，通过建立数学模型，计算出每一层次全部因素的相对重要性的权值，并加以排序；最后，根据排序结果进行规划决策和选择解决问题的措施。刘慧（2013）运用层次分析法确定效益评价指标权重，结合定性的量化指标构建模糊综合评价数学模型，评价神府矿区土地复垦效益，发现神府地区土地复垦治理使该地区产生了良好的生态、经济、社会效益。

德尔菲法作为一种调查方法，常用于采集非试验数据信息，通过将定性指标量化处理，对标准值进行分析（梁媛媛，2008）。作为一种专家调查法，受邀专家就提出的问题所作的评价和见解进行判断，其核心是通过匿名函数查询的调查方式对所预测问题有关领域的专家分别提出问题，将他们回答的意见综合、整理、归纳，作为参考资料反馈给专家再次征求意见。然后，再加以综合、反馈。如此多次反复，意见逐步趋于一致，得到一个比较一致且可靠性较大的结论方案。德尔菲法通常按照成立评价领导小组、设计评价调查表、选择专家、评价调查、处理评价结果五个步骤进行。

模糊综合评价方法是运用模糊数学原理和模糊统计方法，通过对影响某事物的各个因素的综合考虑，对该事物的优劣做出科学的评价（贾芳芳，2007）。刘振肖（2010）运用模糊综合评价法对平果铝矿区尾矿库土地复垦进行了项目效益的模糊综合评价。

主成分分析法是通过恰当的数学变换，使新变量——主成分成为原变量的线性组合，并选取少数几个在变差总信息量中比例较大的主成分来分析事物的一种方法(李艳双,1999)。

对比法包括前后对比、预测值和实际发生值的对比、有无项目的对比等。对比的目的是要找出变化和差距,为提出问题和分析原因找出重点。前后对比是将项目前期的可行性研究与评估的预测结论与项目的实际运行效果相比较,以发现变化和分析原因(Nskayama,1998)。有无项目对比是将项目实际发生的情况与若无项目可能发生的情况进行对比,以度量项目的真实效益、影响和作用,其对比的重点是要分清项目作用的影响与项目以外作用的影响。

成功度评价是依靠评价专家组的经验,综合测评各项指标的评价结果,对项目的成功程度做出决定性的结论,也就是俗称的专家打分法(黄德春,2004)。余学义(2019)等基于神东矿区 10 年土地复垦监测数据,采用专家打分法和传统的评价模型,评价了神东矿区榆家梁煤矿土地复垦综合效益,并根据建立的评价等级指标,发现复垦后矿区效益分值达到了良好状态。

逻辑框架法是美国国际开发署开发并使用的一种设计、计划和评价的工具。近年来许多发达国家和世界银行等金融组织广泛采用该法进行建设项目后评价工作(赵静珍等,2002)。它用一种概念化论述项目的方法,即用一张简单的框图来清晰地分析一个复杂项目的内涵关系,使之更容易理解。

对各种评价方法进行分析,发现无论是定性方法还是定量方法都不足以对矿区复垦进行全面系统的评价,只有用定性与定量相结合的方法弥补单一方法的不足,才能对复垦可行性进行客观的评价。

5. 综合效益评价模型

矿山土地复垦综合效益评价模型构建的步骤如下。

(1)矿山土地复垦综合效益评价指标权重。选取研究区域土地复垦综合效益作为评价对象,结合矿区地质环境,整理并筛分矿区效益影响因子,将每一个指标的作用因素相互比较,建立矿区土地复垦评价体系,选择合适的权重计算方法确定指标权重,结合有经验的专家经验,确定各指标的相对重要性,并检验是否有满意的一致性。

(2)综合效益评价指标的量化。矿山土地复垦综合效益指标的量化合理与否,是确保成果准确而科学的关键,从各评价指标的数量和质量考虑,结合专家打分法和数学方法,采用各指标独立评分,使原始有量纲的数据转化为可进行运算的数值。

(3)评价矿山土地复垦综合效益。确定了矿山土地复垦综合效益指标体系、各指标权重后,根据回收效益确定各指标隶属度,结合前人相关研究成果和专家分级评价标准,计算综合效益评价值:

$$P = C_1 w_1 + C_2 w_2 + \cdots + C_n w_n = \sum_{i=1}^{n} C_i w_i (i = 1, 2, \cdots, n) \tag{9.2}$$

式中:P 为综合效益评价值;C_i 为各指标隶属度;w_i 为权重值。

矿区土地复垦效益评价问题属于多方案的排序与优选问题,各方案的具体内容已经给定,需要的只是按照一定的评价准则来对各方案做综合评价、排序与优选。因此,需要综合各评价方法的内容进行分析,并结合土地复垦效益评价科学性、全面性、公正性、实用性、对比性的原则,进而分别分析各项效益价值及综合效益价值。

9.3.3 土地复垦遥感应用

土地复垦遥感应用主要是充分利用高空间分辨率、高时间分辨率、高光谱分辨率遥感信息,获取矿区土地复垦和生态修复的动态变化。遥感技术在土地复垦和生态修复中的一些典型应用有以下几个方面。

1. 监测点信息的动态获取

土地生态复垦包含土地再利用、生态保护、地质灾害防治和生态景观建设等方面的内容,包括三大评价对象:土地状态、植被状态、环境状态。此外,还要设立一些主要监测点,如土地覆盖、植被种类、植被长势、大气成分、土壤环境指标、水中污染物含量等。这些监测点的信息可以通过遥感技术获取,而且是多时相的,因此,在获得监测现象空间分布的同时,还带有动态变化信息。

2. 植被指数的应用

植被可以有效修复土壤、保持水土,减轻地质危害,改善生态环境,是土地生态修复最有力的工具。"植被指数"利用遥感数据不同波段探测反射率的组合算式,提取植被范围,从而评价植物生长状况。其物理技术是植物在红光波段的吸收和在近红外波段的反射差异,通过这2个波段测值的不同组合可得到不同的植被指数,如 NDVI、RVI、PVI 等。植被指数可以提取植被覆盖及动态变化信息,评价植被长势,区分植物品种等,已突破一个像元的精度限制,达到亚像元级别,即在一个像元内区分植被与背景土壤。

3. 大气遥感与水资源遥感

采矿后排放的有毒水会对周边的土壤和水资源造成极大污染,遗留于地表的固态废料同样有毒,如煤矸石,它散发的气体严重污染了矿区大气。遥感在大气监测和水质监测中已有相当研究成果,遥感卫星、航空探测传感器、遥感车等在环境监测与水质监测中已成为重要工具。遥感技术获取信息速度快、监测面积广,便于在大范围地区动态地监测大气环境污染物及其运动轨迹。目前,水质遥感的精度尚有不足,往往利用水质传感器可以快速测量水质的多种参数,同时,提高水质光谱遥感的反演精度,监测水资源环境,评价水体富氧化。水质遥感能反映具体的污染指标大小,目前已接近相关行业要求,有巨大的应用潜力。

4. 激光技术获取土壤环境指标

传统土壤环境指标的获取免不了实地采样,以及复杂的实验室检测等烦琐过程。目前,广泛应用的激光诱导击穿光谱技术可感测所有自然元素,包括常规方法难以分析的 H、Li、Be、C、N、O、S 等元素。另外,据报道,应用三维激光扫描技术不仅能检测土壤污染源,还能监测土壤侵蚀量,它们的研究前景广阔。

5. 土地利用变化和景观格局

遥感技术克服了传统土地利用监测的矿区实时采集信息、逐层上报、时效性差、主观性强等弊端,在土地利用现状监测中得到广泛应用,并且景观格局的演变直接反映出区域环境时空动态特征,有助于人们直接了解矿区生态环境变化。

6. 微生物复垦生态效果评价

遥感技术和微生物复垦相结合,实现了大面积微生物复垦生态效果的评价。随着3S技术的发展,遥感技术除了可以直观地获取地表复垦信息外,还可以直接获取复垦土壤理化信息,实现微生物复垦地上植物到地下土壤的立体监测。

为了探明接种丛枝菌根真菌(AMF)复垦多年后对采煤沉陷区土壤改良的生态效应,郭晨

(2020)对复垦后地区土壤有机碳组成以及高光谱识别敏感波段进行研究,科学地评价了微生物复垦技术在矿区环境修复中的重要作用。在此以郭晨的研究为例进行阐述。

该案例的研究区位于神东矿区,神东矿区地处黄土高原丘陵区和毛乌素沙地的过渡地带,是黄河中上游风蚀沙化和水土流失最为严重的地区之一,生态环境十分脆弱。神东矿区塌陷地微生物复垦关键技术开发与示范试验基地建于大柳塔东山塌陷区沙地沟壑区三道梁上,属典型的干旱半干旱大陆性季风气候。试验区土壤最大饱和持水量 16.7%,pH 酸碱度为 8.6,土壤肥力较低,保水性较差(岳辉,2012)。

现代监测方法对土地复垦的质量及植被生长都会有较好的监测效果,有无人机遥感、高光谱遥感、热红外等不同手段,但高光谱遥感对土壤和植被的系统监测研究较多。利用高光谱遥感技术对植被光谱进行监测主要包括:对植被信息的提取、对生物量进行估计、对植被的长势进行监测和估产等。例如,崔世超等(2019)利用地物光谱仪对矿区植物进行高光谱信息采集,对比分析矿床上部和背景区植物光谱,选出具有代表性的特征波段,然后利用数理统计的方法构建出基于植物光谱数据的隐伏矿床预测模型。张春兰(2018)综合植被长势监测单一指标,提出一种新型综合长势监测指标 CGMI,并利用无人机高光谱数据,采用双阈值分割策略,得到分级后的 CGMI 值与作物实际生长情况是高度一致的结论。

微生物复垦是利用微生物的接种优势,对复垦区域土壤进行综合治理和改良的一项生物技术措施。该技术采用向新建植的植物里接种微生物的方式,不仅改善了植物的营养环境,增强了植物的生长发育,还利用植物根际微生物本身的生命活动,让失去活性的采煤塌陷区土壤重新建立、恢复了原有的微生物和植物的共存体系,从而提高土壤自身生物活性,加速改良土壤的基质(陈书琳,2014)。采用传统的生物量检测方法对复垦效果进行评价,要采集大量植物样本,并进行一系列的生物化学试验,费时、费力且数据量大。高光谱遥感对改良土壤的监测是基于土壤反射光谱特征,土壤反射光谱特征是土壤类型、土壤含水量、土壤质地、土壤粒径、土壤碳氮磷等的综合响应,土壤的理化性质直接影响着光谱反射特性,可通过分析土壤理化性质与光谱间的关系,建立线性反演模型,对土壤理化参数进行估测(毕银丽,2020)。例如,吴南锟(2020)采用卡萨生物圈模型的遥感间接估算法对长汀县河田镇马尾松林地土壤有机碳进行模型构建,通过实验表明遥感间接估测土壤有机碳的可行性高。陈书琳(2014)通过分析不同植物叶片、根际土壤光谱的差异,明确植物叶片和土壤光谱对于菌根效应的敏感波段及其影响因素,构建植物叶片和根际土壤理化参数的高光谱反演模型,对大豆叶绿素含量、根际土壤水分、根际土壤营养元素进行反演,结果表明,接种真菌促进大豆生长,对于土壤具有改良的作用。岳辉(2017)采用主成分分析法对采煤沉陷区微生物复垦的生态效果进行了评价,筛选出了在采煤沉陷地微生物复垦过程中起主要作用的因子分别是株高、地径、冠幅和菌丝密度。

郭晨(2020)以神东采煤沉陷地 2012 年种植的紫穗槐复垦地为研究区,分析了接菌区和对照区两种不同处理下土壤基本理化性质、土壤活性有机碳、高光谱特征及其相互影响关系,以期为土壤微生物生物量碳在高光谱相应特征方面的研究提供新思路。

1)材料及方法

试验区位于陕西省神木市大柳塔镇东山煤矿开采沉陷区国家水土保持示范园区。供试植物紫穗槐为豆科紫穗槐属的多年生落叶灌木,根系发达,适应性强,是干旱区生态恢复的先锋树种。接种的供试菌株是 Glomus mosseae(摩西球囊霉,简称 G.m),菌根接种剂是经本实验室采用玉米盆栽扩繁的含有玉米根段相应菌根真菌孢子及根外菌丝体的根际土壤,菌丝长度为 4.66 m/g 风干土,孢子密度为 61 个/克风干土。实验土壤取自试验区,复垦区表土层由黏土、亚黏土、中细粉砂土组成,土样采集分别在接菌区和对照区设置 1 m×1 m 的样方,该样方内采用"S"形布点法,采集 7 个 0~20 cm 的表层土,充分混合作为一个样品。接菌区和对照区分别随机布设 10 个样方作为重复点。将上述土壤样品分为两部分,一部分自然风干,去除植物残体和杂物后,过 1 mm 和 0.15 mm 筛分别用于高光谱和有机质测定;另一部分冷藏在 4 ℃ 环境中,用于硝态氮、铵态氮和微生物生物量氮的测定。

2)土壤参数、光谱测定及反射率变化量计算

土壤有机碳(SOC)、土壤全氮(TN)、土壤 pH 和土壤有效磷(AP)均参照土壤农化分析(鲍士旦,1990)。土壤铵态氮(NH_4-N)和硝态氮(NO_3-N)采用连续流动分析仪,土壤蔗糖酶、脲酶和碱性磷酸酶采用分光光度计,土壤微生物生物量碳和溶解性活性有机碳采用氯仿熏蒸-K2SO4浸提-TOC测定。菌根侵染率和菌丝密度均采用常规方法(裴浪,2017)。土壤机械组成采用激光粒度分析仪(测试粒径范围为 0.0128~2000 μm)进行测定,参考国际制分级标准对土壤质地进行分级:砂粒(20~2000 μm)、粉粒(2~52 μm)、黏粒(<2 μm)。高光谱数据的测量采用美国 SVC 公司生产的 SVC HR-1024I 高性能地物光谱仪在暗室内进行,将过筛的土壤样品装入直径 10 cm、深 2 cm 的盛样器中,并用直尺将样品表面刮平,每个土样重复测 10 次,取其算术平均值作为该土样的反射率光谱值。采用反射率差值(reflectance difference,RD)和反射率相对变化量(relative variation of reflectance,RVR)这两个统计指标比较接菌处理和对照土壤反射率的变化情况,其计算公式如下

$$RD = \rho_B(\lambda) - \rho_A(\lambda) \tag{9.3}$$

$$RVR = \rho(\lambda) \div \rho_A(\lambda) \times 100 \tag{9.4}$$

式中,$\rho_A(\lambda)$ 为对照组土壤各波段光谱反射率;$\rho_B(\lambda)$ 为接菌组土壤各波段光谱反射率;$\rho(\lambda)$ 为反射率差值(RD)。

3)数据处理

数据处理采用 Excel 2013 和 SPSS 18.0,并采用 Origin 2018 进行画图。

4)结果及分析

由表 9.1 可以看出,接种 AM 真菌后菌根侵染率和菌丝密度更高,侵染率就是接菌后菌和植物根部合成菌根率。菌根侵染率和根外菌丝密度是评价接菌效应的重要指标。对照区植物根系中存在一定的土著菌根真菌,人工接菌后菌群仍然维持较高的侵染能力。

表 9.1 接种 AM 真菌对菌丝密度和菌根侵染率的影响

处理	侵染率/%	菌丝密度/(m·g⁻¹)
FM	70.23±0.98a	2.87±0.69a
CK	26.45±1.77b	1.82±0.69b

注:FM 表示接菌处理,CK 表示对照处理,后同。

表 9.2　接种 AM 真菌对土壤理化特征的影响

处理	全氮/(g·kg⁻¹)	有效磷/(mg·kg⁻¹)	NO₃-N/ (mg·kg⁻¹)	NH₄-N/ (mg·kg⁻¹)	脲酶/ (mg·kg⁻¹)
FM	0.43±0.04a	27.21±2.15a	7.74±0.65a	16.08±0.55a	0.45±0.02a
CK	0.29±0.02b	23.12±1.25b	2.71±0.72b	7.12±0.43b	0.35±0.04b

处理	磷酸酶/ (mg·kg⁻¹)	pH	蔗糖酶/ (mg·kg⁻¹)	细沙粒 (0.02~0.2 mm)/%	粉粒(0.002~ 0.02 mm)/%
FM	0.30±0.01a	7.53±0.08a	6.27±1.45a	48.35	11.29
CK	0.20±0.05b	7.34±0.04b	7.17±0.49a	45.30	7.48

处理	粗沙粒 (0.2~2 mm)/%	黏粒 (<0.002 mm)/%	土壤含水率/%
FM	39.13	1.23	5.41±0.59a
CK	46.34	0.88	2.60±0.35b

表 9.2 是接菌区和对照区两种不同处理下土壤的理化特征,由表 9.2 可以看出,土壤中全氮、有效磷较对照组分别提高了 48.3%、17.7%。氮是土壤肥力的重要指标,影响植被的生长发育,土壤全磷的含量虽然不能直接表明土壤供应磷素的能力,但它是一个潜在的肥力指标。土壤酶活性在不同的处理下表现出一定的差异,接菌区土壤脲酶和磷酸酶高于对照区,分别显著提高 28.6% 和 50.0%,这是因为土壤脲酶活性与土壤的微生物数量、有机物质含量、全氮和速效磷含量呈正相关,在土壤缺磷条件下,通过接种丛枝菌根真菌可以释放磷酸酶。接菌土壤的 pH 较对照略呈碱性。接菌处理的土壤构成中细沙粒、粉粒和黏粒所占比重均高于对照处理,而只有粗沙粒所占比重低于对照处理。在接菌处理的土壤粒径组成中,细沙粒、粉粒和黏粒所占比例总和超过 60%,可见接菌有利于团聚体的聚合形成。此外,接菌区土壤含水率显著高于对照组,这可能与接种 AM 真菌的植物生长快,能降低地表水分蒸腾,保水能力强有关。

图 9.4 反映出接菌土壤有机碳、溶解性有机碳、微生物生物量碳含量都比对照区土壤碳含量要高,有机碳含量显著提高 31.2%。接种 AM 真菌对土壤溶解性碳无显著影响,但呈上升趋势。接菌区的微生物生物量碳显著高于对照区,接菌促进了微生物生物量碳的积累,这与接菌促进植物快速生长有关。

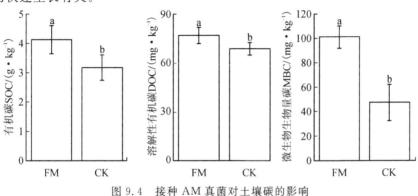

图 9.4　接种 AM 真菌对土壤碳的影响

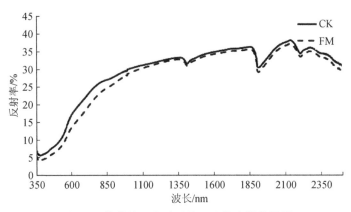

图 9.5　接菌处理和对照处理土壤光谱曲线图

表 9.3　光谱曲线控制点的特征参数

处理	R400/%	R600/%	R800/%	R1350/%	R1800/%	R2100/%	R2400/%
FM	5.981	17.060	26.183	33.654	36.187	37.608	33.961
CK	5.320	14.297	23.085	33.352	36.065	37.504	33.644

处理	SA×100	SB×100	SC×100	SD×100	SE×100	SF×100	
FM	5.540	4.562	1.358	0.563	0.474	−1.216	
CK	4.489	4.394	1.867	0.603	0.480	−1.287	

接菌技术引起土壤有机碳的变化,从而影响反射率的变化,分析有机碳的敏感波段为光谱定量反演提供了重要的理论依据。通过接菌处理和对照处理土壤的光谱曲线图 9.5 可以看出,接菌处理的土壤反射率比对照区低,可见光波段二者差异较大。接菌区土壤光谱与对照区土壤光谱除光谱反射率强度不同外,一些特征吸收带出现的位置近似相同。具体表现为,两种土壤光谱反射率曲线在 400～600 nm 斜率较陡,在 600～800 nm 斜率趋于平缓,在 800～1350 nm 斜率更趋于平缓,在 1400～1900 nm 光谱曲线近似一条直线,在 1900～2100 nm 曲线变化平缓,在 2100～2500 nm 的光谱曲线可由 2150 nm 和 2400 nm 的连线段表示,且光谱曲线单调递减;在 560 nm、900 nm、1400 nm、1900 nm、2150 nm、2340 nm 附近出现不同程度的特征吸收带,研究选取 400 nm、600 nm、800 nm、1350 nm、1800 nm、2100 nm、2400 nm 处的反射率

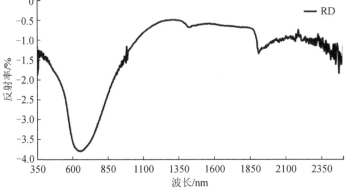

图 9.6　接菌处理与对照处理土壤反射率差值

（分别记为 R400、R600、R800、R1350、R1800、R2100、R2400）和 400～600 nm、600～800 nm、800～1350 nm、1350～1800 nm、1800～2100 nm、2100～2400 nm 光谱段的趋势斜率（分别记为 SA、SB、SC、SD、SE、SF）作为光谱反射率曲线控制点参数，将其列于表 9.3。

表 9.4 接菌处理有机碳在各波段反射率的相对变化量

紫外波段（350～380 nm）	可见光波段（380～760 nm）	近红外波段（760～2500 nm）
−10.54%	−13.20%	−0.81%

为了了解接菌处理对土壤反射率的影响程度，采用差值运算的方法提取一些隐含信息，以反映接菌处理和对照处理光谱反射率之间的差异。通过图 9.5 可以看出，土壤接菌处理后反射率明显降低，不同波段降低的幅度不同。由图 9.6 可知，可见光波段降幅最大，整体是以 655 nm 为中心，在 630～680 nm 的变化幅度最大，近红外波段的变化幅度最小，因此初步将土壤有机碳的敏感波段确定为可见光波段 650 nm 附近。表 9.4 统计了接菌后有机碳在紫外、可见光、近红外波段反射率的相对变化量，就相对变化量而言，变化最大的为可见光波段，为 −13.2%；其次是紫外波段，为 −10.54%；近红外波段变化情况最小，只有 −0.81%。注意，紫外波段反射率相对变化量非常高的原因在于，虽然紫外波段接菌与对照处理的差值较小，但是该波段土壤反射率较低，相对变化量得到了放大。

为了比较微生物复垦区土壤有机碳及微生物生物量碳与敏感光谱之间的相互作用，在此对它们进行了相关性分析。其结果如图 9.7 所示，无论是接菌区还是对照区，土壤有机碳和微生物生物量碳均与敏感光谱 655 nm 处的反射率表现出负相关关系，对照区拟合度 R^2 略高于接菌区，但均高于 0.7，显著性检验概率 p 均远低于 0.01，达到显著水平，说明土壤有机碳和微生物生物量碳均与敏感光谱 655 nm 处的反射率之间存在显著负相关。

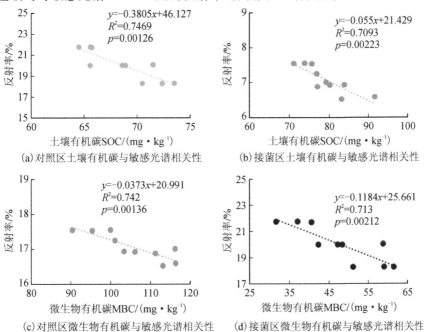

图 9.7 土壤有机碳组分与敏感光谱的相关性

5)结论

本研究中,AM 接菌区林下植被长势良好,土壤含水率显著高于对照区,为矿区复垦地土壤呼吸创造了良好条件,可以加速对有机质进行分解。此外,地上部分的碳输入对土壤呼吸影响非常大,地表凋落物可为微生物提供碳源,AM 真菌利用丰富的地表凋落物通过微生物作用改变地表环境,进而影响土壤呼吸和碳循环。接菌区土壤光谱反射率低于对照区土壤光谱反射率,这可能与接菌区土壤粉粒含量占比和有机碳含量均高于对照区有关。土壤反射光谱特征是土壤类型、土壤有机碳含量、土壤质地、土壤湿度等的综合响应。本研究所选样品土壤均为大柳塔复垦地紫穗槐区林下土壤,经过过筛、风干处理后,基本消除了土壤类型和土壤湿度对土壤光谱的影响。本研究中,接菌处理使得土壤颗粒粒径变小,粉粒和黏粒所占比重增加,土壤结构更加稳定,将土壤风干去除土壤含水率这一影响因素,理论上光谱反射率应该提高,而受有机碳的影响实际呈现降低的情况,说明土壤有机碳对光谱反射率的影响要比土壤粒径的大。通过对土壤有机碳组分的测定和进行相关分析,发现微生物生物量碳与 655 nm 处的反射率之间存在显著负相关关系,这为土壤微生物生物量碳在高光谱相应特征方面的研究提供了新思路。

9.4　本章小结

本章首先论述了土地复垦的一些基础概念,然后综合论述了国内外土地复垦研究进展,对近年来复垦工作重点进行了介绍。接下来对土地复垦规划和土地复垦效益评价工作的流程进行了简单的介绍,并对各种效益评价指标、指标权重确定方法和综合效益评价模型搭建进行了介绍。然后列举了一些遥感技术在土地复垦工作中的典型应用,包括监测点信息获取、植被指数应用、大气遥感和水资源遥感、激光技术获取土壤环境指标、土地利用变化和景观格局分析、微生物复垦效果评价等。最后列举了微生物复垦遥感监测实例,利用高光谱遥感技术分析了接菌处理和对照处理对土壤基本理化性质和土壤活性有机碳的影响。根据微生物复垦区植被、土壤等一系列遥感数据,可高效监测土地复垦情况,以便对土地复垦方案和措施进行适时调整。

本章参考文献

白中科,赵景逵,1995. 论我国土地复垦的效益[J]. 生态经济 (2):35 - 39.

鲍士旦,秦怀英,劳家柽,等,1990. 土壤农化分析[M]. 北京:农业出版社.

毕银丽,2017. 丛枝菌根真菌在煤矿区沉陷地生态修复应用研究进展[J]. 菌物学报,36(7):800 - 806.

毕银丽,郭晨,王坤,2020. 煤矿区复垦土壤的生物改良研究进展[J]. 煤炭科学技术,48(4):52 - 59.

毕银丽,胡振琪,司继涛,等,2002. 接种菌根对充填复垦土壤营养吸收的影响[J]. 中国矿业大学学报(3):39 - 44.

毕银丽,李晓林,丁保健,2003. 水分胁迫条件下接种菌根对玉米抗旱性的影响[J]. 干旱地区农业研究,21(2):7 - 12.

毕银丽,刘银平,黄霄羽,等,2008. 丛枝菌根对尾矿环境的生态修复作用[J]. 科技导报(7):

27 - 31.

毕银丽,王瑾,冯颜博,等,2014. 菌根对干旱区采煤沉陷地紫穗槐根系修复的影响[J]. 煤炭学报(8):1758 - 1764.

毕银丽,吴福勇,武玉坤,2006. 接种微生物对煤矿废弃基质的改良与培肥作用[J]. 煤炭学报(3):95 - 98.

毕银丽,吴王燕,刘银平,2007. 丛枝菌根在煤矸石山土地复垦中的应用[J]. 生态学报(9):200 - 205.

卞正富,2000. 国内外煤矿区土地复垦研究综述[J]. 中国土地科学(1):6 - 11.

卞正富,张国良,1993. 高潜水位矿区土地复垦模式及其决策方法[J]. 煤矿环境保护(5):3 - 6.

蔡海生,2015. 土地复垦方案编制要点和关键问题[J]. 中国水土保持(4):24 - 27.

陈秋计,2018. 土地复垦技术与方法[M]. 西安:西安交通大学出版社.

陈书琳,2014. 微生物复垦中植物及土壤理化参数的高光谱反演研究[D]. 北京:中国矿业大学.

陈书琳,毕银丽,2014. 遥感技术在微生物复垦中的应用研究[J]. 国土资源遥感,26(3):16 - 23.

崔鹏艳,2016. 基于 Landsat TM 数据的山西省煤田区 2001—2010 年热异常监测及趋势分析[D]. 太原:太原理工大学.

崔世超,周可法,丁汝福,2019. 高光谱的矿区植物异常信息提取[J]. 光谱学与光谱分析,39(1):241 - 249.

邓胜华,梅昀,胡伟艳,2009. 基于模糊模型识别的石碑坪镇土地整理社会生态效益评价[J]. 中国土地科学,23(3):72 - 75.

董志明,2007. 排土场的复垦作业与评价[J]. 煤炭技术,26(7):132 - 133.

董祚继,2016. 采矿废弃地如何"由废变宝"?:浙江省德清县废弃矿地综合利用工作情况调研[J]. 中国土地(3):29 - 31.

方瑛,马任甜,安韶山,等,2016.黑岱沟露天煤矿排土场不同植被复垦土壤酶活性及理化性质研究[J]. 环境科学,37(3):1121 - 1127.

冯海英,冯仲科,冯海霞,2017. 一种基于无人机高光谱数据的植被盖度估算新方法[J]. 光谱学与光谱分析,37(11):3573 - 3578.

冯少茹,2005. 基于循环经济理论的淮北市采煤塌陷地生态修复模式研究[D]. 合肥:合肥工业大学.

傅宇,王建步,2019. 基于 Landsat8 OLI 数据的山东黄河三角洲国家自然保护区土地利用/覆盖现状遥感监测[J]. 山东林业科技,49(6):19 - 22.

高更君,才庆祥,1999. 露天煤矿的土地复垦[J]. 能源环境保护(3):8 - 11.

郭建一,2009. 矿山土地复垦技术与评价研究[D]. 沈阳:东北大学.

贺日兴,胡振琪,凌海明,等,2000. 参与型土地复垦:一种有效的土地复垦管理模式(英文)[C]// 中国土地学会. 面向 21 世纪的矿区土地复垦与生态重建:北京国际土地复垦学术研讨会论文集. 中国土地学会:130 - 134,707.

侯晓丽,2010. 废弃煤矿土地复垦研究:以山西省为例[D]. 重庆:西南大学.

胡俊，李志伟，朱建军，等，2013. 基于 BFGS 法融合 InSAR 和 GPS 技术监测地表三维形变[J]. 地球物理学报，56(1)：117－126.

胡振琪，2008. 土地复垦与生态重建[M]. 北京：中国矿业大学出版社.

胡振琪，2019. 我国土地复垦与生态修复 30 年：回顾、反思与展望[J]. 煤炭科学技术，47(1)：30－40.

胡振琪，毕银丽，2000. 试论复垦的概念及其与生态重建的关系[J]. 煤矿环境保护(5)：13－16.

胡振琪，刘海滨，1993. 试论土地复垦学[J]. 中国土地科学，7(5)：39－42.

胡振琪，王新静，贺安民，2014. 风积沙区采煤沉陷地裂缝分布特征与发生发育规律[J]. 煤炭学报，39(1)：11－18.

胡振琪，赵艳玲，程玲玲，2004. 中国土地复垦目标与内涵扩展[J]. 中国土地科学(3)：3－8.

黄德春，许长新，2004. 公益性投资项目后评价方法研究[J]. 河海大学学报(自然科学版)(6)：114－117.

贾芳芳，2007. 土地整理效益评价研究[D]. 北京：北京林业大学.

姜永彬，2011. 我国进行土地复垦的必要性[J]. 黑龙江科技信息(18)：215.

李海英，顾尚义，吴志强，2006. 矿山废弃土地复垦技术研究进展[J]. 贵州地质(4)：302－306,318.

李红举，李少帅，赵玉领，2019. 澳大利亚矿山土地复垦与生态修复经验[J]. 中国土地(4)：46－48.

李靖，2016. 露天煤矿生物复垦研究[J]. 煤，25(1)：63－64,72.

李闽，2003. 美国露天开采控制与复垦法及其启示[J]. 国土资源(11)：52－53.

李树志，1995. 生物复垦技术[J]. 煤矿环境保护，9(2)：18－20.

李晓冰，李富平，2002. 我国矿山土地复垦存在的问题及对策[J]. 河北理工学院学报(社会科学版)(4)：52－56.

李艳双，曾珍香，1999. 主成分分析法在多指标综合评价方法中的应用[J]. 河北工业大学学报(1)：94－97.

李宗禹，1996. 苏联的林业土地复垦[J]. 世界林业研究(5)：38－45.

梁留科，常江，吴次芳，等，2002. 德国煤矿区景观生态重建/土地复垦及对中国的启示[J]. 经济地理(6)：711－715.

梁媛媛，张志强，张立实，2008. 浅析特尔菲法在制修订食品生产企业卫生规范方面的应用[J]. 中国卫生监督杂志，15(2)：116－120.

林晓丹，汤俊红，范胜龙，等，2016.PSR 框架下土地整理景观生态效应评价[J]. 宜宾学院学报，16(12)：108－113,118.

刘慧，2013. 神府矿区土地复垦评价及模式研究[D]. 乌鲁木齐：新疆农业大学.

刘静，2016. 安太堡露天煤矿排土场地表温度影响因素研究[D]. 北京：中国地质大学.

刘培，2013. 基于主被动遥感数据协同处理的地表环境监测与分析[D]. 徐州：中国矿业大学.

刘英，侯恩科，岳辉，2017. 基于 MODIS 的神东矿区植被动态监测与趋势分析[J]. 国土资源遥感，29(2)：132－137.

刘英，岳辉，2018. 神东矿区主要矿井采区和非采区植被差异分析[J]. 煤炭技术，37(7)：14 - 16.

刘振国，卞正富，雷少刚，等，2014. PS-DInSAR 技术在山区重复采动地表沉陷监测中的应用(英文)[J]. Transactions of Nonferrous Metals Society of China，24(10)：3309 - 3315.

刘振肖，陈建宏，2010. 基于模糊综合评判的尾矿库土地复垦效益评价[J]. 矿业研究与开发(4)：101 - 104.

龙花楼，1997. 采矿迹地景观生态重建的理论与实践[J]. 地理科学进展，16(4)：68 - 74.

卢欣奇，李学峰，张勤斌，等，2019. 基于 PS-InSAR 技术的老采空区地表沉陷监测与分析[J]. 中国矿业，28(4)：104 - 110，114.

马保东，2014. 矿区典型地表环境要素变化的遥感监测方法研究[D]. 沈阳：东北大学.

马保东，2008. 兖州矿区地表水体和煤堆固废占地变化的遥感检测[D]. 沈阳：东北大学.

马萧，白中科，2009. 平朔矿区土地生态系统综合效益评价[C]// 中国农业工程学会. 纪念中国农业工程学会成立 30 周年暨中国农业工程学会 2009 年学术年会(CSAE 2009)论文集. 中国农业工程学会：1751 - 1755.

倪衡，李效顺，鹿瑶，等，2019. 基于光谱特征的煤矿覆煤区遥感识别与监测方法研究：以云南小龙潭矿区为例[J]. 生态与农村环境学报，35(1)：9 - 15.

潘明才，2002. 德国土地复垦和整理的经验与启示[J]. 国土资源(1)：50 - 51.

潘志斌，2017. 我国矿区土地复垦的主要问题及其对策分析[J]. 科技展望，27(14)：289.

裴浪，全文智，毕银丽，等，2017. 覆膜与接种微生物对半干旱区玉米生长特性和水分利用效率的影响[J]. 灌溉排水学报，36(10)：7 - 13.

荣颖，胡振琪，付艳华，等，2017. 中美草原区露天煤矿土地复垦技术对比案例研究[J]. 中国矿业，26(1)：55 - 59.

孙宝志，2004. 露天煤矿土地复垦及应用研究[D]. 阜新：辽宁工程技术大学.

孙翠玲，顾万春，郭玉文，1999. 废弃矿区生态环境恢复林业复垦技术的研究[J]. 资源科学，21(3)：68 - 71.

孙燕玲，王称，2011. 浅析我国矿山土地复垦制度[J]. 教育教学论坛(14)：250 - 251.

王飞红，任晓敏，2013. 基于 CBERS - 02B 的矿区地物信息的提取[J]. 电子世界(21)：121 - 122.

王港，2018. 泰安市土地利用变化遥感监测[J]. 科技创新导报，15(11)：113 - 114.

王军，张亚男，郭义强，2014. 矿区土地复垦与生态重建[J]. 地域研究与开发，33(6)：113 - 116.

王莉，张和生，2013. 国内外矿区土地复垦研究进展[J]. 水土保持研究(1)：298 - 304.

王巧妮，2008. 采煤塌陷地复垦模式综合效益评价与对策研究[D]. 南京：南京林业大学.

王珊珊，季民，胡瑞林，等，2012. 基于 InSAR - GIS 的矿区地面沉陷动态分析平台的实现与应用[J]. 煤炭学报，37(A02)：307 - 312.

王文宇，李静，2008. 面向对象的高分辨率遥感影像土地覆盖信息提取[J]. 测绘科学，33(S1)：196 - 197.

文卓，皇甫玉辉，孙天竹，等，2019. 我国矿山土地复垦与生态修复存在的问题及建议[J]. 矿产勘查，10(12)：3076 - 3078.

吴南锟，刘健，郑文英，等，2020. 马尾松林地土壤有机碳遥感估测[J]. 东北林业大学学报，48(1)：68 - 73，87.

徐肖，刘硕，2019. 基于决策树分类的土地利用遥感监测[J]. 科技风(17)：86,92.

杨惠晨，2015. 矿区土地利用遥感监测及景观格局分析[D]. 赣州：江西理工大学.

杨柳，2018. 基于温度分异的离子型稀土矿区地表生态扰动遥感监测研究[D]. 赣州：江西理工大学.

杨选民，1999. 黄土高原煤矿塌陷区土地复垦措施[J]. 中国土地科学(2)：20-22.

于堃，单捷，王志明，等，2019. 无人机遥感技术在小尺度土地利用现状动态监测中的应用[J]. 江苏农业学报，35(4)：853-859.

于左，2005. 美国矿地复垦法律的经验及对中国的启示[J]. 煤炭经济研究(5)：10-13.

余桥，2013. 土壤湿度不同遥感方法的对比分析[D]. 沈阳：东北大学.

余学义，穆驰，2019. 神东矿区土地复垦效益评价[J]. 西安科技大学学报(2)：201-208.

岳辉，毕银丽，2017. 基于野外大田试验的接菌紫穗槐生态修复效应研究[J]. 水土保持通报，37(4)：1-5,19.

岳辉，毕银丽，2017. 基于主成分分析的矿区微生物复垦生态效应评价[J]. 干旱区资源与环境，31(4)：113-117.

岳辉，毕银丽，刘英，2012. 神东矿区采煤沉陷地微生物复垦动态监测与生态效应[J]. 科技导报，30(24)：33-37.

岳辉，刘英，2018. 神东矿区主要矿井采区和非采区地表温度季节差异分析[J]. 煤炭技术，37(11)：165-167.

負慧星，2007. 山西省太谷县地裂缝形成机制及防治对策研究[D]. 太原：太原理工大学.

张春兰，2018. 基于综合长势参数指标的冬小麦长势遥感监测[D]. 西安：西安科技大学.

张寅玲，2014. 露天矿区遥感监测及复垦区生态效应评价[D]. 北京：中国地质大学.

赵恒谦，张文博，朱孝鑫，等，2019. 煤炭矿区植被冠层光谱土地复垦敏感性分析[J]. 光谱学与光谱分析，39(6)：1858-1863.

赵景边，1966. 矿区土地复垦技术与管理[M]. 北京：农业出版社.

赵静珍，刘淑玲，任凌宇，等，2002. 土地利用质量综合评价研究[J]. 河北省科学院学报，19(3)：166-169.

赵萍，代万安，杜明新，等，2014. 青藏高原种植紫穗槐对土壤养分的响应[J]. 草业学报，23(3)：175-181.

周锦华，胡振琪，高荣久，等，2007. 矿山土地复垦与生态重建技术研究现状与展望[J]. 金属矿山，10(11)：45-47.

周连碧，代宏文，2005. 我国矿区土地复垦与生态重建研究进展[C]// 中国有色金属学会学术年会：168-175.

周小燕，2014. 我国矿业废弃地土地复垦政策研究[D]. 北京：中国矿业大学.

周孝，2006. 土地复垦理论与技术[M]. 北京：中国社会出版社.

邹彦岐，2009. 矿区土地复垦效益评价研究[D]. 北京：中国地质大学.

NSKAYAMA M,1998. Post project review of environmental impact assessment for Sguling Dam for involuntary resettlement[J]. International Journal of Water Resources Development(14)：217-229.

第10章 矿区生态环境质量评价

随着科学技术的不断进步,世界经济的飞速发展,人类社会发生了巨大变化。同时,人类的生产活动、生活方式对生态系统的影响不断增大。从一定意义上说,经济水平的提高在很大程度上是以牺牲环境与消耗资源为代价的,并由此产生了各种生态问题,对人类未来社会的可持续发展造成了严重影响。

改革开放以来,我国社会经济迅速发展的同时,不可避免地带来了生态环境问题,主要表现在生态系统退化、资源面临危机、自然灾害频发、土地退化、污染问题严重等几个方面,使生态环境面临着严峻的考验。因此,从保护生态环境的角度出发,科学、全面、准确地评价生态质量状况及其变化趋势,为生态保护、建设和监督管理提供科学依据和技术支持是十分必要的。

10.1 生态环境质量评价基础知识

生态环境质量是指生态环境的优劣程度,它以生态学理论为基础,在特定的时间和空间范围内,从生态系统层次上,反映生态环境对人类生存及社会经济持续发展的适宜程度,是根据人类的具体要求对生态环境的性质及变化状态的结果进行评定。

生态环境质量评价就是根据特定的目的,选择具有代表性、可比性、可操作性的评价指标和方法,对生态环境质量的优劣程度进行定性或定量的分析和判别。

10.1.1 生态环境质量评价类型

从生态环境质量评价的类型上看,生态环境质量评价主要包括:关注生态问题的生态安全评价和生态风险评价,关注生态系统对外界干扰的抗性和稳定性评价,关注生态系统服务功能与价值的生态系统服务功能评价以及从生态系统健康角度进行的生态系统健康评价。

1. 生态安全评价

生态安全是国家安全和社会稳定的重要组成部分,具有战略性、整体性、层次性、动态性和区域性特点,保障生态安全是任何国家或区域在发展经济、开发资源时所必须遵循的基本原则之一。

生态安全评价是对特定时空范围内生态安全状况的定性或定量描述,是主体对客体需要之间价值关系的反映。生态安全评价的主要内容包括评价主体、评价方案、评价指标及信息转换模式等。评价对象是在一定时空范围内的人类开发建设活动对环境、生态的影响过程与效应。生态安全的自身特点要求生态安全评价的结果必须体现出整体性、层次性和动态性。

2. 生态风险评价

生态风险评价是伴随着环境管理目标和环境观念的转变而逐渐兴起并得到发展的一个新的研究领域,它区别于生态影响评价的重要特征在于其强调不确定性因素的作用。

生态风险评价是一个从环境影响评价到环境风险评价的过程。环境影响评价(Environmental Impact Assessment，EIA)是对某项人类活动将来所可能产生的环境影响做出的预测和评估。环境风险评价(Environmental Risk Assessment，ERA)是某建设项目或区域开发行为诱发的灾害对人体健康、经济发展、工程设施、生态系统可能带来的损失进行识别、度量和管理。

区域生态风险评价是生态风险评价的重要内容，是在特定的区域尺度上描述和评估环境污染、人为活动和自然灾害对生态系统及其组分产生不利影响的可能性及大小的过程，其目的在于为区域风险管理提供理论和技术支持。与单一地点的生态风险评价相比，区域生态风险评价所涉及的环境问题(包括自然和人为灾害)的成因以及结果具有区域性和复杂性。

3. 生态系统健康评价

生态系统健康评价是研究生态系统管理的预防性、诊断性和预兆性特征，以及生态系统健康与人类健康之间关系的综合性科学。

生态健康是指生态系统处于良好状态。处于良好健康状况下的生态系统不仅能保持化学、物理及生物完整性(指在不受人为干扰情况下，生态系统经生物进化和生物地理过程维持生物群落正常结构和功能的状态)，还能维持其对人类社会提供的各种服务功能。

4. 生态系统稳定性评价

生态系统稳定性是指生态系统在自然因素和人为因素共同影响下保持自身生存与发展的能力。

稳定性评价应体现生态系统的层次性特点。稳定性的外延包括局域稳定性、全局稳定性、相对稳定性和结构稳定性等(黄建辉，1994)。稳定性的一些本质特征往往出现在较低的(群落以下)生物组织层次上(Hastings，1988)。Tilman等(1996)曾在生态系统、群落和种群层次上提出了各自的稳定性特征。Loreau(2000)认为，种群层次的稳定性特征可能与群落及生态系统层次的稳定性不同。事实上，扰动胁迫可能会涉及特定生态系统或群落中的各个生物组织层次，分别探讨各层次对扰动的响应机制以及层次之间的相互关系，对客观地反映生态系统稳定性本质可能更具积极意义。因此，在稳定性的外延中应反映生物组织层次的内涵，如生态系统的稳定性、群落稳定性和种群稳定性等。

5. 生态系统服务功能评价

生态系统不仅创造和维持了地球生命支持系统，形成了人类生存所必需的环境条件，还为人类提供了生活与生产所必需的食品、医药、木材及工农业生产的原材料等。因此，良好的生态系统服务功能是健康的生态系统的重要反映，生态系统健康是保证生态系统功能正常发挥的前提，结构和功能的完整性、抵抗干扰和恢复能力、稳定性和可持续性是生态系统健康的特征。生态系统的服务功能主要包括有机质的合成与生产、生物多样性的产生与维持、调节气候、营养物质贮存与循环、植物花粉的传播与种子的扩散、有害生物的控制、减轻自然灾害等方面。生态系统最主要的功能体现在两个方面，一是生态服务功能，二是生态价值功能，这两个功能是人类生存和发展的基础。

总的来说，生态系统服务功能评价的方法主要有两种：一是指示物种评价，二是结构功能评价。结构功能评价包括单指标评价、复合指标评价和指标体系评价。指标体系评价又包括自然指标体系评价、社会-经济-自然复合生态系统指标体系评价。

6. 生态环境承载力评价

生态环境承载力评价是区域生态环境规划和实现区域生态环境协调发展的前提。区域生态环境承载力是指在某一时期的某种环境状态下，某区域生态环境对人类社会经济活动的支持能力，它是生态环境系统物质组成和结构的综合反映。区域生态环境系统的物质资源以及其特定的抗干扰能力与恢复能力具有一定的限度，即具有一定组成和结构的生态环境系统对社会经济发展的支持能力有一个"阈值"。这个"阈值"的大小取决于生态环境系统与社会经济系统两方面因素。不同区域、不同时期、不同社会经济和不同生态环境条件下，区域生态环境承载力的"阈值"也不同。

10.1.2　评价指标选取原则

生态环境质量评价指标在选取时应遵循以下几点原则。

1. 代表性原则

生态环境的组成因子众多，各因子之间相互作用、相互联系构成一个复杂的综合体。评价指标体系不可能包括生态环境的全部因子，只能从中选择最具有代表性、最能反映生态环境本质特征的指标。

2. 全面性原则

生态环境是一个由自然-社会-生态因素组成的复杂综合体，包括大气、水、岩石、土壤、生物、社会经济等各方面，因此，选取的指标要尽可能地反映生态系统各个方面的特征。

3. 综合性原则

生态环境是自然、生物和社会构成的复合系统，各组成因子之间相互联系、相互制约，每一个状态或过程都是各种因素共同作用的结果。因此，评价指标体系中的每个指标都应是反映本质特征的综合信息因子，能反映生态环境的整体性和综合性特征。

4. 简明性原则

指标选取以能说明问题为目的，要有针对性地选择有用的指标，指标繁多反而容易顾此失彼，重点不突出，掩盖了问题的实质。因此，评价指标要尽可能少，评价方法尽可能简单。

5. 方便性原则

指标的定量化数据要易于获得和更新。虽然有些指标对环境质量有极佳的表征作用，但数据缺失或不全，就无法进行计算和纳入评价指标体系。因此，选择的指标必须实用可行，可操作性强。

6. 适用性原则

从空间尺度来讲，选择的评价指标应具有广泛的空间适用性，对省市县等不同的区域而言，都能运用所选择的指标对其区域的生态环境质量做出客观的评价。

进行生态环境评价的目的包括对生态系统运行现状进行评价以及监测生态系统状态的变化趋势。具体地说，生态环境评价最终目标为：①生态预警。对于既定的经济社会发展目标，输入端的物质投入量（特别是不可再生资源的开采、投入量）、输出端的废弃物排放量、资源利用率和循环利用率等都有一个合理的运行范围，如果超出了合理范围，生态系统将是不可持续的。因此，要在建立有关警戒标准的基础上，建立生态预警系统，以便及时采取调控手段，使经济社会发展处于安全范围内运行。②为优化管理决策提供依据。通过生态评价了解生态发展状况,发现阻碍其发展的不利环节,为优化管理决策提供科学依据。

通过生态环境评价,希望可以做到以下几点。①保护生态系统的整体性:生态系统是有层次的结构整体;②保护生物多样性:生物多样性有基因(遗传)多样性、物种多样性和生态系统多样性;③保护区域性生态环境:合理利用自然资源,保持生态系统的再生能力;④保护生存性资源:如水资源和土地资源。

10.2　生态环境质量评价的主要方法

生态环境质量评价的主要方法包括:压力-状态-响应模型(Pressure-State-Response,PSR)、综合指数评价模型、生态足迹模型(Ecological Footprint,EF)、系统动力学模型(System Dynamics,SD)、生态环境状况指数(Ecological Environment Index,EI)及遥感生态指数(Remote Sensing Ecology Index,RSEI)等六种方法。

10.2.1　压力-状态-响应模型(PSR)

1990年,经济合作与发展组织遵照1989年七国首脑会议的要求,启动了生态环境指标研究的项目,首创了"压力-状态-响应"(PSR)模型的概念框架,如图10.1所示。该模型是衡量生态环境承受的压力、这种压力给生态环境带来的影响及社会对这些影响所做出的响应等。随后人们对该模型进行推广,建立了针对不同问题的PSR模型。

压力指标表征人为经济活动对生态环境所造成的压力,如地下水的超采量、木材砍伐超过再生量、没有保护措施的坡地开垦、土壤有机质和养分的损失量、乡村农业人口密度、耕地占可耕地的比重、森林覆盖面积减少量等。

状态指标表征生态环境现状及其变化的趋势,如森林退化、土壤侵蚀状况、实际作物产量与农作物生产潜力之比等。生态承载力、生态弹性力是表示生态环境对人类经济活动支持能力的两个综合性指标,是生态环境具有的一种内在属性,因此,二者均属于重要的状态指标。

响应指标表征社会对造成生态环境状况变化的压力所做出的反应,如管理措施的应用程度与范围(新成立的管理机构数目)。它既包括正向反应,如提高水资源利用率、实施土壤保护措施、实行作物轮作或复种方式,也包括负面反应,如土地撂荒等。

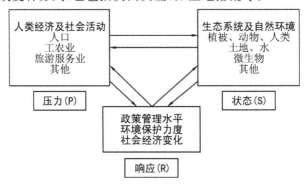

图10.1　压力-状态-响应模型

压力指标、状态指标与响应指标之间有时没有明确的界线,它们在PSR评价模型中是有机的整体,必须将三者综合起来考虑。此后,人们根据具体的生态系统研究建立了多种 PSR 模型,但这些模型的核心思想都是一致的,其主要的区别在于具体评价指标的选择不同。

PSR 计算步骤如下

$$\text{EI} = \sum_{i}^{n} W_i \times X_i' \tag{10.1}$$

式中,EI 为生态环境评价指标;W_i 及 X_i' 分别表示指标 i 的权重和指标 i 的归一化值;i 为指标个数,$i = 1, 2, 3, \cdots, n$。

在计算 PSR 之前,由于单位和指标的数据范围不同,还需要将指标进行归一化使其在 0 到 1 之间。若指标对生态系统健康产生正向影响,则采用式(10.2),若指标为负向影响,则采用式(10.3)。

$$Y = (X' - X_{\min})/(X_{\max} - X_{\min}) \tag{10.2}$$

$$Y = (X_{\max} - X')/(X_{\max} - X_{\min}) \tag{10.3}$$

10.2.2 综合指数评价模型

综合指数评价模型首先对每一个参与评价的要素进行单独的评价,然后在单独评价的基础上结合各评价因素对最终评价结果的属性权重,通过加权来对生态环境质量进行综合评价,得到综合评价结果。权重确定的方法包括主成分分析法、层次分析法、模糊综合评价法、Topsis法等。

综合指数评价模型具体实现步骤:①选择恰当的指标数据集;②确定各个评价指标相对于评价目标的权重值;③确定各个评价指标的评价等级以及评价等级的界限;④建立综合的评价模型;⑤利用相关数据对模型进行相关的考察、修改及完善。

10.2.3 生态足迹模型

生态足迹(EF)就是能够持续地提供资源或消纳废物的、具有生物生产力的地域空间,其含义就是要维持一个人、地区、国家的生存所需要的或者指能够容纳人类所排放废物的、具有生物生产力的地域面积。生态足迹是估计要承载一定生活质量的人口,需要多大的可供人类使用的可再生资源或者能够消纳废物的生态系统,故又称之为"适当的承载力"。

生态足迹显示在现有技术条件下,指定的人口单位内(一个人、一个城市、一个国家或全人类)需要多少具备生物生产力的土地和水域,来生产所需资源和吸纳所排放的废物。生态足迹通过测定现今人类为了维持自身生存而利用自然的量来评估人类对生态系统的影响。

生态足迹的计算需要将各项消费转化为相对应的生物生产性土地面积,通常将生物生产性土地面积分为六大类:耕地、草地、建筑用地、生产性水域、林地、能源用地。生态足迹计算公式为

$$\text{EF} = N \times \text{ef} = N \times \sum \gamma(a_i) = N \times \sum \gamma(C_i / P_i) \tag{10.4}$$

式中,EF 为区域总生态足迹;ef 为区域人均生态足迹;N 为区域人口总数;γ 为平衡因子;a_i 为第 i 种资源人均消耗转化成的生产性土地面积;P_i 为第 i 种资源的平均产量;C_i 为第 i 种资源人均消耗的数量。

生态承载力公式为

$$EC = N \times ec = N \times (1 - 12\%) \times \sum \gamma \times y \times a_i \tag{10.5}$$

式中,EC 为区域总生态承载力;ec 为区域人均生态承载力;N 为区域人口总数;y 为产量因子;γ 为平衡因子;a_i 为第 i 种资源人均消耗转化成的生产性土地面积;12% 是为了保护生态系统生产力而从生态供给中扣除的生产性土地面积。

10.2.4　系统动力学模型(SD)

美国麻省理工学院的福瑞斯特教授于 1957 年提出系统动力学(System Dynamics,SD)模型。最初该模型是被用来处理生产管理和企业管理问题的一种仿真模型,它是吸收了信息论和控制论的一门综合性学科。

系统动力学模型是通过系统内部要素之间的因果关系来从结构层次追寻问题发生的根源,而不受外界或者随机事件的干扰,从系统内部来确定系统的整体功能。

10.2.5　生态环境状况指数(EI)

2006 年,国家环境保护部以行业标准的形式颁发了《生态环境状况评价技术规范》(HJ 192—2006),推出了主要基于遥感技术的生态环境状况指数(EI),旨在对我国县级以上生态环境提供一种年度综合评价标准。

2015 年环保部对《生态环境状况评价技术规范》(HJ 192—2015)行业标准做出修改,重新将生态环境状况指数的计算方法修改为

EI = 0.35 × 生物丰度指数 + 0.25 × 植被覆盖指数 + 0.15 × 水网密度指数 + 0.15 × (100 − 土地胁迫指数) + 0.10 × (100 − 污染负荷指数) + 环境限制指数 　　(10.6)

(1)生物丰度指数:评价区域内生物的丰贫程度,利用生物栖息地质量和生物多样性综合表示。

$$生物丰度指数 = (BI + HQ)/2 \tag{10.7}$$

式中,BI 为生物多样性指数,评价方法执行《区域生物多样性评价标准》(HJ 623—2011);HQ 为生境质量指数。当生物多样性指数没有动态更新数据时,生物丰度指数变化等于生境质量指数的变化。

(2)植被覆盖指数:评价区域植被覆盖的程度,利用评价区域单位面积归一化植被指数(NDVI)表示。

$$NDVI_{区域均值} = A_{veg} \times \left(\sum_{i=1}^{n} p_i / n \right) \tag{10.8}$$

式中,p_i 为 5—9 月份像元 NDVI 月最大值的均值;n 为区域像元数。

(3)水网密度指数:评价区域内水的丰富程度,利用评价区域内单位面积河流总长度、水域面积和水资源量表示。当水网密度指数大于 100 时,则取 100。

水网密度指数 =

$(A_{riv} \times 河流长度 / 区域面积 + A_{lak} \times 水域面积(湖泊、水库、河渠、近海) / 区域面积 + A_{res} \times 水资源量 / 区域面积)/3$ 　　(10.9)

式中,A_{riv} 为河流长度的归一化系数;A_{lak} 为湖库面积的归一化系数;A_{res} 为水资源量的归一化系数。

(4)土地胁迫指数:评价区域内土地质量遭受胁迫的程度,利用评价区域内单位面积水土

流失、土地沙化、土地开发等胁迫类型面积表示。当土地胁迫指数大于 100 时，则取 100。

土地胁迫指数 $= A_{ero} \times (0.4 \times$ 重度侵蚀面积 $+ 0.2 \times$ 中度侵蚀面积 $+ 0.2 \times$ 建设用地面积 $+ 0.2 \times$ 其他土地胁迫$) /$ 区域面积　　　　　　　　　(10.10)

式中，A_{ero} 为土地胁迫指数的归一化系数。

（5）污染负荷指数：评价区域内所承受的环境污染压力，利用评价区域内单位面积所承受的污染负荷表示。当污染负荷指数大于 100 时，则取 100。

污染负荷指数 $= (0.2 \times A_{COD} \times COD$ 排放量 $/$ 区域年降水总量$) + (0.2 \times A_{NH_3} \times$ 氨氮排放量 $/$ 区域年降水总量$) + (0.2 \times A_{SO_2} \times SO_2$ 排放量 $/$ 区域面积$) + (0.1 \times A_{YFC} \times$ 烟（粉）尘排放量 $/$ 区域面积$) + (0.2 \times A_{NO_x} \times$ 氮氧化物排放量 $/$ 区域面积$) + (0.1 \times A_{SOL} \times$ 固体废物丢弃量 $/$ 区域面积$)$　　　　　　　　　(10.11)

式中，A_{COD} 为 COD 的归一化系数；A_{NH_3} 为氨氮的归一化系数；A_{SO_2} 为 SO_2 的归一化系数；A_{YFC} 为烟（粉）尘的归一化系数；A_{NO_x} 为氮氧化物的归一化系数；A_{SOL} 为固体废物的归一化系数。

（6）环境限制指数：是生态环境状况的约束性指标，指根据区域内出现的严重影响人们生产生活安全的生态破坏和环境污染事项，如重大生态破坏、环境污染和突发环境事件等，对生态环境状况类型进行限制和调节，如表 10.1 所示。

表 10.1　环境限制指数约束内容

分类		判断依据	约束内容
突发环境事件	特大环境事件	按照《突发环境事件应急预案》，区域发生人为因素引发的特大、重大、较大或一般等级的突发环境事件，若评价区域发生一次以上的突发环境事件，则以最严重等级为准	生态环境不能为"优"和"良"，且生态环境级别降 1 级
	重大环境事件		
	较大环境事件		生态环境级别降 1 级
	一般环境事件		
生态破坏、环境污染	环境污染	存在环境保护主管部门通报的或国家媒体报道的环境污染或生态破坏事件（包括公开的环境质量报告中的超标区域）	存在环境保护主管部门通报的环境污染或生态破坏事件，生态环境不能为"优"和"良"，且生态环境级别降 1 级；其他类型的环境污染或生态破坏事件，生态环境级别降 1 级
	生态破坏		
	生态环境违法案件	存在环境保护主管部门通报或挂牌督办的生态环境违法案件	生态环境级别降 1 级
	被纳入区域限批范围	被环境保护主管部门纳入区域限批的区域	生态环境级别降 1 级

根据生态环境状况指数,可将生态环境分为 5 级,即优、良、一般、较差和差,如表 10.2 所示。

表 10.2 生态环境状况分级

级别	优	良	一般	较差	差
指数	EI≥75	55≤EI<75	35≤EI<55	20≤EI<35	EI<20
描述	植被覆盖度高,生物多样性丰富,生态系统稳定	植被覆盖度较高,生物多样性较丰富,适合人类生活	植被覆盖度中等,生物多样性水平一般,较适合人类生活,但有不适合人类生活的制约因子出现	植被覆盖较差,严重干旱少雨,物种较少,存在着明显限制人类生活的因素	条件较恶劣,人类生活受到限制

根据生态环境状况指数与基准值的变化情况,可将生态环境质量变化幅度分为 4 级,即无明显变化、略有变化(好或差)、明显变化(好或差)、显著变化(好或差),如表 10.3 所示。

表 10.3 生态环境状况变化度分级

级别	无明显变化	略微变化	明显变化	显著变化
变化值	|ΔEI|<1	1≤|ΔEI|<3	3≤|ΔEI|<8	|ΔEI|≥8
描述	生态环境质量无明显变化	如果 1≤ΔEI<3,则生态环境质量略微变好;如果−1≥ΔEI>−3,则生态环境质量略微变差	如果 3≤ΔEI<8,则生态环境质量明显变好;如果−3≥ΔEI>−8,则生态环境质量明显变差;如果生态环境状况类型发生改变,则生态环境质量明显变化	如果 ΔEI≥8,则生态环境质量显著变好;如果 ΔEI≤−8,则生态环境质量显著变差

如果生态环境状况指数呈现波动变化的特征,则该区域生态环境敏感。根据生态环境质量波动变化幅度,可将生态环境变化状况分为稳定、波动、较大波动和剧烈波动,如表 10.4 所示。

表 10.4 生态环境状况波动变化分级

级别	稳定	波动	较大波动	剧烈波动
变化值	|ΔEI|<1	1≤|ΔEI|<3	3≤|ΔEI|<8	|ΔEI|≥8
描述	生态环境质量状况稳定	如果 |ΔEI|≥1,并且 ΔEI 在 3 和−3 之间波动变化,则生态环境状况呈现波动特征	如果|ΔEI|≥3,并且 ΔEI 在 8 和−8 之间波动变化,则生态环境状况呈现较大波动特征	如果 |ΔEI|≥8,并且 ΔEI 变化呈现正负波动特征,则生态环境状况剧烈波动

10.2.6 遥感生态指数(RSEI)

EI 在具体应用过程中也发现了不少问题,如权重的合理性、归一化系数的设定、指标的易获取性等。针对 EI 存在的问题,徐涵秋(2013)提出了一个完全基于遥感信息,能够集成多种指标因素的遥感生态指数(RSEI)。RSEI 由湿度指标、干度指标、绿度指标和热度指标构成,采用主成分分析法得到 RSEI。

NDVI 表示绿度指标:

$$NDVI = \frac{\rho_{Nir} - \rho_{Red}}{\rho_{Nir} + \rho_{Red}} \tag{10.12}$$

式中，ρ_{Nir}、ρ_{red} 分别代表 TM 和 OLI 影像的近红外和红光波段的反射率。

缨帽变换的湿度、绿度、亮度分量已被大量应用于生态环境质量评价，其中湿度分量可较好反映土壤和植被的湿度状况。针对 Landsat5 TM 和 Landsat8 OLI 数据，其湿度指标计算公式分别为

$$WET_{TM} = 0.0315\rho_{Blue} + 0.2021\rho_{Green} + 0.3102\rho_{Red} + 0.1594\rho_{Nir} - 0.6806\rho_{Swir1} - 0.6109\rho_{Swir2} \tag{10.13}$$

$$WET_{OLI} = 0.1511\rho_{Blue} + 0.1972\rho_{Green} + 0.3283\rho_{Red} + 0.3407\rho_{Nir} - 0.7117\rho_{Swir1} - 0.4559\rho_{Swir2} \tag{10.14}$$

其中，ρ_{Blue}、ρ_{Green}、ρ_{Red}、ρ_{Nir}、ρ_{Swir1} 和 ρ_{Swir2} 分别代表 TM 和 OLI 影像的蓝光、绿光、红光、近红外、短波红外波段 1 和短波红外波段 2 的反射率。

热度指标（Land Surface Temperature，LST）由亮度温度（T）来代表，亮度温度采用 Chander 等最新修订的参数和 Landsat 用户手册的模型来计算，公式为

$$L = gain \times DN + bias \tag{10.15}$$

$$T = \frac{K_2}{\ln(K_1/L + 1)} \tag{10.16}$$

式中，L 为 TM/OLI 热红外波段辐射亮度值；gain 和 bias 分别为热红外波段的增益与偏移系数，可从影像文件中直接获得；DN 为像元灰度值；K_1 和 K_2 分别为定标参数；T 为传感器处亮度温度值。

当求出亮度温度 T 后，通过比辐射率纠正将亮度温度 T 转化为地表温度 LST，即

$$LST = \frac{T}{[1 + (\lambda T/\rho)\ln\varepsilon]} \tag{10.17}$$

式中，λ 为 TM/ETM+ 热红外波段的中心波长（$\lambda = 11.435\ \mu m$），或者是 OLI 热红外波段的中心波长（$\lambda = 10.9\ \mu m$）；$\rho = 1.438 \times 10^{-2}$ m/K；ε 为地表比辐射率，ε 的取值如下：根据 Vande Griend 等（1993）的经验公式计算地表比辐射率，当地表的 NDVI 值为 0.157～0.727 时，地表比辐射率 ε 与 NDVI 的经验关系为

$$\varepsilon = 1.0094 + 0.047 \times \ln NDVI \tag{10.18}$$

当 NDVI < 0 时，ε 取 0.995（水体）；当 NDVI 为 0～0.157 时，植被覆盖度很低，ε 取 0.923；当 NDVI > 0.727 时，ε 取 0.986。

干度指标不仅受到"裸土"的影响，研究区域的建筑用地同样也会造成地表的"干化"，因此徐涵秋提出干度指标（NDBSI）可以由裸土指数（SI）和建筑指数（IBI）二者合成，即

$$NDBSI = (SI + IBI)/2 \tag{10.19}$$

其中

$$SI = [(\rho_{Swir1} + \rho_{Red}) - (\rho_{Nir} + \rho_{Blue})]/[(\rho_{Swir1} + \rho_{Red}) + (\rho_{Nir} + \rho_{Blue})] \tag{10.20}$$

$$IBI = \{2\rho_{Swir1}/(\rho_{Swir1} + \rho_{Nir}) - [\rho_{Nir}/(\rho_{Nir} + \rho_{Red}) + \rho_{Green}/(\rho_{Green} + \rho_{Swir1})]\}/$$
$$\{2\rho_{Swir1}/(\rho_{Swir1} + \rho_{Nir}) + [\rho_{Nir}/(\rho_{Nir} + \rho_{Red}) + \rho_{Green}/(\rho_{Green} + \rho_{Swir1})]\} \tag{10.21}$$

式中，ρ_{Blue}、ρ_{Green}、ρ_{Red}、ρ_{Nir} 和 ρ_{Swir1} 分别代表 TM 和 OLI 影像的蓝光、绿光、红光、近红外和短波红外波段 1 的反射率。

因此，RSEI 可被表示为

$$RSEI = f(NDVI, WET, LST, NDBSI) \qquad (10.22)$$

RSEI 是在计算出 NDVI、WET、LST、NDBSI 这四个指标的基础上,将这四个指标通过正交线性变化,保留低阶正交主成分,忽略高阶主成分,选出少数重要变量,保持数据集中在对方差贡献最大的特征上,从而减少数据维数。经过主成分分析,得出数据的主要特征。主成分分析最大的优点是集成单个指标的权重不人为确定,而是根据数据本身的性质,根据各个指标对主分量的贡献度来自动客观的确定,从而在计算时可以避免因人而异、因方法而异的权重设定造成的结果偏差。

ENVI 软件中包含的主成分分析,通过正交变换将各因素转换为一组线性不相关的变量,转换后的这组变量叫主成分。将 NDVI、WET、LST、NDBSI 四个指标进行主成分分析后,使用主成分分析变换出的第一个波段表示 RSEI,该波段通常包含了变量组 80% 以上的特征。因此,RSEI 的表达式也可以写成

$$RSEI = 1 - [f(NDVI, WET, LST, NDBSI)] \qquad (10.23)$$

由于各指标的单位和数值范围不同,需要对四个指标的值进行归一化处理后再进行主成分分析变换。经过归一化后的 RSEI 数值应在[0,1]的范围,其越接近于 1 表明生态环境质量越好,反之则越差。根据数值范围,可以将各年份的 RSEI 值分成五级,分别代表差、较差、中等、良好和优等五个等级,对应的值的范围为[0,0.2)、[0.2,0.4)、[0.4,0.6)、[0.6,0.8)和[0.8,1]。

10.3　生态环境质量评价与遥感监测

上节中提到生态环境质量可使用 RSEI 遥感生态指数进行评价,本节介绍一个使用 RSEI 进行生态环境评价的例子——神东矿区生态环境质量评价。

本例中的研究区为神东矿区。神东矿区处于毛乌素沙漠南缘(见图 9.2),与干旱少雨、水土流失严重的黄土高原交错地带相邻,其地形、地势较为复杂。矿区西部以及西南部为沙漠化地区,干旱程度极为严重,土壤含水量相对较少且植被覆盖度较低。矿区矿产资源的开发过程中,废弃物中的酸性、碱性、毒性或重金属成分,通过径流和大气飘尘等方式,破坏了周围的土地、水域和大气,其污染影响面远远超过废弃物堆置场的地域和空间。

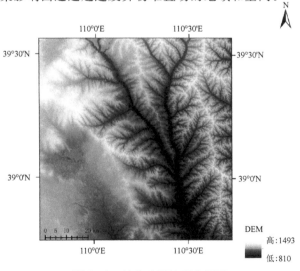

图 10.2　神东矿区地理位置图

　　本节所用的数据为神东矿区［行列号（127，33）］1989—2015 年的 TM、ETM＋和 OLI 遥感影像，通过"地理空间数据云"和"美国地质调查局 USGS"（http：∥glovis. usgs. gov/）进行免费数据的获取。遥感影像时间基本集中在 9—10 月份，区域晴空无云，影像质量较好。数据预处理包括辐射定标、大气校正和影像配准等，使配准的均方根误差控制在 0.5 个像元以内。

　　选取 1989、1994、2005 和 2015 年这 4 个典型年份完成专题图（见图 10.3 至图 10.6）。由图 10.3 至图 10.6 可知，从 1989—2015 年，神东矿区的绿度指标（FV，归一化后的 NDVI）存在有规律的变化，专题图颜色由深灰到浅灰。浅灰色越明显的区域，表示植被覆盖度高；反之，则表示植被覆盖度较低。从 4 个典型年份的专题图中的颜色变化来看，2005 年的植被覆盖度最低，1989—2005 年，植被覆盖度逐年降低，而在 2005 年之后，植被覆盖度先增加后减少。与 NDVI 作用相同的是，湿度指标 WET 同样与生态环境质量正相关，是表示生态环境良好的一个特征。1989—2015 年，WET 指标均值接近于 1 的区域范围逐渐增大，表明神东地区生态环境质量越来越好。LST 与生态环境质量良好程度呈负相关，1989—2015 年，热度指标趋于优良化，进一步表明神东矿区的生态环境逐步变好。1989—1994 年，神东矿区 NDBSI 值接近于 1 的区域范围有所增加，尤其是 1994 年，其 NDBSI 反映的生态质量差的区域达到了最大，而 1994 年之后，随着年份的增加，NDBSI 值接近于 1 的区域范围每年都比前一年有所减小，表明生态环境质量逐渐得到了恢复。

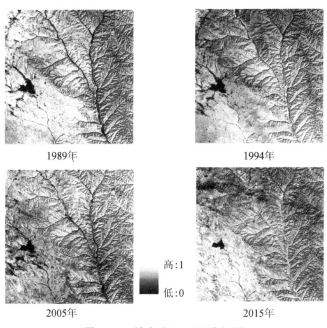

1989年　　　　　　　　　　　　　　1994年

高:1
低:0

2005年　　　　　　　　　　　　　　2015年

图 10.3　神东矿区 LST 分级图

图 10.4　神东矿区 FV 分级图

图 10.5　神东矿区 WET 分级图

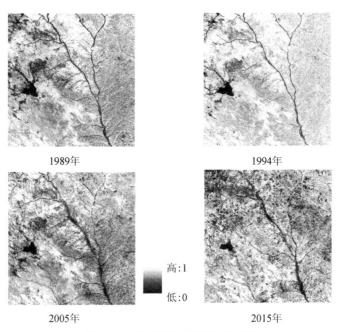

图 10.6　神东矿区 NDBSI 分级图

图 10.7 及表 10.5 为神东矿区 1989—2015 年的 RSEI 结果。分析可知,虽然中间个别年份之间有波动,但神东矿区总体生态环境质量呈上升趋势,由 1989 年的 0.366 增加到 2015 年的 0.477。

表 10.5　神东矿区 1989—2015 年各年份 RSEI 均值

年份	1989	1990	1991	1994	1998	1999	2000	2001	2003
RSEI 均值	0.366	0.429	0.367	0.418	0.430	0.420	0.433	0.378	0.449
年份	2004	2005	2006	2008	2009	2011	2013	2014	2015
RSEI 均值	0.445	0.440	0.451	0.459	0.466	0.455	0.409	0.473	0.477

通过统计不同等级面积所占总矿区面积的百分比可知,1989—2005 年,神东矿区的生态环境质量有所改善。1989 年,生态环境质量为“差”和“较差”的面积分别占整个研究区域的 33.8% 和 30.7%,两者之和几乎占整个神东矿区总面积的 4/5,而 2005 年分别为 23.0% 和 26.3%;“中等”以下生态环境质量 2005 年为 46.3%,2015 年减少到 40.8%,呈现逐渐下降的趋势;2005—2015 年,神东矿区的生态环境质量总体趋于稳定并保持继续向生态环境质量好的方向发展,“中等”及以上等级之和 2005 年为 50.7%,2015 年为 59.2%,呈现逐渐上升趋势,表明神东矿区 2005—2015 年的生态环境质量逐渐改善并趋于稳定。

神东矿区中所包含的矿井有:布尔台、金烽寸草塔、柳塔、乌兰木伦、寸草塔、石圪台、哈拉沟、尔林兔、补连塔、上湾、大柳塔、活鸡兔、榆家梁和锦界煤矿,共计 14 个,本节讨论其中的 9 个矿区(补连塔、大柳塔、活鸡兔、榆家梁、哈拉沟、乌兰木伦、石圪台、锦界、上湾)生态环境质量变化趋势。根据矿井开采时间和影像时间,将 9 个矿区分为采区和非采区,具体详见表 10.6。

图 10.7　神东矿区 RSEI 分级图

　　由表 10.6 可知,补连塔矿井 2000—2011 年采区和非采区 RSEI 均值的变化情况为:从时间分布来看,采区 RSEI 均值 2000 年为 0.476,2006 年减少为 0.371,到 2011 年又增加到 0.539,RSEI 均值总体呈先减少后增加的趋势;非采区 RSEI 均值从 2000 年的 0.419 逐渐增加到 2011 年的 0.532,总体上呈增加趋势。大柳塔矿井 1998—2011 年采区和非采区的 RSEI 均值均在增加,分别从 1998 年的 0.414、0.466 增加到 2011 年的 0.599、0.612,且非采区每年的 RSEI 均值均大于采区的 RSEI 均值。活鸡兔矿井采区 2008 年的 RSEI 均值相较于 2000 年有所增加,2009 年的 RSEI 均值相较于 2000 年和 2008 年均增加;非采区的 RSEI 均值随年份增加而增加,表明活鸡兔矿井的生态环境质量逐渐提升。榆家梁矿井的采区和非采区 2008 年的 RSEI 均值相较于 2003 年有所增加,而 2011 年采区和非采区的 RSEI 均值相较于 2008 年有所减少,这表明榆家梁矿井的生态环境质量存在变差的趋势。对于哈拉沟矿井,总体来看,不论是采区和非采区,RSEI 值均在增加,且 1998—2002 年非采区的 RSEI 均值均大于采区的 RSEI 均值,2007 年采区和非采区的生态环境处于较平衡状态。乌兰木伦矿井的整体生态环境质量较差,其 1998 年采区的 RSEI 均值仅为 0.157,到 2002 年质量有所提升,之后又逐渐减小,而非采区的生态环境处于一个均衡状态。造成乌兰木伦矿井这种问题的可能原因是其位于毛乌素沙漠边缘,干旱少雨,植被覆盖度较低。石圪台矿井采区和非采区的 RSEI 均值均逐渐增大,分别从 2007 年 0.302、0.416 逐渐增加到 2011 年的 0.487、0.480,2011 年,采区和非采区的 RSEI 均值处于平衡状态。锦界矿井 2007 年和 2011 年的采区和非采区 RSEI 均值结果显示,2007 年和 2011 年采区的 RSEI 均值均大于非采区的 RSEI 均值,表明采区的生态环境质量优于非采区的生态环境质量。上湾矿井 2007 年和 2011 年的采区和非采区 RSEI 均值结果表明,采区和非采区的 RSEI 均值逐渐增加,分别从 2007 年的 0.452、0.482 增大到 2011 年的 0.567、0.498。

表 10.6 神东矿区各矿井采区和非采区 RSEI 均值变化

矿 井	年 份	采区	非采区
补连塔矿井	2000 年	0.476	0.419
	2006 年	0.371	0.407
	2011 年	0.539	0.532
大柳塔矿井	1998 年	0.414	0.466
	2000 年	0.455	0.466
	2011 年	0.599	0.612
活鸡兔矿井	2000 年	0.373	0.450
	2008 年	0.493	0.461
	2009 年	0.573	0.565
榆家梁矿井	2003 年	0.661	0.716
	2008 年	0.750	0.769
	2011 年	0.639	0.625
哈拉沟矿井	1998 年	0.435	0.436
	2002 年	0.506	0.511
	2007 年	0.516	0.505
乌兰木伦矿井	1998 年	0.157	0.364
	2002 年	0.363	0.444
	2007 年	0.263	0.363
石圪台矿井	2007 年	0.302	0.416
	2011 年	0.487	0.480
锦界矿井	2007 年	0.486	0.352
	2011 年	0.373	0.349
上湾矿井	2007 年	0.452	0.482
	2011 年	0.567	0.498

研究表明：①矿区尺度上，神东矿区的生态环境质量整体呈上升趋势，2015 年的"中等"及其以上等级所占面积为 59.2%，比 1989 年同等级面积增长了 23.7%；②矿井尺度上，不同矿井的生态环境质量存在差异，采区和非采区之间又有差别，榆家梁矿井整体生态环境质量最优，乌兰木伦矿井的采区和锦界的非采区生态环境质量最差；③综合矿区和矿井尺度而言，神东矿区 RSEI 均值总体呈增加趋势，表明神东矿区生态环境质量逐渐变好。

10.4 本章小结

本章首先介绍了生态环境质量评价的基础知识，包括生态环境质量评价的六个类型以及生态环境质量评价指标选取的六个原则，其次对生态环境评价的几种主要方法进行了介绍，最后使用评价生态环境的遥感生态指数 RSEI 对神东矿区及其 9 个矿井 1989—2015 年的生态环境质量变化进行了评价，为生态环境评价研究提供科学参考。

本章参考文献

黄建辉, 1994. 物种多样性的空间格局及其形成机制初探[J]. 生物多样性(2): 103 - 107.

徐涵秋, 2013. 区域生态环境变化的遥感评价指数[J]. 中国环境科学, 33(5): 889 - 897.

HASTINGS A, 1988. Food web theory and stability[J]. Ecology, 69(6): 1665 - 1668.

LOREAU M, 2000. Biodiversity and ecosystem functioning: recent theoretical advances[J]. Oikos, 91(1): 3 - 17.

REES W E, 1992. Ecological footprints and appropriated carrying capacity: what urban economics leaves out[J]. Environment and Urbanization(4): 121 - 130.

TILMAN D, 1996. Biodiversity: population versus ecosystem stability[J]. Ecology, 77(2): 350 - 363.